fy nodiadau **ad🔘lygu**

CBAC TGAU

DAEARYDDIAETH

Rachel Crutcher
Dirk Sykes

HODDER
EDUCATION
AN HACHETTE UK COMPANY

CBAC TGAU Daearyddiaeth

Addasiad Cymraeg o *WJEC GCSE Geography* a gyhoeddwyd yn 2017 gan Hodder Education

Ariennir yn Rhannol gan **Lywodraeth Cymru**

Part Funded by **Welsh Government**

Cyhoeddwyd dan nawdd Cynllun Adnoddau Addysgu a Dysgu CBAC

Hoffai'r Cyhoeddwyr ddiolch i'r canlynol am roi caniatâd i atgynhyrchu deunydd hawlfraint.

Cydnabyddiaeth: t34 © Hawlfraint y Goron 2014 Y Swyddfa Ystadegau Gwladol; **t36** Graff o *Homes for London: The London Housing Strategy*, 2013. Defnyddiwyd gyda chaniatâd Awdurdod Llundain Fwyaf (*GLA*); **t38** Data map gan Gyngor Dinas Rhydychen; **t78g** Yn seiliedig ar ddata gan *GISS/NASA*; **t122** Rhaglen Ddatblygu'r Cenhedloedd Unedig/Creative Commons Attribution 3.0 IGO; **t125ch a d** Adran y Boblogaeth, y Cenhedloedd Unedig a'r Adran Materion Economaidd a Chymdeithasol. *World Population Prospects: The 2015 Revision.*

Cydnabyddiaeth ffotograffau: t8c,ch SDM IMAGES/Alamy Stock Photo; **t8b,ch** Adam Burton/Alamy Stock Photo; **t8g,ch** Jeff Morgan 16/Alamy Stock Photo; **t8b,d** travelib wales/Alamy Stock Photo; **t8c,d** Ian Watt/Alamy Stock Photo; **t8g,d** Stephen Dorey Creative/Alamy Stock Photo; **t13** Paul Heinrich/Alamy Stock Photo; **t15** Dave Porter/Alamy Stock Photo; **t16ch** Andy Owen; **t16d** B&JPhotos/Alamy Stock Photo; **t18** Joana Kruse/Alamy Stock Photo; **t20** cc-by-sa/2.0 - © Nigel Davies – geograph.org.uk/p/2685585; **t23** Ian Pilbeam/Alamy Stock Photo; **t24** Tomas Griger/Alamy Stock Photo; **t57** Robert Gilhooly/Alamy Stock Photo; **t60** keith morris news/Alamy Stock Photo; **t63** REUTERS/Alamy Stock Photo; **t64(i)** Joanne Moyes/Alamy Stock Photo; **t64(ii)** Convery flowers/Alamy Stock Photo; **t64(iii)** Leslie Garland Picture Library/Alamy Stock Photo; **t64(iv)** geogphotos/Alamy Stock Photo; **t64(v)** Anglia Images/Alamy Stock Photo; **t66** Andy Owen; **t70** Cyfoeth Naturiol Cymru. Yn cynnwys gwybodaeth sector cyhoeddus wedi ei thrwyddedu o dan y Drwydded Llywodraeth Agored f1.0; **t75** Robert Gray/Alamy Stock Photo; **t78b** David Hodges/Alamy Stock Photo; **85b a g** Y Swyddfa Dywydd. Yn cynnwys gwybodaeth sector cyhoeddus wedi ei thrwyddedu o dan y Drwydded Llywodraeth Agored f1.0; **t92** Maciej Czekajewski/Alamy Stock Photo; **t102b** Ariadne Van Zandbergen/Alamy Stock Photo; **t102g** Noppasin Wongchum/Alamy Stock Photo; **t104** REUTERS/Alamy Stock Photo; **t111** Michael Dwyer/Alamy Stock Photo; **t121** Arolwg Ordnans (rhif trwydded 100036470); **t132b** AfriPics.com/Alamy Stock Photo; **t132g** Liam White/Alamy Stock Photo; **t136** Eye Ubiquitous/Alamy Stock Photo.

Gwnaed pob ymdrech i gysylltu â deiliaid hawlfraint. Os cânt eu hysbysu, bydd y Cyhoeddwyr yn falch o gywiro unrhyw wallau neu hepgoriadau ar y cyfle cyntaf.

Er y gwnaed pob ymdrech i sicrhau bod cyfeiriadau gwefannau yn gywir adeg mynd i'r wasg, nid yw Hodder Education yn gyfrifol am gynnwys unrhyw wefan y cyfeirir ati yn y llyfr hwn. Weithiau mae'n bosibl dod o hyd i dudalen we a adleolwyd trwy deipio cyfeiriad tudalen gartref gwefan yn ffenestr LlAU (*URL*) eich porwr.

Polisi Hachette UK yw defnyddio papurau sy'n gynhyrchion naturiol, adnewyddadwy ac ailgylchadwy o goed a dyfwyd mewn coedwigoedd cynaliadwy. Disgwylir i'r prosesau torri coed a gweithgynhyrchu gydymffurfio â rheoliadau amgylcheddol y wlad y mae'r cynnyrch yn tarddu ohoni.

Archebion: cysylltwch â Hachette UK Distribution, Hely Hutchinson Centre, Milton Road, Didcot, Oxfordshire, OX11 7HH. Ffôn: +44 (0)1235 827827. Ebost: education@hachette.co.uk . Mae'r llinellau ar agor rhwng 9.00 a 17.00 o ddydd Llun i ddydd Gwener. Gallwch hefyd archebu trwy wefan Hodder Education: www.hoddereducation.co.uk .

ISBN: 978 1 5104 4873 5

© Rachel Crutcher a Dirk Sykes 2017

Cyhoeddwyd gyntaf yn 2017 gan
Hodder Education
an Hachette UK Company
Carmelite House, 50 Victoria Embankment
London EC4Y 0DZ

© CBAC 2018 (yr argraffiad Cymraeg hwn ar gyfer CBAC)

Delwedd y clawr © Aurora Photos/Alamy
Darluniau gan Gray Publishing
Cynhyrchwyd a theiposodwyd gan Aptara
Wedi ei argraffu a'i rwymo gan CPI Group (UK) Ltd, Croydon CR0 4YY

Mae cofnod catalog y teitl hwn ar gael gan y Llyfrgell Brydeinig.

MIX
Paper from responsible sources
FSC™ C104740
www.fsc.org

Gwneud y gorau o'r llyfr hwn

Ysgrifennwyd y canllaw adolygu hwn i gyd-fynd â manyleb CBAC TGAU (A*–G) Daearyddiaeth er mwyn eich helpu chi i gael y canlyniadau gorau posibl yn eich arholiadau.

Nod y llyfr hwn yw cyflwyno'r pethau hanfodol i chi. Dylai eich atgoffa chi o'r hyn rydych chi wedi ei astudio ar eich cwrs, a'ch galluogi chi i ddod â'ch dysgu a'ch dealltwriaeth eich hun ynghyd.

Rhaid i bawb benderfynu ar ei strategaeth adolygu ei hun, ond mae'n hanfodol edrych eto ar eich gwaith, ei ddysgu a phrofi eich dealltwriaeth. Bydd y Nodiadau Adolygu hyn yn eich helpu chi i wneud hynny mewn ffordd drefnus, fesul testun. Defnyddiwch y llyfr hwn fel sail i'ch gwaith adolygu – gallwch chi ysgrifennu arno i bersonoli eich nodiadau a gwirio eich cynnydd drwy roi tic yn ymyl pob adran wrth i chi adolygu.

Ticio i dracio eich cynnydd

Defnyddiwch y rhestr wirio adolygu ar dudalennau 4–7 i gynllunio eich adolygu, fesul testun. Ticiwch bob blwch pan fyddwch chi wedi:

- adolygu a deall testun
- profi eich hun
- ymarfer y cwestiynau a mynd i'r wefan i wirio eich atebion.

Gallwch chi hefyd gadw trefn ar eich adolygu drwy roi tic wrth ymyl pennawd pob testun yn y llyfr. Efallai y bydd yn ddefnyddiol i chi wneud eich nodiadau eich hun wrth i chi weithio drwy bob testun.

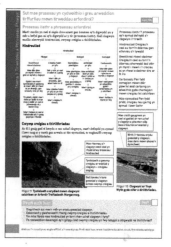

Nodweddion i'ch helpu chi i lwyddo

Mae'r canllaw hwn yn cynnwys nodweddion i'ch helpu chi i weithio drwy eich amserlen adolygu.

Gweithgaredd adolygu

Mae'r gweithgareddau hyn wedi'u cynllunio i roi canolbwynt i'ch gwaith adolygu. Os gallwch chi gwblhau'r gweithgareddau hyn, dylech chi longyfarch eich hun a gwobrwyo eich hun. Os bydd rhai o'r gweithgareddau yn heriol, darllenwch eich nodiadau unwaith eto, ac ewch i siarad â'ch athro os oes arnoch angen rhagor o help.

Enghraifft

Mae'n hanfodol eich bod chi'n gallu rhoi enghreifftiau penodol, yn enwedig yn y cwestiynau sy'n gofyn am atebion estynedig. Mae'r adrannau hyn yn dangos y wybodaeth fanwl y mae arholwyr yn chwilio amdani er mwyn rhoi'r marciau uwch. Yn aml, does dim rhaid i'ch enghraifft chi gynnwys llawer o fanylion. Dylech ei defnyddio i gefnogi pwynt, yn hytrach na'i nodi allan o gyd-destun.

Profi eich hun

Mae'r gweithgareddau hyn wedi'u cynllunio i'ch helpu chi i benderfynu a ydych chi'n deall testun yn llawn ai peidio, ac a ydych chi'n barod ar gyfer yr arholiad. Os byddwch chi'n cael trafferth,

darllenwch eich nodiadau unwaith eto. Efallai y gallech chi ofyn i weld eich athro, neu godi'r testun mewn gwersi adolygu.

Cwestiynau enghreifftiol

Mae'r cwestiynau hyn yn debyg iawn i'r math o gwestiynau a gewch yn yr arholiad. Defnyddiwch nhw i atgyfnerthu eich gwaith adolygu ac i ymarfer eich sgiliau arholiad.

Cyngor

Rhoddir cyngor drwy'r llyfr cyfan, i dynnu sylw at gamgymeriadau cyffredin ac awgrymu strategaethau ar gyfer gwneud y gorau o'ch amser yn yr arholiad.

Diffiniadau a thermau allweddol

Dyma rai o'r termau daearyddiaeth arbenigol y mae angen i chi eu gwybod. Mae termau allweddol mewn print trwm drwy'r llyfr. Mae diffiniadau clir a chryno wedi'u darparu lle mae'r termau allweddol hanfodol yn ymddangos am y tro cyntaf.

Gwefan

Ewch i'r wefan i wirio eich atebion i'r cwestiynau enghreifftiol a'r cwestiynau Profi eich hun: **www.hoddereducation.co.uk/fynodiadauadolygu**

Fy rhestr wirio adolygu

ADOLYGU   PROFI   YN BAROD AR GYFER YR ARHOLIAD

Atebion i'r cwestiynau enghreifftiol a'r cwestiynau Profi eich hun: www.hoddereducation.co.uk/fynodiadauadolygu

Thema 3   Tirweddau a Pheryglon Tectonig

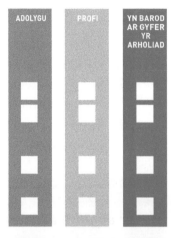

ADOLYGU   PROFI   YN BAROD AR GYFER YR ARHOLIAD

Prosesau a thirffurfiau tectonig

Lleoedd sy'n agored i niwed a lleihau peryglon

Thema 4   Peryglon Arfordirol a'u Rheolaeth

ADOLYGU   PROFI   YN BAROD AR GYFER YR ARHOLIAD

Morlinau sy'n agored i niwed

Rheoli peryglon arfordirol

Materion Amgylcheddol a Datblygiad

Thema 5   Tywydd, Hinsawdd ac Ecosystemau

ADOLYGU   PROFI   YN BAROD AR GYFER YR ARHOLIAD

Newid hinsawdd yn ystod y cyfnod Cwaternaidd

Patrymau a phrosesau'r tywydd

Prosesau a rhyngweithiadau o fewn ecosystemau

Thema 8   Sialensiau Amgylcheddol

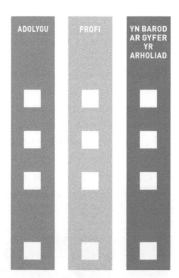

Prynwriaeth a'i heffaith ar yr amgylchedd

134 Beth yw effeithiau y dewis cynyddol i ddefnyddwyr ar yr amgylchedd byd-eang?

138 Sut mae newid hinsawdd yn gallu effeithio ar bobl a'r amgylchedd?

140 Sut mae'n bosibl defnyddio technoleg a newid ffordd o fyw pobl er mwyn lleihau effaith newid hinsawdd?

Rheoli ecosystemau

142 Sut mae'n bosibl rheoli ac adfer amgylcheddau a chynefinoedd naturiol sydd wedi'u difrodi?

Atebion i'r cwestiynau enghreifftiol a'r cwestiynau Profi eich hun:
www.hoddereducation.co.uk/fynodiadauadolygu

Gwybodaeth am y fanyleb:
www.hoddereducation.co.uk/fynodiadauadolygu

Tirweddau nodedig

Beth sy'n gwneud tirweddau yn nodedig?

Mae tirweddau yn gymysgedd o arweddion a thirffurfiau gwahanol. Y ffordd mae'r arweddion a'r tirffurfiau hyn yn cyfuno sy'n rhoi nodwedd arbennig neu **nodedig** i'r dirwedd. Mae angen i chi allu nodi a lleoli enghreifftiau o dirweddau nodedig yn y DU, gan gynnwys:

● ardaloedd **uwchdir** ac **iseldir**
● tirweddau afon a thirweddau arfordirol.

> **Uwchdir** Tirwedd sy'n fryniog neu'n fynyddig
>
> **Iseldir** Ardal o dir sy'n is na'r tir o'i hamgylch

Tirwedd afon:
Afon Conwy,
ger Betws-y-Coed

Tirwedd arfordirol:
Twyni tywod Ynyslas

Tirwedd afon:
Afon Hafren,
yn Minsterworth,
ger Caerloyw

Tirwedd uwchdir:
Eryri, Bwlch Llanberis

Tirwedd iseldir:
Gwastadeddau Gwent

Tirwedd arfordirol:
Stair Hole, Dorset

G

0   100
km

Uwchdiroedd y De

Ardal y Llynnoedd

Y Pennines

Eryri

Allwedd

Tirweddau mynyddoedd a dyffrynnoedd

Tirweddau llwyfandiroedd a dyffrynnoedd

Ffigur 1 Y prif fathau o dirweddau yn y DU.

Enghraifft: tirwedd nodedig – Eryri

- **Daeareg:**
  - Tirwedd uwchdir amrywiol wedi'i siapio gan echdoriadau folcanig a rhewlifiant helaeth.
  - Nifer o arweddion rhewlifol fel peirannau, dyffrynnoedd siâp U a chribau.
  - Cadwyn o fynyddoedd sy'n disgyn yn sydyn i'r môr.
  - Lleoliad mynydd uchaf Cymru – yr Wyddfa, 1085 m.
- **Defnydd tir:**
  - Mae'r dirwedd mewn sawl ardal wedi'i siapio gan y diwydiant llechi.
  - Ardaloedd eang o amaethyddiaeth (tir pori'n bennaf) a choedwigaeth.
  - Statws Parc Cenedlaethol – yn denu miloedd o dwristiaid bob blwyddyn, gan arwain at dwf mewn gwestai gwely a brecwast, safleoedd gwersylla a chyfleusterau eraill i dwristiaid.
- **Llystyfiant:**
  - Amrediad eang o blanhigion ac anifeiliaid oherwydd y gwahanol amgylcheddau ffisegol a'r cynefinoedd gwahanol sydd yno.
  - Rhywogaethau unigryw a phrin fel lili'r Wyddfa a chwilen yr Wyddfa.
  - Ardaloedd eang o goedwigoedd collddail cymysg naturiol yn cynnwys rhywogaethau fel derw a bedwen Gymreig; a choed conifferaidd wedi'u plannu sy'n aml yn cael eu cynaeafu.
- **Pobl a diwylliant:**
  - Mae gan Eryri hanes diwylliannol cyfoethog a nifer o safleoedd Treftadaeth y Byd gan gynnwys cysegrau a chaerau Celtaidd.
  - Mae'r iaith Gymraeg yn cael ei siarad yn eang.

Cyngor

Pan fydd gofyn i chi ystyried y ffactorau sy'n gwneud tirweddau yn nodedig, cofiwch drafod arweddion ffisegol a dynol fel:
- daeareg
- pobl a diwylliant
- llystyfiant
- defnydd tir.

Gweithgaredd adolygu

Lluniwch ddiagram corryn i ddangos nodweddion unigryw tirwedd yn y DU rydych chi wedi'i hastudio. Cofiwch gynnwys arweddion ffisegol a dynol.

Profi eich hun

PROFI

1 Beth mae'r term 'tirwedd nodedig' yn ei olygu i chi'?
2 Enwch bedwar math o dirwedd nodedig.
3 Rhestrwch bedwar ffactor sy'n dylanwadu ar dirweddau.
4 Esboniwch pam mae gan Gymru a'r DU gymaint o amrywiaeth o dirweddau nodedig.

Sut mae gweithgareddau dynol yn effeithio ar dirweddau ffisegol?

ADOLYGU

Gall gweithgareddau dynol gael effeithiau cadarnhaol ac effeithiau negyddol ar yr amgylchedd naturiol, er enghraifft:

- **Cadarnhaol:** mae ymwelwyr i gefn gwlad yn dod â buddion i'r economïau gwledig gan eu bod yn gwario arian.
- **Negyddol:** gall **pwysau ymwelwyr** gael effaith niweidiol ar y dirwedd a chymunedau lleol.

I **safleoedd pot mêl**, lle mae nifer yr ymwelwyr yn debygol o fynd yn uwch na'r **gallu i ymdopi** yn rheolaidd, mae hyn yn arwain at **sialensiau amgylcheddol**.

Enghraifft: sialensiau amgylcheddol ym Mharc Cenedlaethol Eryri

Mae Eryri yn dirwedd uwchdir rhewlifol, â phoblogaeth o tua 25,000. Mae bron i 4.3 miliwn o bobl yn ymweld â'r **Parc Cenedlaethol** bob blwyddyn gan wario £396 miliwn.

Mae buddsoddi yn y diwydiant twristiaeth yn creu swyddi ac yn helpu i amrywiaethu economi ffermio	Cynnydd yn yr incwm gwledig oherwydd y nifer uchel o ymwelwyr sy'n ymweld â'r ardal

Cynnydd yn y nifer o ymwelwyr yn achosi tagfeydd ar ffyrdd cul

Prisiau tai yn codi oherwydd cynnydd mewn perchenogaeth ail gartrefi

Effaith gweithgaredd dynol ar Barc Cenedlaethol Eryri

Gall chwareli llechi fod yn graith weledol ar y dirwedd

Y gymuned Gymraeg ei hiaith yn 'gwanhau' oherwydd nifer y siaradwyr di-Gymraeg

Mewn safleoedd pot mêl, siopau anrhegion yn cymryd lle siopau sy'n darparu nwyddau hanfodol

Mae erydiad ar lwybrau troed, sbwriel a phroblemau parcio o ganlyniad i'r nifer mawr o ymwelwyr, yn gost i'r ardal leol

Profi eich hun

PROFI

1 Edrychwch ar yr enghraifft sydd wedi'i dangos o effeithiau gweithgareddau dynol ar Barc Cenedlaethol Eryri. Nodwch pa effeithiau sy'n gadarnhaol a pha effeithiau sy'n negyddol.

2 Esboniwch pam mae safleoedd pot mêl yn gallu helpu i leddfu pwysau ymwelwyr yn yr ardaloedd sy'n amgylchynu tirweddau nodedig.

Cwestiynau enghreifftiol

1 Amlinellwch arweddion dynol a ffisegol tirwedd nodedig rydych chi wedi'i hastudio. [4]

2 Beth yw safleoedd pot mêl a sut maen nhw'n gallu helpu i warchod tirweddau nodedig? [4]

3 Ar gyfer tirwedd nodedig rydych chi wedi'i hastudio, trafodwch a yw effeithiau'r gweithgareddau dynol yn gadarnhaol neu'n negyddol yn bennaf. [8]

Pwysau ymwelwyr Yr effaith gynyddol y mae nifer cynyddol o bobl yn ei gael ar y dirwedd, ac ar adnoddau a gwasanaethau yn sgil twristiaeth

Safle pot mêl Lle o ddiddordeb arbennig sy'n denu twristiaid

Y gallu i ymdopi Uchafswm maint poblogaeth y gall amgylchedd ei gynnal

Sialensiau amgylcheddol Problemau sy'n cael eu hachosi gan ddefnydd dynol o'r dirwedd neu adnoddau naturiol

Parc Cenedlaethol Ardal sy'n cael ei gwarchod oherwydd ei chefn gwlad hardd, ei bywyd gwyllt a'i threftadaeth ddiwylliannol

Gweithgaredd adolygu

Ar gyfer tirwedd nodedig rydych chi wedi'i hastudio, lluniadwch ddiagram corryn i ddangos effeithiau pwysau ymwelwyr. Defnyddiwch liwiau gwahanol i ddangos yr effeithiau cadarnhaol a'r effeithiau negyddol.

Cyngor

Gwnewch yn siŵr eich bod chi'n gwybod beth sy'n gwneud tirweddau gwahanol yn nodedig: uwchdir, iseldir, afon ac arfordirol. Rhaid i chi hefyd allu disgrifio:
- y math o dirwedd dan sylw
- ei lleoliad (dywedwch ble mae'r lle)
- ei nodweddion dynol a ffisegol ar raddfa lai.

Sut mae'n bosibl rheoli tirweddau?

Mae llawer o dirweddau nodedig yn y DU wedi'u dynodi'n **Ardaloedd o Harddwch Naturiol Eithriadol (AHNE)** neu'n Barciau Cenedlaethol. Mae llawer iawn o bobl yn ymweld â'r ardaloedd hyn, ac oherwydd y niferoedd mawr o bobl, maen nhw'n gallu achosi difrod i'r dirwedd naturiol. Rhaid rheoli ymwelwyr mewn ffordd sy'n lleihau eu heffaith ar y dirwedd, a rhaid atgyweirio unrhyw ddifrod sy'n cael ei achosi.

> **Ardal o Harddwch Naturiol Eithriadol (AHNE)** Ardal yng nghefn gwlad sydd wedi'i dynodi ar gyfer cadwraeth oherwydd ei harddwch naturiol

Enghraifft: strategaethau i reoli tirweddau – Gŵyr a Bannau Brycheiniog

Rheoli ymwelwyr yn AHNE Gŵyr

- Mae llwybrau dynodedig yn darparu mynediad i ymwelwyr ond yn gwarchod ardaloedd sensitif hefyd.
- Mae byrddau gwybodaeth manwl ger safleoedd ymwelwyr poblogaidd yn rhoi gwybod i ymwelwyr am nodweddion unigryw'r lleoliad, er enghraifft Gwarchodfa Natur Bae Oxwich.
- Mae meysydd parcio sydd wedi'u marcio'n glir yn golygu bod llai o barcio ar y glaswellt ar ymylon ffyrdd, sy'n gallu difrodi gwrychoedd ac achosi tagfeydd ar ffyrdd cul.
- Mae rheolau cynllunio ac adeiladu llym yn yr ardal yn sicrhau bod cyfyngiadau ar ddatblygiadau newydd, ac nad yw estyniadau neu newidiadau i ddefnydd tir yn difetha harddwch naturiol ardal.

Cynnal llwybrau troed ym Mharc Cenedlaethol Bannau Brycheiniog

- Recriwtio gwirfoddolwyr, er enghraifft grwpiau amgylcheddol lleol neu ecodwristiaid i helpu wardeiniaid y Parc Cenedlaethol i atgyweirio llwybrau a waliau sydd wedi'u difrodi.
- Gweithrediadau logistaidd, er enghraifft mae hofrennydd yn cael ei ddefnyddio i gario defnyddiau ar gyfer llwybrau oherwydd y lleoliad anghysbell a phwysau'r defnyddiau.
- Defnyddio defnyddiau sy'n para'n dda, fel cerrig ar y llwybrau troed.
- Ar ôl ailadeiladu'r llwybr troed, gall llystyfiant gael ei adfer ar bob ochr i'r llwybr i gynnal fflora unigryw'r ardal.

Profi eich hun

1 Rhestrwch yr effeithiau y mae ymwelwyr yn eu cael ar y dirwedd naturiol.
2 Rhowch un dull o fynd i'r afael â'r effeithiau hyn.
3 Sut gall mwy o dwristiaeth fod o fudd i dirwedd naturiol?
4 Lluniwch dabl i ddangos manteision ac anfanteision y ffyrdd o reoli ymwelwyr mewn tirwedd nodedig rydych chi wedi'i hastudio.

Cwestiynau enghreifftiol

Ar gyfer tirwedd nodedig rydych chi wedi'i hastudio:
1 Nodwch sut mae'r dirwedd honno wedi cael ei difrodi oherwydd ymwelwyr. [2]
2 Esboniwch pam mae'r difrod hwn wedi digwydd oherwydd cynnydd yn nifer yr ymwelwyr. [4]
3 Disgrifiwch y ffyrdd mae'r dirwedd wedi cael ei hatgyweirio. [4]

> **Cyngor**
>
> Wrth ddisgrifio ffyrdd o reoli niferoedd ymwelwyr, cofiwch gysylltu'r dechneg reoli â sut mae'n lleihau'r effaith y mae ymwelwyr yn ei chael ar y dirwedd.

Thema 1 Tirweddau a Phrosesau Ffisegol

Prosesau a newidiadau tirffurf

Sut mae prosesau yn cydweithio i greu arweddion tirffurfiau yn nhirwedd afonydd?

ADOLYGU

Prosesau afonol

Mae tirffurfiau afon yn newid dros amser oherwydd **erydiad afonol**, **cludiant** a **dyddodiad**.

Erydiad afonol

Bydd y math o broses erydiad sy'n digwydd mewn afon yn dibynnu ar nifer o ffactorau, gan gynnwys cyflymder y dŵr a'r math o graig a phridd sydd yn y sianel. Mae prosesau erydiad sianel yr afon yn cynnwys:

- **Sgrafelliad**: mae cerrig a defnyddiau sy'n cael eu cario gan yr afon yn taro yn erbyn gwely a glannau'r afon, gan eu treulio.
- **Gweithred hydrolig**: mae dŵr yn taro'n galed yn erbyn gwely a glannau'r afon, gan gywasgu'r aer yn y pridd a'r graig sy'n achosi i'r defnyddiau gael eu golchi i ffwrdd.
- **Hydoddiant**: mae dŵr yr afon sydd ychydig yn asidig yn hydoddi creigiau calchfaen a sialc sydd wedi'u gwneud o galsiwm carbonad.

Mae prosesau erydiad **llwyth gwely** yr afon yn cynnwys:

- **Athreuliad**: mae cerrig sy'n cael eu cario gan yr afon yn taro yn erbyn ei gilydd ac yn cael eu treulio, gan fynd yn llai ac yn fwy crwn.
- **Sgrafelliad**: mae creigiau a defnyddiau sy'n cael eu cario gan yr afon ac yn taro yn erbyn gwely a glannau'r afon yn cael eu herydu ac yn mynd yn llai ac yn fwy crwn.

Erydiad Y tir yn cael ei dreulio

Afonol Yn cyfeirio at afon a'i thirffurfiau

Cludiant Symudiad defnydd drwy lif dŵr

Dyddodiad Gollwng y defnydd sy'n cael ei gario gan yr afon

Llwyth gwely Y defnydd sy'n cael ei gario gan yr afon drwy gael ei fownsio neu ei rolio ar hyd gwely'r afon

Ystum afon Tro yn yr afon sy'n cael ei ffurfio gan erydiad ochrol

Cludo

Mae'r afon yn cludo (symud) ei llwyth mewn sawl ffordd sydd yn dibynnu ar gyflymder y llif a phwysau'r llwyth.

Hydoddiant: Mae mwynau yn hydoddi yn y dŵr. Mae hyn yn newid cemegol sy'n effeithio ar greigiau fel calchfaen a sialc. Yr enw ar lwyth sy'n cael ei gludo fel hyn yw llwyth hydoddion.

Daliant: Mae defnydd mân, ysgafn (fel llifwaddod) yn cael ei ddal a'i gludo yn llif yr afon. Yr enw ar hyn yw llwyth crog.

Cyfeiriad y llif

Neidiant: Mae cerigos a cherrig mân yn sboncio ar hyd gwely'r afon. Mae'r llwyth yn cael ei gario a'i ollwng bob yn ail wrth i gyflymder y dŵr gynyddu a gostwng yn lleol.

Rholiant: Mae cerrig a chreigiau mawr yn rholio ar hyd gwely'r afon. Yr enw ar y llwyth hwn yw llwyth gwely.

Gwely'r afon

Ffigur 2 Prosesau cludo afon.

Dyddodiad

Mae afon yn dyddodi defnyddiau pan fydd cyflymder y llif yn rhy araf iddi gario'r llwyth. Gall hyn ddigwydd:

- Lle bu diffyg glawiad, felly mae llai o ddŵr yn symud yn sianel yr afon.
- Ar ochr fewnol **ystum afon** oherwydd bod y rhan fwyaf o'r dŵr ar ochr allanol y tro. Felly, mae'r dŵr ar ochr fewnol y tro yn symud yn araf ac nid yw'n gallu cludo llwyth.
- Wrth aber yr afon, lle mae dŵr yr afon yn llifo yn erbyn cyfeiriad y môr.

Mae angen i chi wybod hefyd beth yw diffiniadau'r termau canlynol: **sgrafelliad, athreuliad, gweithred hydrolig, hydoddiant**

Profi eich hun

PROFI

1 Disgrifiwch y prosesau sy'n digwydd pan fydd afon yn erydu ei sianel.
2 Pa ffactorau sy'n penderfynu pa ddull cludo fydd yn symud defnydd? Rhowch enghreifftiau o'r amodau pan fydd y mathau gwahanol o gludiant yn gallu digwydd.

Sut mae tirffurfiau afon yn datblygu

Mae **dyffrynnoedd siâp V, rhaeadrau, ceunentydd, gorlifdiroedd** ac **ystumiau afon** i gyd yn dirffurfiau afon sy'n cael eu siapio gan brosesau afonol.

Dyffrynnoedd siâp V

Mae dyffrynnoedd siâp V i'w gweld yng nghwrs uchaf dyffryn afon, lle mae'r afon fel arfer yn fach ac mae'r tir yn serth.

Cyngor

Pan fydd gofyn i chi esbonio sut cafodd tirffurf afon ei greu, cofiwch ddisgrifio ym mha drefn mae'r tirffurf yn datblygu yn ogystal ag esbonio'r prosesau sy'n digwydd.

Enghraifft: dyffryn siâp V – Bannau Brycheiniog

Mae **erydiad fertigol** yn achosi i'r sianel i dorri'n ddyfnach i'r dirwedd, gan adael ochrau serth i'r dyffryn

Mae erydiad fertigol a hindreuliad yn creu siâp V yng nghwrs uchaf yr afon

Mae prosesau hindreuliad fel rhewi-dadmer a hindreuliad biolegol yn torri'r pridd a'r creigiau ar ochrau'r dyffryn yn ddarnau

Mae defnydd wedi'i hindreulio yn cael ei gario i'r afon gan ddisgyrchiant a'i olchi i ffwrdd

Rhaid i'r nant fynd o amgylch **sbardunau pleth**

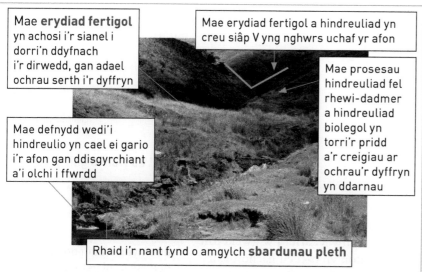

Ffigur 3 Nant Blaen Taf Fawr ar Gorn Du (Bannau Brycheiniog).

Rhaeadrau a phlymbyllau

Gall rhaeadrau gael eu ffurfio mewn un o ddwy ffordd: gan **erydiad rhewlifol** neu gan **erydiad gwahaniaethol**.

Erydiad rhewlifol: lle mae rhaeadrau wedi ffurfio oherwydd pŵer erydol rhewlif yn ystod yr oes iâ. Cafodd dyffrynnoedd serth eu cerfio i'r dirwedd gan rewlifoedd, ac roedden nhw'n aml yn hongian uwchben ei gilydd. Ar ôl i'r rhewlif doddi, mae dŵr yn draenio o'r dyffrynnoedd llai ac yn disgyn i'r rhai mwy.

Erydiad gwahaniaethol: lle mae rhaeadrau'n cael eu ffurfio oherwydd gwahaniaeth yn strwythur y graig (craig feddal a chaled), sy'n arwain at erydu gwely'r afon ar gyflymder gwahanol:

- Wrth i wely'r afon groesi o graig galed i graig feddal mae'n cael ei erydu (gweithred hydrolig a sgrafelliad) yn fwy cyflym ac mae gris yn cael ei ffurfio.
- Wrth i'r dŵr 'ddisgyn', mae gweithred hydrolig yn parhau i erydu'r graig o dan y graig galed wrth iddo sblasio yn ei herbyn.
- Wrth i'r graig feddal barhau i gael ei herydu, mae'r bargod yn mynd yn rhy drwm ac mae'r graig yn dymchwel, gan achosi i leoliad y rhaeadr encilio i gyfeiriad tarddiad yr afon.
- Mae **plymbwll** yn cael ei greu o dan y rhaeadr oherwydd grym noeth y dŵr sy'n taro gwely'r afon a'r sgrafelliad sy'n cael ei achosi gan y creigiau wrth i'r bargod gael ei symud gan y dŵr.

Dyffryn siâp V Dyffryn cul gydag ochrau serth sydd yng nghwrs uchaf yr afon

Rhaeadr Dŵr yn disgyn o lefel uchel i lefel is oherwydd newid yn strwythur y graig neu o ganlyniad i erydiad rhewlifol

Ceunant Dyffryn cul gydag ochrau serth sy'n cael ei ffurfio gan raeadr yn encilio

Gorlifdir Darn o dir gwastad ar bob ochr i afon sy'n ffurfio llawr y dyffryn

Ystum afon Tro yn yr afon sy'n cael ei ffurfio gan erydiad ochrol

Erydiad fertigol Erydiad yn sianel yr afon sy'n dyfnhau'r afon yn hytrach na'i lledu

Sbardunau pleth Creigiau caled sy'n gallu gwrthsefyll erydiad ac felly mae'r afon yn llifo o'u cwmpas

Plymbwll Rhan o wely'r afon ar waelod rhaeadr sydd wedi'i ddyfnhau oherwydd effaith y dŵr sy'n disgyn

Cyngor

Efallai byddwch chi'n cael cwestiwn am arweddion tirffurf ar raddfa lai, felly gwnewch yn siŵr eich bod chi'n gwybod sut cafodd y plymbwll ei ffurfio.

Thema 1 Tirweddau a Phrosesau Ffisegol

Ceunant

Mae ceunant yn ddyffryn cul ag ochrau serth gydag afon yn rhedeg ar ei waelod. Mae ceunant yn cael ei ffurfio pan fydd rhaeadr yn dymchwel ac yn encilio i fyny'r afon, ac mae ganddo ochrau fertigol nodweddiadol.

Ochrau serth, bron yn fertigol y dyffryn dwfn

Rhaeadr

Mae'r afon yn llenwi'r dyffryn

Hyd y ceunant

Ffigur 4 Diagram bloc o geunant.

Dros amser, mae'r bargod yn dymchwel gan nad oes dim byd i'w ddal ac oherwydd tyniant disgyrchiant

Mae craig galed sy'n gwrthsefyll erydiad yn cael ei thandorri wrth i'r graig feddal erydu

Mae'r dŵr yn disgyn dros fin y graig galed ac yn sblasio yn erbyn y graig feddal ar y wal gefn

Yn raddol mae'r rhaeadr yn encilio i fyny'r afon, gan adael ceunant gydag ochrau serth

Craig feddal, llai gwydn (mae'n erydu'n hawdd)

Mae plymbwll yn cael ei ffurfio gan rym y dŵr ac yn cael ei ddyfnhau gan sgrafelliad

Lleoliad gwreiddiol y rhaeadr

Ffigur 5 Rhaeadrau sy'n cael eu ffurfio gan erydiad gwahaniaethol.

Ystumiau afon

Mae ystumiau afon fel arfer i'w gweld yng nghyrsiau canol ac isaf dyffryn afon. Troadau yn yr afon yw'r rhain ac maen nhw fel arfer i'w gweld pan fydd yr afon ar orlifdir eang. Mae ystumiau afon yn cael eu hachosi gan erydiad ar ochr allanol y lan a dyddodiad ar ochr fewnol y lan, ac maen nhw'n aml yn 'symud' neu'n 'mudo' ar draws llawr y dyffryn wrth i sianel yr afon newid lleoliad.

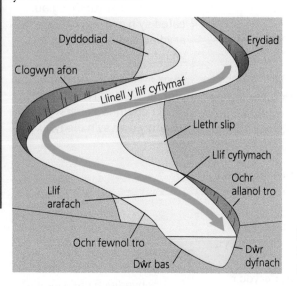

Dyddodiad
Erydiad
Clogwyn afon
Llinell y llif cyflymaf
Llethr slip
Llif cyflymach
Ochr allanol tro
Llif arafach
Ochr fewnol tro
Dŵr dyfnach
Dŵr bas

Ffigur 6 Nodweddion ystum afon.

Gorlifdir

- Pan fydd yr afon yn gorlifo, mae dŵr yn gorchuddio'r gorlifdir.
- Gan fod y dŵr yn fwy bas ar y tir nag y mae yn yr afon, mae defnyddiau (silt) yn cael eu dyddodi.
- Mae'r silt yn gwneud y pridd yn ffrwythlon.

> Mae haenau o silt a llifwaddod yn cael eu dyddodi pan fydd yr afon yn gorlifo

Ffigur 7 Ystum afon ar yr Afon Hafren.

> Gorlifdir llydan yng nghyrsiau canol ac isaf afon

> Mae ystumiau afon i'w cael yn aml ar orlifdiroedd gan nad yw'r afon bellach wedi'i chyfyngu gan ochrau dyffryn

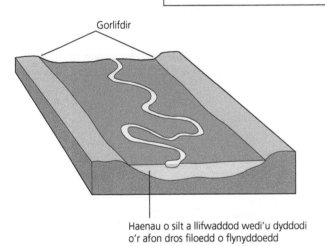

Gorlifdir

Haenau o silt a llifwaddod wedi'u dyddodi o'r afon dros filoedd o flynyddoedd

Ffigur 8 Gorlifdir.

Gweithgaredd adolygu

Gwnewch gerdyn fflach ar gyfer pob tirffurf afon rydych chi wedi eu hastudio. Ar gyfer pob cerdyn dylech chi:

- gynnwys diagram o'r tirffurf
- labelu'r diagram ag arweddion allweddol
- creu pwyntiau bwled o'r prosesau sy'n digwydd wrth iddo gael ei ffurfio
- rhoi lleoliad yr enghreifftiau rydych chi wedi eu hastudio.

Profi eich hun

PROFI

1 Anodwch ddiagram i esbonio sut mae gorlifdir yn cael ei ffurfio.
2 Pam mae ystumiau afon yn mudo ar draws gorlifdiroedd?

Cwestiynau enghreifftiol

1 Rhowch ddau ffactor sy'n cael dylanwad ar ba ddull cludo fydd yn symud llwyth gwely'r afon. [2]
2 Disgrifiwch sut mae dyffryn siâp V yn cael ei ffurfio. Defnyddiwch ddiagram i helpu eich ateb. [4]
3 'Prosesau erydiad yw'r ffactor pwysicaf wrth ffurfio tirffurfiau afonydd.' I ba raddau rydych chi'n cytuno â'r gosodiad hwn? [8]

Sut mae prosesau yn cydweithio i greu arweddion tirffurfiau mewn tirweddau arfordirol?

Prosesau llethr a phrosesau arfordirol

Mae'r morlin yn cael ei siapio dros amser gan brosesau sy'n digwydd yn y môr a hefyd gan rai sy'n digwydd ar y tir (**prosesau llethr**). Gall clogwyn encilio oherwydd **hindreuliad**, cwymp creigiau a thirlithriadau.

Hindreuliad

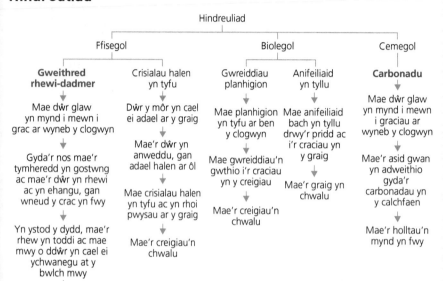

Hindreuliad

Ffisegol
- **Gweithred rhewi-dadmer**
  - Mae dŵr glaw yn mynd i mewn i grac ar wyneb y clogwyn
  - Gyda'r nos mae'r tymheredd yn gostwng ac mae'r dŵr yn rhewi ac yn ehangu, gan wneud y crac yn fwy
  - Yn ystod y dydd, mae'r rhew yn toddi ac mae mwy o ddŵr yn cael ei ychwanegu at y bwlch mwy
  - Mae'r broses yn cael ei hailadrodd tan i'r graig gwympo i ffwrdd
- Crisialau halen yn tyfu
  - Dŵr y môr yn cael ei adael ar y graig
  - Mae'r dŵr yn anweddu, gan adael halen ar ôl
  - Mae crisialau halen yn tyfu ac yn rhoi pwysau ar y graig
  - Mae'r creigiau'n chwalu

Biolegol
- Gwreiddiau planhigion
  - Mae planhigion yn tyfu ar ben y clogwyn
  - Mae gwreiddiau'n gwthio i'r craciau yn y creigiau
  - Mae'r creigiau'n chwalu
- Anifeiliaid yn tyllu
  - Mae anifeiliaid bach yn tyllu drwy'r pridd ac i'r craciau yn y graig
  - Mae'r graig yn chwalu

Cemegol
- **Carbonadu**
  - Mae dŵr glaw yn mynd i mewn i graciau ar wyneb y clogwyn
  - Mae'r asid gwan yn adweithio gyda'r carbonadau yn y calchfaen
  - Mae'r holltau'n mynd yn fwy

Cwymp creigiau a thirlithriadau

Ar ôl i graig gael ei herydu o ran uchaf clogwyn, mae'r defnydd yn symud i lawr tuag at y traeth gan arwain at **fàs-symudiad**, er enghraifft cwymp creigiau a thirlithriadau.

Mae rhannau o'r clogwyn wedi dod yn rhydd drwy brosesau hindreuliad

Tystiolaeth o gwymp creigiau ar waelod y clogwyn – creigiau onglog

Gall tonnau'n taro gwaelod y clogwyn achosi cwymp creigiau

Ffigur 9 Tystiolaeth o erydiad mewn clogwyni calchfaen ar Arfordir Treftadaeth Morgannwg.

Mae craith geugrwm yn cael ei gadael ar ran uchaf y clogwyn a phentwr siâp bwa o falurion ar waelod y clogwyn.

Wrth i'r tonnau erydu gwaelod y clogwyn, mae darn mawr ohono'n dymchwel

Ffigur 10 Clogwyni ar Ynys Wyth gyda nifer o dirlithriadau.

Profi eich hun

1 Disgrifiwch sut mae'r môr yn erydu gwaelod clogwyn.
2 Esboniwch y gwahaniaeth rhwng cwymp creigiau a thirlithriadau.
3 Ym mha ffordd mae hindreuliad yn torri rhan uchaf clogwyn i fyny?
4 Pa nodweddion daearegol sy'n golygu bod cwymp creigiau yn fwy tebygol o ddigwydd na thirlithriad?

Erydiad arfordirol

Y prosesau sy'n erydu clogwyni yw:

● **Gweithred hydrolig**: grym y tonnau'n taro yn erbyn clogwyni. Mae aer sydd wedi'i ddal yn y craciau yn cael ei gywasgu, sy'n torri'r graig i fyny.

● **Sgrafelliad**: mae tonnau'n taflu tywod a cherigos yn erbyn y clogwyni, sy'n treulio'r tir.

● **Hydoddiant**: mae dŵr heli yn hydoddi creigiau sy'n cynnwys calsiwm carbonad.

Y prosesau sy'n erydu defnydd y traeth yw:

● **Sgrafelliad**: mae tonnau'n taflu tywod a cherigos yn erbyn y clogwyni, sy'n treulio'r tir.

● **Athreuliad**: mae cerigos yn cael eu rholio yn ôl ac ymlaen. Maen nhw'n taro yn erbyn ei gilydd sy'n eu gwneud nhw'n llai ac yn fwy crwn, gan eu troi'n dywod yn y pen draw.

> **Gwaddod** Y defnydd sy'n cael ei gario gan y môr
>
> **Drifft y glannau** Proses lle mae gwaddod yn symud ar hyd y morlin

Cludo a dyddodiad arfordirol

Pan fydd y defnydd sydd wedi'i erydu, sef **gwaddod**, yn cwympo i'r môr, bydd yn cael ei gludo gan rym y tonnau a cherrynt ar hyd y morlin gan **ddrifft y glannau**.

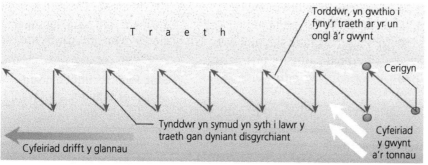

Ffigur 11 Drifft y glannau.

Enghraifft: twyni tywod sydd wedi'u ffurfio gan ddrifft y glannau yn Ynyslas

Mae twyni tywod Ynyslas ar arfordir gorllewin Cymru yng Ngheredigion, ac maen nhw'n enghraifft wych o sut gall system twyni tywod gael ei chreu gan ddrifft y glannau. Mae'r map yn esbonio pam mae'r twyni tywod i'w cael yma, yn ogystal â sut mae bar alltraeth yn datblygu.

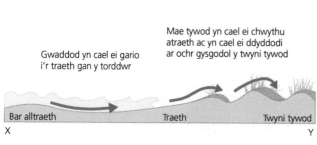

Ffigur 12 Cludiant gwaddod traeth yn Ynyslas a Borth ar arfordir Ceredigion.

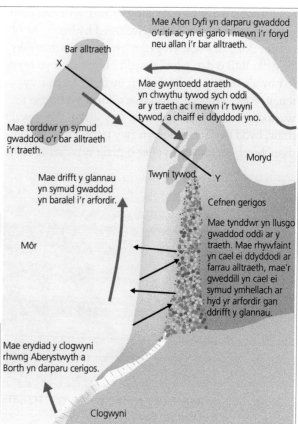

Tirffurfiau arfordirol nodedig

Mae gan yr amgylchedd arfordirol arweddion ar raddfa fawr ac arweddion ar raddfa lai.

Pentiroedd a baeau

- **Pentir** yw darn o dir sy'n ymwthio i'r môr ac mae'n cael ei ffurfio oherwydd bod creigiau mwy caled a gwydn yn erydu'n fwy araf.
- Mae **bae** yn cael ei ffurfio rhwng y pentiroedd oherwydd bod creigiau mwy meddal a llai gwydn yn erydu'n fwy cyflym. Mae traethau'n aml yn cael eu ffurfio mewn baeau cysgodol.

Clogwyni a llyfndir tonnau

Mae **llyfndir tonnau** yn cael ei ffurfio pan fydd wyneb clogwyn yn cael ei erydu gan y môr:
- Wrth i'r tonnau daro yn erbyn gwaelod y clogwyn, mae gweithred hydrolig a sgrafelliad yn torri **rhic tonnau** yng ngwaelod y clogwyn gan olygu bod y clogwyn yn fregus ac yn debygol o ddymchwel.
- Wrth i erydiad barhau gyda phob llanw uchel, bydd y rhic tonnau yn ansefydlogi'r clogwyn yn y pen draw ac yn achosi iddo ddymchwel.
- Bydd y defnydd o'r clogwyn yna'n cael ei symud gan y môr, ac wrth wneud hyn bydd sgrafelliad yn llyfnhau wyneb y llyfndir tonnau a gafodd ei adael ar ôl.
- Os yw'r clogwyn wedi'i wneud o greigiau gwaddod â llawer o fregion, yna bydd y rhic tonnau'n aml yn digwydd ar hyd y **planau haenu** gan eu bod nhw'n fan gwan ac yn erydu'n llawer mwy cyflym.

Bwâu a staciau

Mae **bwâu** a **staciau** yn ffurfio mewn pentiroedd lle mae'r creigiau'n gallu gwrthsefyll erydiad yn gymharol dda, er enghraifft calchfaen. Mae bwâu yn ffurfio pan fydd dwy ogof yn cael eu creu ar bob ochr i bentir. Dros amser, mae'r môr yn gallu torri drwy'r wal gefn drwy brosesau sgrafelliad a gweithred hydrolig. Ar ôl i'r môr dorri drwodd yn gyfan gwbl a phan mae dŵr yn gallu llifo o dan y graig, bydd hindreuliad yn erydu to'r bwa a bydd y bwa'n dod yn uwch a'r to yn fwy tenau. Ar yr un pryd, bydd rhic tonnau yn ffurfio ar waelod y bwa gan ei wneud yn fwy llydan. Yn y pen draw, bydd to'r bwa'n dod yn fwy tenau tan ei fod yn dymchwel, gan adael un piler o graig sy'n cael ei alw'n stac.

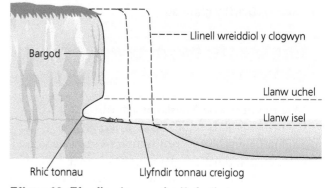

Ffigur 13 Ffurfio clogwyni a llyfndir tonnau.

(labels: Llinell wreiddiol y clogwyn; Bargod; Llanw uchel; Llanw isel; Rhic tonnau; Llyfndir tonnau creigiog)

Ffigur 14 Creigiau Old Harry, Handfast Point, ger Swanage, Dorset.

(labels: Plân haenu; Stac; Llinellau o wendid yn y graig; Bwa)

Pentir Darn o dir sy'n ymwthio i'r môr

Bae Darn o'r morlin sydd wedi cilannu, yn aml rhwng dau bentir

Llyfndir tonnau Tirffurf arfordirol ar ffurf silff greigiog o flaen clogwyn

Rhic tonnau Slot gyda chreigiau'n bargodi drosto ac sydd wedi cael ei dorri i mewn i waelod clogwyn gan weithred y tonnau

Plân haenu Haenau o graig sy'n amlwg i'w gweld ar wyneb clogwyn

Bwa Agoriad naturiol mewn clogwyn lle gall y môr lifo drwyddo

Stac Piler fertigol o graig sy'n cael ei adael ar ôl wedi i fwa ddymchwel

---

Gweithgaredd adolygu

Gwnewch gerdyn fflach ar gyfer pob tirffurf arfordirol ar raddfa fawr. Defnyddiwch ddiagram i esbonio sut cafodd ei ffurfio a nodwch unrhyw arweddion ar raddfa fach sydd yn bresennol.

Traethau a thafodau

Mae traethau a thafodau yn cael eu ffurfio pan fydd y **torddwr** yn gryfach na'r **tynddwr** ac mae dyddodiad yn digwydd:

- Mae **traeth** yn gasgliad o dywod, graean a cherigos sydd wedi'u dyddodi gan donnau.
- Mae drifft y glannau'n cludo defnydd traeth ar hyd yr arfordir. Lle bydd yr arfordir yn newid cyfeiriad, er enghraifft wrth aber afon, bydd defnydd traeth yn cael ei gario allan i'r môr. Mae hyn yn creu darn o dir newydd sy'n ymwthio allan i'r môr ond sydd yn dal i fod yn sownd i'r tir wrth un pen, sef **tafod**. Mae Spurn Point ar forlin Holderness ger aber Afon Humber yn enghraifft o dafod.

- Mae silt a thywod mân sy'n cael eu cludo gan yr afon yn cael eu dyddodi ger aber yr afon gan ffurfio **bar alltraeth**. Mae aber Moryd Afon Dyfi (gweler yr enghraifft o ddrifft y glannau) yn far alltraeth. Gall y defnydd hwn yna gael ei olchi i'r lan gan effaith y torddwr.

> **Torddwr** Symudiad dŵr i fyny'r traeth wrth i don dorri
>
> **Tynddwr** Llif y dŵr yn ôl i'r môr ar ôl i don dorri ar y lan
>
> **Traeth** Yn cael ei greu gan ddyddodiad (fel arfer tywod, graean neu gerigos) ac yn gorwedd rhwng y marc penllanw a'r marc distyll
>
> **Tafod** Traeth tywod neu raean sydd wedi'i gysylltu â'r tir ond sy'n ymwthio allan i'r môr i gyfeiriad y prifwynt
>
> **Bar alltraeth** Ardal o ddyddodiad oddi ar y morlin ym moryd afon

Enghraifft: Spurn Point, morlin Holderness

- Mae Spurn Point yn dafod cul ar arfordir dwyreiniol y DU sydd wedi ffurfio ar draws rhan o Foryd Afon Humber.
- Mae'r tafod yn 4.8 km o hyd ac mor gul â 46 m mewn mannau.
- Mae tywod a graean yn cael eu symud ar hyd morlin Holderness gan ddrifft y glannau at aber Afon Humber.
- Mae dyddodiad yn digwydd yn y dŵr mwy cysgodol ac mae tafod yn datblygu.
- Wrth i fwy o dywod gael ei ddyddodi, mae planhigion sy'n gwladychu fel moresg yn dechrau tyfu, sy'n sefydlogi'r tafod ymhellach.
- Mae drifft y glannau yn parhau ar hyd y tafod, sy'n gwneud iddo dyfu'n hirach.

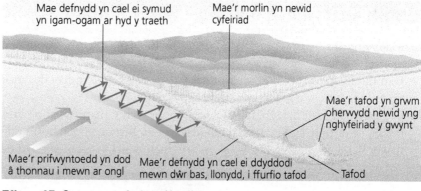

Mae defnydd yn cael ei symud yn igam-ogam ar hyd y traeth

Mae'r morlin yn newid cyfeiriad

Mae'r tafod yn grwm oherwydd newid yng nghyfeiriad y gwynt

Mae'r prifwyntoedd yn dod â thonnau i mewn ar ongl

Mae'r defnydd yn cael ei ddyddodi mewn dŵr bas, llonydd, i ffurfio tafod

Tafod

Ffigur 15 Sut mae tafod yn ffurfio.

Gweithgaredd adolygu

Gwnewch gerdyn adolygu ar gyfer amgylchedd arfordirol penodol rydych chi wedi ei astudio, a rhowch y manylion canlynol arno:
- map o'r lleoliad
- pa dirffurfiau arfordirol sydd i'w cael yno
- pam mae'r tirffurfiau arfordirol hynny i'w cael yno
- cyfeiriad drifft y glannau (os yn briodol)
- ffynhonnell y cyflenwad gwaddod (os yn briodol)

Pyllau glan môr

- Mae **pyllau glan môr** yn bantiau bach mewn creigiau sydd i'w cael ar y morlin, fel y rhai mewn llyfndir tonnau.
- Ar adeg llanw uchel mae'r môr yn gorchuddio'r pyllau, ac ar adeg llanw isel mae ychydig o ddŵr môr yn aros yn y pant, gan greu pwll glan môr.
- Mae'r pyllau glan môr yn mynd yn fwy drwy broses sgrafelliad adeg llanw uchel, oherwydd bod creigiau bach o fewn y pwll yn troelli o ganlyniad i symudiad y tonnau ac yn raddol yn cynyddu maint y pant.

> **Pwll glan môr** Pwll o ddŵr môr rhwng creigiau'r draethlin

---

Profi eich hun

PROFI

1 Beth yw'r gwahaniaeth rhwng tafod a bar alltraeth?
2 Esboniwch o ble mae'r defnydd yn dod i greu tafodau a bariau alltraeth.
3 Pam mae pyllau glan môr yn datblygu?
4 Esboniwch pam gall rhai tafodau gael eu herydu dros amser.

Cwestiwn enghreifftiol

Ar gyfer amgylchedd arfordirol penodol yn y DU, esboniwch y prosesau sydd wedi creu'r tirffurfiau sy'n benodol i'r amgylchedd hwnnw. [6]

Pa ffactorau sy'n effeithio ar gyfraddau newid tirffurf mewn tirweddau afon a thirweddau arfordirol?

ADOLYGU

Bydd daeareg, hinsawdd a gweithgareddau dynol yn effeithio ar gyfradd newid tirffurf (pa mor gyflym mae'r newid yn digwydd) mewn amgylcheddau afon ac amgylcheddau arfordirol.

Daeareg

Bydd y math o graig sy'n cael eu herydu a'r ffordd mae'r mathau o greigiau'n cael eu gosod, yn effeithio ar gyfradd y newid.

Enghraifft: math o graig – Afon Bishopston, De Gŵyr

- Mae Afon Bishopston yn tarddu ar grut melinfaen ac mae'n croesi i galchfaen carbonifferaidd ger pentref Kittle.
- Gan fod hydoddiant yn erydu'r uniadau yn y calchfaen yn hawdd, mae **ceudyllau a llyncdyllau** mawr yn ymddangos sy'n galluogi'r afon i lifo o dan y ddaear.
- O ganlyniad, mae arwyneb sianel yr afon yn sych y rhan fwyaf o'r amser, heblaw am pan fydd glawiad trwm, ac os felly bydd y sianeli tanddaearol yn llenwi, gan achosi i ddŵr lifo dros y tir hefyd. Mae llawer llai o erydiad yn digwydd yn arwyneb sianel yr afon gan nad oes llif yn y sianel yn aml.

Calchfaen carbonifferaidd

Llyncdwll

Mae'r dŵr yn diflannu ac mae gwely'r afon yn sych fel arfer i lawr yr afon

Ffigur 16 Afon Bishopston, De Gŵyr: llyncdwll yn achosi i'r afon fynd o dan y ddaear.

Enghraifft: morlinau cydgordiol ac anghytgordiol – Pen Llŷn

- **Cydgordiol**: mae arfordir gogleddol Pen Llŷn yn **forlin gydgordiol**, lle mae haenau o greigiau gwahanol yn rhedeg yn baralel i'r morlin. Mae'r graig fetamorffig yn erydu ar yr un cyflymder felly does dim llawer o bentiroedd a baeau ar hyd yr arfordir.
- **Anghytgordiol**: mewn cyferbyniad â hyn, mae'r morlin rhwng pentir Trwyn Llanbedrog a Bae Abersoch yn **forlin anghytgordiol**. Mae'r pentir yn cynnwys craig igneaidd sy'n gallu gwrthsefyll erydiad (erydu'n araf) ac mae Bae Abersoch sydd gyfagos yn cynnwys cerrig llaid a siâl sydd ddim yn gallu gwrthsefyll erydiad cystal (erydu'n gynt). Mae'r cyfraddau erydiad gwahanol yn arwain at ffurfio pentiroedd a baeau.

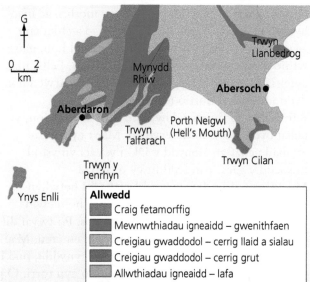

Allwedd

- Craig fetamorffig
- Mewnwthiadau igneaidd – gwenithfaen
- Creigiau gwaddodol – cerrig llaid a sialau
- Creigiau gwaddodol – cerrig grut
- Allwthiadau igneaidd – lafa

Ffigur 17 Daeareg Pen Llŷn.

Cyngor

Os bydd cwestiwn am ddaeareg yn gofyn i chi 'esbonio pam', gwnewch yn siŵr eich bod chi'n cysylltu'r tirffurf â'r strwythur daearegol. Rhaid i chi nodi'n glir bod y tirffurf yn cael ei ffurfio **oherwydd** y ddaeareg.

Gweithgaredd adolygu

1 Ar gyfer ardal o forlin rydych chi wedi'i hastudio, cwblhewch y pwyntiau bwled canlynol:
   - Enwch yr arwedd
   - Ble mae'r arwedd hon wedi'i lleoli?
   - Pa brosesau arfordirol sy'n digwydd yma?
   - Beth yw nodweddion daearegol y forlin hon?
   - Pa ffactor yw prif achos y tirffurfiau sydd i'w cael yma?
2 Gwnewch yr ymarfer hwn eto ar gyfer arwedd afon rydych chi wedi'i hastudio.

Profi eich hun

PROFI

1 Esboniwch pam mae'r math o graig a'i strwythur yn gallu dylanwadu ar y tirffurfiau afon neu'r tirffurfiau arfordirol sy'n cael eu creu.
2 Sut gall daeareg effeithio ar dirffurfiau afon?
3 Sut gall daeareg effeithio ar dirffurfiau arfordirol?
4 A yw daeareg yr un mor bwysig ag erydiad a dyddodiad wrth ffurfio tirweddau arfordirol?

Ceudwll Ogof fawr danddaearol sy'n ffurfio wrth i fregion mewn calchfaen carbonifferaidd dyfu'n fwy

Llyncdwll Twll yn y ddaear sy'n cael ei achosi wrth i haen yr arwyneb ddymchwel, i'w cael yn aml mewn ardaloedd calchfaen carbonifferaidd lle mae ceudyllau'n bresennol

Morlin gydgordiol Mae creigiau'n cael eu ffurfio'n baralel i'r môr gan olygu bod cyfraddau erydiad ar hyd y morlin yn gyfartal

Morlin anghytgordiol Mae creigiau'n cael eu ffurfio ar onglau sgwâr i'r môr ac felly mae cyfraddau erydiad yn amrywio ar hyd y morlin, gan ddibynnu ar y math o graig

Hinsawdd

Bydd hinsawdd yn effeithio ar gyfradd newid tirweddau afon a thirweddau arfordirol:

- **Arfordiroedd**: mae'r prifwynt yn effeithio ar ongl y tonnau wrth iddyn nhw dorri ar y morlin, ac mae hyn yn effeithio ar gyfeiriad yr erydiad a chludiant. Mae'r tonnau'n torri ar y traeth ar yr ongl hon, gan wthio defnydd i fyny ac ar draws y traeth. Felly, mae cyfeiriad y gwynt yn penderfynu lle bydd arweddion dyddodiadol yn ffurfio (er enghraifft, tafod).
- **Afonydd**: po fwyaf o ddŵr sy'n llifo mewn afon, yr uchaf bydd y cyfraddau erydiad. Mae'r cyfraddau erydiad uchaf yn afonydd y DU i'w cael yn ystod misoedd y gaeaf pan fydd mwy o lawiad.
- Mae **digwyddiadau tywydd eithafol** hefyd yn gallu newid y dirwedd. Gall storm nerthol newid y ffordd mae morlin yn edrych dros nos. Po fwyaf difrifol yw'r storm, y mwyaf o donnau dinistriol y bydd yn eu creu. Mae hyn nid yn unig oherwydd bod cyflymder y gwynt yn cynyddu, ond hefyd oherwydd y cyrch – y pellter mae'r don wedi teithio cyn torri. O ganlyniad, mae'r stormydd mwyaf nerthol a dinistriol sy'n taro'r DU fel arfer yn dod o'r de-orllewin. Mae hyn oherwydd bod Cefnfor Iwerydd yn ddarn o ddŵr agored eang, sy'n cynyddu cyrch y tonnau.

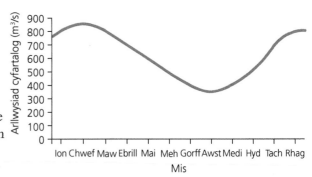

Ffigur 18 Mae patrymedd afon Afon Hafren yn dangos yr amrywiad yn arllwysiad afon (cyfaint y dŵr sy'n llifo drwy afon ar unrhyw bwynt) dros flwyddyn.

Enghraifft: stormydd y gaeaf yn achosi difrod i'r arfordir – morlinau gorllewin Cymru a Dwyrain Sussex

Yn ystod y gwanwyn yn 2014, cafodd y DU ei tharo gan gyfres o stormydd a achosodd erydiad difrifol i forlinau'r de a'r gorllewin. Yn Aberdaron, cafodd 30 cm o dir ei erydu o'r clogwyni, ac yn Birling Gap ar arfordir Dwyrain Sussex, cwympodd 9 m² o'r clogwyni i'r môr, ychydig fetrau'n unig o fwthyn. Yn ôl amcangyfrifon, roedd y rhan hon o'r morlin wedi dioddef gwerth saith mlynedd o erydiad mewn tri mis yn unig, oherwydd yr holl stormydd.

Gweithgareddau dynol

Gall effaith gweithgareddau dynol ar dirweddau afon a thirweddau arfordirol fod yn fwriadol ac yn anfwriadol:

- Mae gweithgareddau dynol bwriadol yn cynnwys strategaethau rheoli i leihau effaith erydiad ar dirffurfiau afon a thirffurfiau arfordirol.
- Ar gyfer afonydd, un enghraifft yw rheoli ystumiau afon mewn ardal adeiledig, lle mae pobl yn poeni am erydiad ar lan allanol sy'n effeithio ar adeiladau a gwasanaethau. Mae strategaethau rheoli sy'n helpu i leihau maint yr erydiad yn cynnwys caergewyll (cewyll wedi'u llenwi â chreigiau) sy'n amsugno egni'r dŵr, neu fanciau concrit wedi'u hatgyfnerthu, sy'n gwrthsefyll grym y dŵr. Mae'r dulliau hyn yn cael eu defnyddio'n helaeth ar afonydd sy'n llifo drwy ardaloedd adeiledig, er enghraifft Afon Tafwys drwy ganol Llundain.
- Ar gyfer arfordiroedd, un enghraifft yw rheoli traethau lle mae'r morlin yn agored i erydiad wrth i'r broses o ddrifft y glannau symud llawer iawn o ddefnydd traeth ar hyd y morlin. O ganlyniad, mae aneddiadau dynol ger yr arfordir yn agored i niwed oherwydd llifogydd neu glogwyn sy'n dymchwel, er enghraifft traeth St Bees yn Cumbria.

Profi eich hun

1 Disgrifiwch effaith patrymau glawiad tymhorol ar arllwysiad afon.
2 Esboniwch sut gall digwyddiadau tywydd eithafol achosi newid yn y morlin.

PROFI

Enghraifft: gweithgareddau dynol bwriadol ar yr arfordir – Traeth St Bees, Cumbria

Mae prifwyntoedd o'r de-orllewin yn anfon y gwaddod i gyfeiriad y gogledd-ddwyrain, ar hyd arfordir gogledd Cumbria o St Bees Head i'r ffin gyda'r Alban, gan adael pentref St Bees yn agored i niwed oherwydd erydiad. Cafodd cyfres o **argorau** eu hadeiladu ar y traeth i leihau symudiad y tywod er mwyn cadw'r traeth ar gyfer y fasnach dwristiaeth bwysig, a'i amddiffyn rhag llifogydd ac erydiad.

> **Argorau** Wal isel neu rwystr ar draeth sy'n cael ei adeiladu ar onglau sgwâr i'r môr i leihau effaith drifft y glannau

Ffigur 19 Argorau yn Nhraeth St Bees, Cumbria.

Enghraifft: effaith gweithgareddau dynol anfwriadol – Morlin Cricieth

- Mae Cricieth ar arfordir de Gwynedd.
- Mae'r clogwyni'n cynnwys defnydd sy'n erydu'n hawdd, sef til rhewlifol.
- Mae drifft y glannau'n effeithio ar y traeth ac yn symud y til rhewlifol o'r gorllewin i'r dwyrain ar hyd y morlin.
- Mae argorau yn cadw'r defnydd ar y traeth gan olygu ei fod yn parhau i ddenu ymwelwyr sy'n dod ag incwm.
- Mae'r traeth hefyd yn amddiffyn y morlin drwy amsugno egni'r tonnau.
- I'r dwyrain o'r argorau mae yna ran o'r clogwyn sydd â thueddiad aml i ddymchwel. Mae'n debygol bod hyn yn digwydd oherwydd y diffyg defnydd traeth sydd i'w amddiffyn yn sgil yr argorau i'r gorllewin.

Cwestiynau enghreifftiol

1 Cymharwch ddylanwad dau fath gwahanol o strwythurau daearegol ar siâp morlinau. [8]
2 Esboniwch pam mae'r hinsawdd yn dylanwadu ar gyfradd erydiad yn nhirwedd afonydd. [4]
3 'Bydd ymyrraeth ddynol ar y morlin bob amser yn arwain at ganlyniadau anfwriadol.' I ba raddau rydych chi'n cytuno â'r gosodiad hwn? [8]

> **Cyngor**
>
> Wrth roi enghraifft o ddylanwad gweithgareddau dynol ar dirwedd afon neu dirwedd arfordirol, gwnewch yn siŵr eich bod chi'n esbonio'r cysylltiad rhwng yr hyn mae pobl yn ei wneud a'r newid yn yr amgylchedd naturiol.

Dalgylchoedd afonydd y DU

Pa brosesau ffisegol sy'n effeithio ar storfeydd a llifoedd o fewn dalgylchoedd afonydd?

ADOLYGU

Llifoedd a storfeydd dŵr

Wrth i ddŵr symud drwy **ddalgylch afon** mae'n **llifo** o un **storfa** i'r nesaf.

Y berthynas rhwng prosesau dalgylch afon

Mae symudiad dŵr drwy ddalgylch afon i'w weld yn y diagram. Gall cyflymder y dŵr amrywio wrth symud drwy ddalgylchoedd afonydd oherwydd:

- **Y maint a'r math o lawiad**: mae glawiad yn symud yn fwy cyflym drwy ddalgylch afon yn ystod stormydd glaw trwm na phan fydd hi'n bwrw glaw mân. Mae diferion glaw yn fwy ac yn cwympo mewn cyfnod llai o amser, felly bydd llai o **ymdreiddiad** a bydd mwy o ddŵr ffo.
- **Y maint a'r math o lystyfiant**: bydd mwy o **ataliad** yn digwydd mewn coetir o'i gymharu â dôl.
- **Maint a siâp y dalgylch afon**: mae dŵr yn symud i'r afon yn fwy cyflym mewn dalgylchoedd afon crwn nag mewn rhai hirgul. Mae'r arllwysiad yn fwy mewn dalgylchoedd afon mwy gan eu bod nhw'n draenio o arwynebedd tir mwy o faint.
- **Pa mor serth yw'r llethrau**: mae llethrau mwy serth yn golygu mwy o ddŵr ffo a llai o ymdreiddiad.
- **Y ddaeareg a'r math o bridd yn y dalgylch afon**: mae pridd neu greigiau anathraidd yn arwain at lai o ymdreiddiad neu **lif dŵr daear** a mwy o ddŵr ffo.

Dalgylch afon Ardal o dir y mae'r afon a'i llednentydd yn ei draenio

Llif Symudiad dŵr

Storfa Lle mae dŵr yn llonydd o fewn y gylchred ddŵr

Ymdreiddiad Symudiad dŵr i mewn i'r pridd

Ataliad Pan na fydd glawiad yn cyrraedd y ddaear gan fod coed, adeiladau ac ati yn ei rwystro

Llif dŵr daear Llif dŵr drwy greigiau

Trydarthiad Dŵr yn cael ei golli gan blanhigion

Llif ar hyd coesynnau Symudiad dŵr i lawr coesyn neu foncyff planhigyn

Llif trostir Llif dŵr ar draws arwyneb y ddaear

Trwylif Llif dŵr drwy'r pridd

Trylifiad Symudiad dŵr o'r pridd i'r creigwely

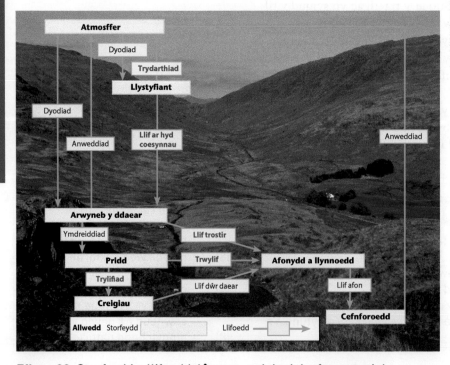

Ffigur 20 Storfeydd a llifoedd dŵr mewn dalgylch afon naturiol.

Profi eich hun

PROFI

Lluniwch restr o nodweddion dalgylch afon fyddai'n debygol o arwain at lifogydd.

Cwestiynau enghreifftiol

1 Enwch ddwy storfa a dau lif mewn dalgylch afon. [4]
2 Esboniwch yr effaith ar weddill dalgylch afon petai ardal fawr o goed yn cael ei thorri. [6]

Cyngor

Pan fydd gofyn i chi drafod y cydberthnasoedd rhwng prosesau dalgylch afon, bydd angen i chi esbonio pam gall 'storfa' yn un rhan o'r dalgylch effeithio ar y 'llif' mewn rhan arall.

Pam mae afonydd yn y DU yn gorlifo?

ADOLYGU

Gall hinsawdd, llystyfiant a daeareg (ffactorau ffisegol) effeithio ar arllwysiad afon gan arwain at lifogydd. Gall trefoli (ffactorau dynol) hefyd achosi llifogydd.

Hinsawdd

Bydd mwy o lawiad yn cynyddu'r siawns bod afon yn gorlifo. Gall hyn fod oherwydd:
- Glawiad tymhorol: ar ôl glawiad parhaus bydd y ddaear yn ddirlawn, gan arwain at fwy o lif trostir ac o ganlyniad, lefelau afon uwch
- Storm: pan fydd storm fawr yn dod â llawer o lawiad dros gyfnod byr iawn mae hyn yn achosi lefelau afon i godi'n sydyn sy'n gallu arwain at fflachlifau

Llystyfiant

- Mae mathau gwahanol o lystyfiant yn atal symiau gwahanol o lawiad, gan ddylanwadu ar ba mor gyflym mae dŵr yn symud drwy'r dalgylch afon i gyrraedd sianel yr afon. Er enghraifft, mae coed llydanddail yn atal mwy o lawiad na glaswelltir ac yn arafu'r amser mae'n ei gymryd i gyrraedd y ddaear. Hefyd, mae eu gwreiddiau'n ddyfnach ac yn ymestyn ar draws ardal ehangach, ac felly'n amsugno mwy o'r dŵr sydd wedi ymdreiddio i'r pridd
- Tynnu llystyfiant: os bydd coed yn cael eu tynnu o ddalgylch afon yna bydd dŵr yn cyrraedd sianel yr afon llawer yn fwy cyflym gan fod y pridd yn mynd yn ddirlawn yn gyflymach

Pam mae afonydd yn gorlifo?

Daeareg

- Mae gan greigiau mandyllog wagleoedd mawr yn y graig sy'n galluogi dŵr i fynd drwyddyn nhw. Mae hyn yn lleihau'r perygl o lifogydd oherwydd bod mwy o lif dŵr daear
- Does dim llawer o wagleoedd mewn creigiau anathraidd. Does dim llawer o ddŵr yn mynd drwyddyn nhw, gan greu mwy o lif trostir a mwy o berygl o lifogydd
- Gall craig fod yn athraidd ond yn llawn bregion, gan alluogi dŵr i fynd drwy'r llinellau gwan hyn. Er enghraifft, calchfaen carbonifferaidd

Trefoli

Wrth i drefi a dinasoedd ehangu mae'r ddaear yn cael ei orchuddio gydag arwynebau anathraidd fel tarmac, sy'n lleihau faint o ddŵr sy'n cael ei ymdreiddio. Mae hyn yn achosi mwy o lif trostir ac yn cynyddu'r perygl o lifogydd

Cyngor

Pan fydd gofyn i chi 'esbonio pam' mae ffactor yn cynyddu'r perygl o lifogydd, rhaid i chi nodi beth yn union am y ffactor fyddai'n achosi i'r afon orlifo.

Hydrograffau

Mae **hydrograff** yn ffordd dda o weld sut bydd afon yn ymateb i ddigwyddiad storm. Mae'n dangos cyfanswm y glawiad ar ffurf graff bar ac arllwysiad yr afon ar ffurf graff llinell. Mae'r rhain wedi'u plotio yn erbyn yr amser. Mae siâp yr hydrograff yn dangos a yw afon yn debygol o orlifo ar ôl digwyddiad storm.

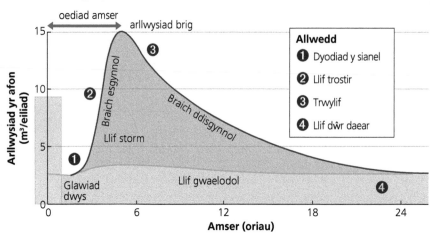

Ffigur 21 Hydrograff llifogydd syml.

Hydrograff Graff llinell sy'n cael ei ddefnyddio i ddangos arllwysiad afon dros gyfnod o amser

Oediad amser Y cyfnod rhwng uchafbwynt y glawiad ac uchafbwynt yr arllwysiad mewn afon

Braich esgynnol Y rhan o hydrograff lle mae arllwysiad afon yn cynyddu ar ôl digwyddiad glawiad

Ffactor	Effaith
Trefoli	Yn lleihau **oediad amser, braich esgynnol** serth, uchafbwynt uchel
Creigiau mandyllog	Yn cynyddu oediad amser, braich esgynnol graddol, uchafbwynt is
Creigiau anathraidd	Yn lleihau oediad amser, braich esgynnol serth, uchafbwynt uchel
Coed llydanddail	Yn cynyddu oediad amser, braich esgynnol graddol, uchafbwynt is

Enghraifft: achosion ac effeithiau llifogydd – Gwastadeddau Gwlad yr Haf

Yn ystod y gaeaf yn 2013–14 gwelwyd llifogydd heb eu tebyg erioed o'r blaen ar Wastadeddau Gwlad yr Haf.

Achosion	Effeithiau
Ffisegol • Ardal eang o dir gwastad • Dwy afon fawr yn rhedeg drwy'r ardal – Afon Tone ac Afon Parrett • Glawiad trwm am gyfnod hir yn achosi i'r ddaear dirlenwi • Sianel yr afon yn llenwi â llaid gan leihau ei gallu i ddal dŵr • Amrediad llanw uchel **Dynol** • Yr afonydd yn cael eu carthu yn llai aml • Adeiladu ar y gorlifdir	• Roedd dros 80 o ffyrdd wedi'u cau • Doedd plant ddim yn gallu mynd i'r ysgol a phobl ddim yn gallu mynd i'r gwaith • Cafodd pentrefi eu hynysu • Effeithiwyd ar 600 o gartrefi a symudwyd pobl o'u cartrefi • Oherwydd diffyg tir pori, collodd ffermwyr tua £10m • Roedd tua hanner busnesau Gwlad yr Haf wedi gwneud colled • Cost o £19m i'r llywodraeth leol a'r gwasanaethau brys

Profi eich hun

1 Beth yw ystyr y term 'patrymedd blynyddol'?
2 Disgrifiwch sut mae hinsawdd yn gallu effeithio ar arllwysiad afon.
3 Rhestrwch y ffyrdd gwahanol y mae pobl yn gallu cynyddu'r siawns y bydd afon yn gorlifo.
4 Esboniwch rannau gwahanol hydrograff a'r ffactorau sy'n gallu dylanwadu arnyn nhw.

PROFI

Cwestiynau enghreifftiol

1 Rhestrwch dri ffactor fyddai'n gallu effeithio ar lifogydd yn y DU. [3]
2 Disgrifiwch sut bydd creigiau mandyllog yn dylanwadu ar siâp hydrograff. [4]
3 'Trefoli yw'r ffactor pwysicaf sy'n achosi llifogydd yn y DU heddiw.' I ba raddau rydych chi'n credu bod hyn yn wir? [8]

Beth yw'r dulliau rheoli mewn perthynas â llifogydd yn y DU?

ADOLYGU

Strategaethau ar gyfer rheoli sianeli a dalgylchoedd afonydd

Strategaethau peirianneg galed	Strategaethau peirianneg feddal	Cylchfaoedd defnydd tir
Adeiladu amddiffynfeydd i reoli prosesau naturiol	Gweithio gyda'r amgylchedd yn hytrach na cheisio ei reoli	Cynllunio ar gyfer y defnydd o'r tir o fewn dalgylch afon fel bod tir llai gwerthfawr yn agosach at yr afon, er enghraifft tir pori a chaeau chwarae
Maen nhw fel arfer ar raddfa fawr, yn ddrud ac yn weddol effeithiol	Yn aml yn rhatach na pheirianneg galed ac yn cael llai o effaith ar yr amgylchedd, ond yn gallu bod yn llai effeithiol ar ôl i'r afon orlifo	Mae tai a gwasanaethau allweddol fel arfer yn cael eu gosod ar dir uwch i ffwrdd o'r afon er mwyn lleihau'r siawns o lifogydd
Er enghraifft: argaeau, llifgloddiau/argloddiau artiffisial, sianeli afonydd artiffisial (sianelu), caergewyll, carthu sianel yr afon, creu sianel lliniaru llifogydd	Er enghraifft: cyfyngu ar adeiladu ar orlifdiroedd, coedwigo, llifogydd ecolegol, systemau rhybuddio	Dydy'r dull hwn ddim bob amser yn hawdd ei weithredu, gan fod tai a gwasanaethau allweddol mewn llawer o drefi a dinasoedd wedi cael eu hadeiladu yn agos at afonydd nifer o flynyddoedd yn ôl

Safbwyntiau gwahanol

Yn aml iawn, bydd gan grwpiau gwahanol o bobl safbwyntiau gwahanol iawn ynglŷn â'r ffordd orau o reoli gorlifdir neu wrth ystyried datblygu ar orlifdir yn y dyfodol.

Enghraifft: rheoli gorlifdir – Gwastadeddau Gwlad yr Haf

Ar ôl llifogydd difrifol ar ddechrau 2014, mae llawer o drafod wedi bod am sut i atal llifogydd yn y dyfodol. Yn ôl rhai adroddiadau, diffyg carthu sianeli'r afon oedd prif achos y llifogydd ac roedd llawer o bobl yn credu y byddai carthu wedi atal llifogydd yn y dyfodol. Roedd eraill yn anghytuno:

- Ymddiriedolaeth Bywyd Gwyllt Gwlad yr Haf: 'Rhaid i ni adael i'r afonydd orlifo'n naturiol. Mae rhai o gynefinoedd y gwlyptiroedd yn unigryw.'
- Y Gymdeithas Frenhinol er Gwarchod Adar (*RSPB*): 'Mae carthu yn cael effaith ar y cynefinoedd yn yr afon ac o'i hamgylch.'

Datblygu ar orlifdir

Mae cynnydd yn y galw am dai yn arwain at fwy o bwysau i adeiladu ar orlifdiroedd. Mae tai sy'n cael eu hadeiladu ar orlifdiroedd mewn perygl uwch o lifogydd.

Gweithgaredd adolygu

Gwnewch dabl o fanteision ac anfanteision carthu fel dull o reoli gorlifdir.

Enghraifft o wrthdaro datblygu gorlifdir

Yn 2013, rhoddodd cynghorau lleol yng Nghymru a Lloegr ganiatâd cynllunio ar gyfer 87 o ddatblygiadau tai newydd ar orlifdiroedd, ac fe achosodd bob un o'r rhain wrthdaro yn eu cymunedau lleol.

- Brocer yswiriant: 'Mae adeiladu dros 80 o ddatblygiadau newydd ar orlifdiroedd yn swm hollol hurt, dylai fod yna ddim un! Os nad ydy pobl eisiau i'w cartrefi ddioddef llifogydd, peidiwch ag adeiladu ar orlifdiroedd!'
- Teulu ifanc ar incwm isel: 'Mae angen adeiladu mwy o gartrefi er mwyn i brisiau tai ostwng yn ddigon isel i ni allu fforddio eu prynu.'

Cwestiwn enghreifftiol

Gwerthuswch effeithiolrwydd peirianneg feddal fel strategaeth ar gyfer rheoli gorlifdiroedd y DU yn y dyfodol. [8]

Y continwwm trefol-gwledig

Sut mae ardaloedd trefol a gwledig wedi'u cysylltu?

ADOLYGU

Mae tirwedd ddynol y DU yr un mor amrywiol â'r amgylchedd ffisegol. Mae gan ardaloedd **gwledig** ddwysedd poblogaeth tenau neu isel ond mae ardaloedd **trefol** yn amgylcheddau prysur, adeiledig lle mae'r **dwysedd poblogaeth** yn uwch. Mae'r ddau fath o amgylchedd hyn wedi'u cysylltu gyda'i gilydd ac yn dylanwadu ar ei gilydd.

Mae'r map yn dangos **lleoliad** ardaloedd **poblogaeth** sylweddol yn y DU.

Y continwwm trefol-gwledig

Mae'r cysyniad o hierarchaeth aneddiadau yn gallu bod yn anodd i'w ddefnyddio weithiau, oherwydd natur newidiol nifer o bentrefi a threfi. Mae **continwwm trefol-gwledig** yn ein galluogi ni i ystyried y ddau begwn ac yna i osod yr holl fathau eraill o aneddiadau rhyngddyn nhw. Gallwn ni yna ddisgrifio anheddiad penodol fel un 'mwy gwledig' neu 'mwy trefol' ei natur. Mae'r diagram isod yn dangos hyn.

Ffigur 1 Dosbarthiad poblogaeth y DU.

> **Gwledig** Ardal o gefn gwlad sy'n nodweddiadol am ei mannau agored eang
>
> **Trefol** Amgylchedd adeiledig lle mae llawer o bobl yn byw
>
> **Dwysedd poblogaeth** Nifer cyfartalog y bobl sy'n byw mewn un cilometr sgwâr. Fel arfer yn cael ei fynegi fel ardal drwchus neu denau ei phoblogaeth.
>
> **Lleoliad** Lle neu safle penodol
>
> **Poblogaeth** Nifer y bobl sy'n byw mewn ardal
>
> **Continwwm trefol-gwledig** Continwwm lle mae'r holl aneddiadau wedi'u lleoli

> **Cyngor**
>
> Mae'n bwysig eich bod chi'n gallu disgrifio lleoliad ardaloedd dwysedd poblogaeth uchel yng Nghymru a gweddill y DU.

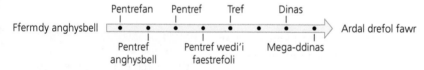

Wrth i anheddiad symud ar hyd y continwwm o wledig i drefol, mae'n datblygu mwy o swyddogaethau ac yn darparu mwy o wasanaethau. Er enghraifft, mae pentref bach yn debygol o ddarparu'r canlynol:

- swyddfa bost
- siop fach
- arhosfan bysiau
- tafarn
- eglwys

ond mae dinas yn debygol o ddarparu:

- canolfannau siopa gyda nifer o siopau cadwyn
- canolfannau adloniant fel theatrau a sinemâu
- amrywiaeth o fwytai a bariau
- amrywiaeth o gyfleusterau meddygol gan gynnwys ysbyty.

Bydd y gwasanaethau sy'n cael eu darparu mewn unrhyw ddinas yn dibynnu ar y ddinas unigol a'i lleoliad mewn perthynas ag ardaloedd trefol eraill.

Profi eich hun

PROFI

1 Gwnewch dabl fel yr un isod i restru lleoliadau dwysedd poblogaeth uchel ac isel yn y DU.

Ardaloedd dwysedd poblogaeth uchel	Ardaloedd dwysedd poblogaeth isel

2 Dewiswch ddwy ardal poblogaeth uchel a disgrifiwch eu lleoliad.
3 Rhowch resymau pam mae'r poblogaethau dwysedd uchel yn y mannau hyn.

Cylch dylanwad trefol

Mae swyddogaeth a gwasanaethau dinas nid yn unig yn gwasanaethu preswylwyr y ddinas ond hefyd yr aneddiadau llai a fydd o bosibl yn ei hamgylchynu. Yr enw ar hyn yw **cylch dylanwad** dinas ac mae cryfder ei ddylanwad yn dibynnu'n bennaf ar:

- Yr isadeiledd a chysylltiadau cludiant rhwng yr ardaloedd trefol a gwledig: y mwyaf eang ac effeithlon yw'r rhwydweithiau ffyrdd a rheilffyrdd, y mwyaf eang yw'r cylch dylanwad.
- Y pellter o'r ardal drefol: po fwyaf agos yw'r anheddiad gwledig i'r ddinas, y mwyaf yw'r dylanwad.
- Maint yr ardal drefol: bydd cylch dylanwad dinas fawr yn fwy na chylch dylanwad tref fach.

> **Cylch dylanwad** Rhanbarth lle mae gan yr ardal drefol ddylanwad economaidd a chymdeithasol pwysig

Enghraifft: cylch dylanwad dinas – Lerpwl a Glyn Ceiriog

- Mae Lerpwl yn ddinas fawr ar arfordir gogledd-orllewin Lloegr, ger ffin gogledd-ddwyrain Cymru.
- Dyma'r ardal drefol fwyaf a'r agosaf at Ogledd Ddwyrain Cymru, gyda phoblogaeth o 467,250.
- Mae ei chylch dylanwad dros y rhanbarth yn cynnwys Glyn Ceiriog, pentref bach o 800 o bobl yng Ngogledd Ddwyrain Cymru.

Mae'r gwasanaethau sydd ar gael yng Nglyn Ceiriog yn cynnwys:
- dwy siop (yn cynnwys swyddfa bost)
- fferyllfa
- meddygfa
- dau fan addoli
- gwesty
- tafarn.

Mae'n debygol y bydd rhaid i'r preswylwyr fynd y tu hwnt i'r anheddiad i gael llawer o wasanaethau, er enghraifft i brynu pethau nad yw'r siopau lleol yn gallu eu darparu. Mae Wrecsam a Chaer yn cynnig amrywiaeth o siopau adwerthu, ond er mwyn cael mwy o ddewis mae yna amrywiaeth o ardaloedd siopa mawr yng nghanol dinas Lerpwl.

Mewn ardaloedd gwledig, mae mynediad at ofal iechyd hefyd yn gyfyngedig ac i gael gwasanaethau iechyd arbenigol byddai'n rhaid i breswylwyr Glyn Ceiriog deithio i Wrecsam a Lerpwl.

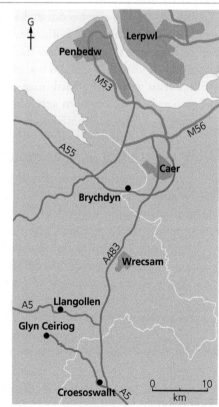

Ffigur 2 Ardaloedd trefol a gwledig ger y ffin rhwng Cymru a Lloegr.

Profi eich hun

1 Esboniwch pam mae gan ardal drefol fawr ddylanwad ar ardal wledig gyfagos.
2 Pam mae'r cylch dylanwad yn gwanhau wrth symud ymhellach i ffwrdd o'r ardal drefol?
3 Gwnewch restr o'r gwasanaethau adwerthu a gofal iechyd fyddai canolfan drefol yn gallu eu darparu i ardaloedd gwledig.
4 Gwnewch restr o ffactorau heblaw adwerthu a gofal iechyd fyddai canolfannau trefol yn gallu dylanwadu ar gymunedau gwledig.

Gweithgaredd adolygu

Lluniadwch ddiagram corryn i ddangos y ffactorau dylanwadol sydd gan ardal drefol fawr ar ei chymuned wledig gyfagos.

Gwrthdrefoli

Ers yr 1980au, mae **gwrthdrefoli** wedi dod yn amlwg yn y DU. Mae'r broses hon yn golygu bod pobl, fel teuluoedd ifanc neu bobl wedi ymddeol, yn symud allan o'r ddinas fewnol i un o'r lleoedd canlynol:
- y cyrion trefol-gwledig
- pentrefi wedi'u maestrefoli mewn ardaloedd gwledig sydd o fewn cyrraedd hawdd i'r ddinas, neu
- ardaloedd gwledig anghysbell.

Gwrthdrefoli Symudiad pobl o drefi a dinasoedd i ardaloedd gwledig

Rhesymau dros wrthdrefoli

- **Tai**: mae math ac arddull y cartrefi y mae pobl eu heisiau yn fwy fforddiadwy mewn ardaloedd gwledig ac mae mwy ohonyn nhw ar gael.
- **Statws teuluol**: wrth i bobl gael mwy o incwm neu deulu mwy, efallai y byddan nhw'n chwilio am dai mwy mewn lleoliadau gwledig.
- **Cludiant**: mae gwell cysylltiadau ffyrdd a rheilffyrdd, ynghyd â chynnydd yn nifer y bobl sy'n berchen ar geir, yn golygu bod pobl yn gallu byw mewn lleoliad gwahanol ac yn gallu teithio i'w gwaith.
- **Cyflogaeth**: gan fod llai o ddiwydiannau'n cael eu lleoli yng nghanol ardaloedd trefol a mwy o ddiwydiannau'n dod i'r cyrion gwledig-trefol, mae'n haws teithio i'r gwaith o leoliadau gwledig.
- **Ffactorau cymdeithasol**: mae ffactorau fel cyfraddau troseddu isel ac ysgolion da yn aml yn golygu bod pobl yn symud allan o ardaloedd trefol.
- **Ffactorau amgylcheddol**: mae cynnydd mewn llygredd sŵn ac aer mewn ardaloedd trefol yn achosi i bobl chwilio am amgylcheddau 'glanach' i fyw ynddyn nhw.

Profi eich hun

1 Beth mae'r term 'ardal wledig anghysbell' yn ei olygu i chi?
2 Pam mae gwrthdrefoli'n digwydd?
3 Pa effaith mae gwrthdrefoli'n ei gael ar aneddiadau gwledig?
4 Ar gyfer anheddiad gwledig rydych chi wedi'i astudio, disgrifiwch effeithiau ffisegol gwrthdrefoli.

Effaith gwrthdrefoli ar aneddiadau gwledig

Mae effaith gwrthdrefoli'n amrywio'n fawr ac yn dibynnu ar y math o ardal wledig y mae pobl yn symud iddi. Er enghraifft, os yw pobl yn symud i ardal wledig hygyrch yna gall pentref 'noswylio' neu 'gymudo' ddatblygu. Gall effeithiau hyn gynnwys:
- Cynnydd mewn prisiau tai oherwydd bod mwy o alw.
- Llai o wasanaethau traddodiadol (siopau pentref) gan fod preswylwyr yn siopa mewn archfarchnadoedd trefol, mwy o faint. Efallai bydd cynnydd mewn rhai gwasanaethau pentref llai traddodiadol fel crèche.
- Llai o bobl yn y pentref yn ystod y dydd.
- Cynnydd yn nifer y plant sy'n mynychu ysgolion gwledig.
- Mwy o draffig a llygredd cysylltiedig ar ffyrdd gwledig.
- Colli 'hunaniaeth' y pentref gan nad yw'r rhan fwyaf o breswylwyr yn gweithio yn y pentref.

Gweithgaredd adolygu

Ar gyfer anheddiad gwledig rydych chi wedi'i astudio, ewch ati i greu ffeil ffeithiau i esbonio'r rhesymau pam mae pobl yn symud i'r pentref a disgrifiwch y canlyniadau. Ceisiwch gynnwys:
- lleoliad a maint y boblogaeth
- y pethau sy'n denu pobl i'r pentref
- newidiadau i adeiladau
- newidiadau i alwedigaethau'r preswylwyr
- newidiadau i'r ysgol leol
- newidiadau i'r gwasanaethau sydd ar gael yn y pentref
- materion yn ymwneud â chludiant.

Patrymau cymudo

Mae cymudo pellteroedd mawr i'r gwaith yn gyffredin i lawer o bobl. Gan fod llawer mwy o swyddi mewn dinasoedd fel Llundain a Chaerdydd nag sydd yn yr ardaloedd gwledig o'u cwmpas, mae llawer o bobl yn cymudo i'r ddinas i weithio. Mae pobl yn aml yn dewis byw mewn ardal wledig rhatach a theithio pellter hirach i'r gwaith yn hytrach na thalu'r prisiau tai uwch yn y dinasoedd. I eraill, mae'r rhyngrwyd a ffonau symudol yn golygu nad oes rhaid cymudo gan eu bod nhw'n gallu gweithio o'u cartref. Mae'r tabl isod yn dangos y ffactorau sy'n annog pobl i gymudo a'r rhai sy'n eu hannog i beidio â chymudo.

Cyngor

Wrth ddisgrifio problemau sy'n codi oherwydd cymudo, cyfeiriwch at wybodaeth benodol ar gyfer ardal drefol rydych chi wedi'i hastudio er mwyn i chi ddangos dyfnder eich gwybodaeth.

Ffactorau sy'n arwain at fwy o gymudo	Ffactorau sy'n arwain at lai o gymudo
Mae gan ddinasoedd mwy o gyfleoedd gwaith nag ardaloedd gwledig	Mae twf cyflym y rhyngrwyd ac e-bost yn golygu nad oes rhaid i chi fod yn yr un swyddfa â'ch cydweithwyr
Mae pobl yn dewis byw mewn tai gwledig, sy'n aml yn rhatach na phrisiau tai uchel y ddinas	Mae signal ac ansawdd gwell gan ddarparwyr rhwydweithiau ffonau symudol yn galluogi pobl i gadw mewn cysylltiad â'u cydweithwyr yn barhaus
Mae gwelliannau yn y cysylltiadau ffyrdd a rheilffyrdd wedi lleihau amseroedd teithio	Mae twf cyflym band eang yn golygu bod nifer o gwmnïau yn annog gweithwyr i weithio gartref
Mae gwelliannau i ddiogelwch a chyfforddusrwydd ceir wedi annog mwy o bobl i deithio pellteroedd hirach	

Enghraifft: materion cludiant sy'n codi oherwydd gwrthdrefoli – Caerdydd

Mae Caerdydd yn Ne Ddwyrain Cymru. Fel dinas fwyaf Cymru a phrifddinas Cymru, mae Caerdydd yn denu llawer o ddiwydiannau ac mae ganddi gylch dylanwad eang. Mae'r dylanwad hwn gryfaf yn Ne Ddwyrain Cymru. Mae pobl yn teithio i Gaerdydd i weithio, siopa a mynd i ddigwyddiadau chwaraeon. Mae'r patrwm cymudo yn Ne Ddwyrain Cymru yn golygu bod:

- 78,000 o bobl yn teithio i Gaerdydd bob diwrnod gwaith.
- 33,900 o bobl yn teithio allan o Gaerdydd bob diwrnod gwaith.
- Bro Morgannwg yw prif ranbarth ffynhonnell a chyrchfan cymudwyr i mewn ac allan o Gaerdydd.
- Mae traffordd yr M4 ynghyd â'r prif ffyrdd mynediad i Gaerdydd wedi gwella dros yr ugain mlynedd diwethaf.

Gyda thros 112,000 o bobl yn teithio i mewn neu allan o Gaerdydd bob diwrnod gwaith, mae problemau'n codi oherwydd y niferoedd mawr o bobl sy'n teithio:

- Mae llawer o dagfeydd ar y prif lwybrau mynediad i mewn ac allan o Gaerdydd (A470, M4 a'r A48) yn ystod yr oriau brig, gan arwain at oedi hir ac amseroedd teithio hirach.
- Mae mwy o lygredd aer a sŵn yn effeithio ar Gaerdydd a'r ffyrdd o'i hamgylch lle mae'r tagfeydd traffig yn casglu.
- Mae tagfeydd ar ffyrdd y ddinas ac maen nhw'n beryglus i feicwyr a cherddwyr.
- Mae'r trenau sy'n cyrraedd Caerdydd yn ystod yr oriau brig yn llawn a rhaid i gymudwyr sefyll.

Cwestiynau enghreifftiol

1 Diffiniwch y term 'gwrthdrefoli'. [2]
2 Awgrymwch a disgrifiwch ddwy enghraifft o effeithiau economaidd gwrthdrefoli. [4]
3 Ar gyfer enghraifft rydych chi wedi'i hastudio, disgrifiwch y patrwm cymudo. [4]
4 Esboniwch y problemau sydd wedi cael eu hachosi gan gymudo yn eich enghraifft sydd wedi'i henwi. [6]

Gweithgaredd adolygu

Ar gyfer ardal drefol rydych chi wedi'i hastudio, defnyddiwch ddiagram corryn i ddangos y problemau sydd wedi codi oherwydd bod cymudwyr yn teithio i'r dref neu'r ddinas honno.

Sut mae ardaloedd gwledig yn newid?

ADOLYGU

Effeithiau cylchoedd dylanwad trefol a newid technolegol ar ddarpariaeth gwasanaeth

Rydyn ni wedi gweld yn barod sut mae cylchoedd dylanwad trefol yn cael effaith ar adwerthu a gwasanaethau iechyd mewn cymunedau gwledig, ond dim ond rhai o'r newidiadau sydd yn digwydd yw'r rhain. Ynghyd â newidiadau mewn technoleg (gwell darpariaeth band eang a derbyniad ffôn symudol), mae llawer o ardaloedd gwledig yn newid o ran maint a chymeriad. Mae rhai o'r newidiadau yn cynnwys:

● Lleihad yn nifer y swyddi a/neu newid o ran y swyddi sydd ar gael yn yr ardal wledig, er enghraifft llai o **swyddi cynradd** traddodiadol a mwy o **swyddi trydyddol**.

● Cau banciau a swyddfeydd post gwledig, canoli gwasanaethau mewn ardaloedd trefol yn ogystal â chynnydd mewn bancio ar-lein.

● Cynnydd mewn prisiau tai mewn ardaloedd gwledig hygyrch sydd o fewn yr '**ardal gymudo**'.

● Nifer cynyddol o ail gartrefi mewn rhannau prydferth o gefn gwlad, er enghraifft Sir Benfro yng Nghymru ac Ardal y Llynnoedd yn Lloegr.

● Pobl leol ddim yn gallu fforddio prynu tŷ oherwydd y cynnydd mewn prisiau, gan olygu eu bod yn gorfod symud i ffwrdd o'r pentref.

● Cau siopau'r pentref. Gyda'r cynnydd mewn siopa am fwyd ar-lein a gwasanaethau dosbarthu i'r cartref gan nifer o archfarchnadoedd, mae siopau pentref o dan hyd yn oed mwy o bwysau i gau.

● Lleihau neu ddileu gwasanaethau bysiau gan fod llai o bobl yn eu defnyddio.

Tlodi, diboblogi ac amddifadedd gwledig

Mae ardaloedd gwledig anghysbell wedi gweld llawer o newidiadau negyddol yn ystod y blynyddoedd diwethaf. Mae hyn wedi arwain at **ddiboblogi** mewn nifer o bentrefi a lefel uchel o dlodi ac **amddifadedd** ymhlith y pentrefwyr sy'n dal i fyw yno. Mae amddifadedd mewn ardaloedd gwledig fel arfer yn golygu diffyg gwasanaethau cludiant cyhoeddus, gofal iechyd ac addysg. Mae'n aml yn cael ei alw'n **gylch amddifadedd** gan fod natur yr effeithiau sy'n cael eu hachosi yn arwain at fwy o ddiboblogi ac amddifadedd.

Swyddi cynradd Swyddi sy'n golygu cael defnyddiau crai o'r amgylchedd, er enghraifft pysgota, mwyngloddio a ffermio

Swyddi trydyddol Swyddi sy'n darparu gwasanaeth, er enghraifft dysgu, meddygol ac adwerthu

Ardal gymudo Yr ardal o amgylch tref neu ddinas lle mae pobl yn teithio i weithio yn yr ardal drefol

Diboblogi Lleihad ym mhoblogaeth ardal

Amddifadedd Diffyg nodweddion allweddol sy'n cael eu hystyried yn angenrheidiol ar gyfer safon byw rhesymol

Cylch amddifadedd Y cylch lle bydd teulu sy'n byw mewn tlodi yn methu gwella ei ffordd o fyw oherwydd effeithiau negyddol incwm isel, tai gwael ac addysg wael, sy'n ei gadw mewn sefyllfa o dlodi

Ffigur 3 Cylch amddifadedd.

Profi eich hun

PROFI

1 Beth mae'r term 'newid technolegol' yn ei olygu i chi?
2 Sut mae newid technolegol wedi effeithio ar ddarpariaeth gwasanaeth mewn aneddiadau?
3 Esboniwch pam mae'n anodd iawn torri'r cylch amddifadedd.

Gweithgaredd adolygu

Lluniadwch ddiagram swigen ddwbl fel yr un isod a phenderfynwch pa newidiadau sy'n cael eu hachosi gan newid technolegol, pa rai sy'n cael eu hachosi gan gylch dylanwad trefol a pha rai sy'n cael eu hachosi gan y ddau. Defnyddiwch god lliw ar eich diagram.

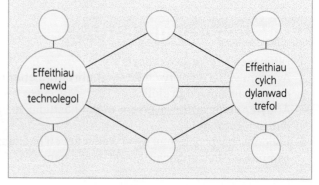

Creu cymunedau gwledig cynaliadwy

Nod holl gynllunwyr lleol yw creu **cymuned gynaliadwy**. Mae angen i gynigion ar gyfer tai neu ffyrdd newydd, a phenderfyniadau ynglŷn â pha wasanaethau cludiant, addysg ac iechyd i'w darparu, gael eu hystyried yn nhermau'r effeithiau ar bobl leol a'r amgylchedd. Mewn lleoliad gwledig, mae darparu mynediad at wasanaethau yn gallu bod yn heriol gan fod llai o bobl yn defnyddio'r gwasanaethau hynny, gan arwain felly at gost uwch am bob person.

Mae'r strategaethau fyddai'n gallu cael eu defnyddio i greu cymuned wledig gynaliadwy yn cynnwys:

- **Amlder a dibynadwyedd cludiant**: sicrhau bod cludiant cyhoeddus ar gael pan mae ei hangen ar y gymuned wledig.
- **Creu swyddi**: sicrhau buddsoddiad gan gwmnïau i ddatblygu swyddi yn yr ardal wledig.
- **Cysylltiadau â'r rhyngrwyd**: sicrhau bod band eang cyflym a dibynadwy ar gael.
- **Addysg**: sicrhau bod ysgolion pentref yn aros ar agor a bod ysgolion uwchradd yn cynnig dewis eang o bynciau sy'n cael eu dysgu gan staff arbenigol.
- **Gofal iechyd**: sicrhau bod modd cael mynediad at bob agwedd ar ofal iechyd gan ddarparu cludiant os oes angen.
- **Gwasanaethau pentref**: annog siopau, tafarndai a swyddfeydd post pentrefi i aros ar agor ar gyfer y preswylwyr.
- **Technolegau gwyrdd**: hyrwyddo'r defnydd o egni adnewyddadwy yn yr ardal wledig.

Bydd gweithredu'r strategaethau hyn yn dibynnu ar eu cost ond bydd eu defnyddio fel targed yn helpu i wneud cymunedau'n fwy cynaliadwy.

Cymuned gynaliadwy
Cymuned sy'n gallu cynnal anghenion ei holl breswylwyr heb fawr ddim effeithiau amgylcheddol

Cyngor

Cysylltwch y strategaeth a ddefnyddiwyd â'r ffordd y mae'n gwneud y gymuned yn gynaliadwy. Er enghraifft, pe bai gwasanaeth bws newydd yn mynd drwy gymuned wledig anghysbell dair gwaith y dydd, byddai hyn yn gwneud y gymuned yn fwy cynaliadwy gan ei fod yn galluogi pobl i barhau i fyw yno, er eu bod nhw'n gweithio, efallai, mewn ardal drefol gerllaw. A byddai'n lleihau nifer y ceir ar y ffyrdd ac yn cynyddu cynaliadwyedd.

Profi eich hun

PROFI

1 Beth mae'r term 'cymuned gynaliadwy' yn ei olygu i chi?
2 Awgrymwch strategaethau fyddai'n gallu cael eu defnyddio i wneud cymunedau gwledig yn fwy cynaliadwy.

Cwestiynau enghreifftiol

1 Beth mae'r term 'tlodi ac amddifadedd gwledig' yn ei olygu i chi? [2]
2 Esboniwch pam mae rhai cymunedau gwledig yn dioddef o amddifadedd gwledig. [4]
3 Trafodwch y sialensiau sy'n ymwneud â chreu cymunedau gwledig cynaliadwy. [8]

Gweithgaredd adolygu

Ar gyfer ardal gymunedol rydych chi wedi'i hastudio, dewiswch un o'r strategaethau uchod ac ymchwiliwch i'r ffordd mae'r ardal wledig honno'n mynd i'r afael â'r broblem. Yna ysgrifennwch gynnig i'r swyddfa gynllunio leol i ddangos sut byddai'n bosibl ei gwneud hi'n fwy cynaliadwy.

Newidiadau yn y boblogaeth a newidiadau trefol yn y DU

Beth yw achosion a chanlyniadau newidiadau yn y boblogaeth?

ADOLYGU

Newid yng nghyfradd y boblogaeth

Mae poblogaeth y DU yn newid drwy'r amser. Yn 2014, roedd gan y DU boblogaeth o 64.8 miliwn ac roedd poblogaeth Cymru yn 3.12 miliwn. Rhwng 2004 a 2014, tyfodd poblogaeth y DU, er bod cyfradd y newid yn amrywio mewn ardaloedd gwahanol.

Twf	Cymru	Y DU
Cyfradd twf uchaf	Caerdydd: newid o +1.7 y cant (cynnydd)	Tower Hamlets: newid o +34.5 y cant (cynnydd)
Cyfradd twf isaf	Ceredigion: newid o –0.5 y cant (gostyngiad)	Redcar a Cleveland: newid o –2.6 y cant (gostyngiad)

Er bod y boblogaeth ar gynnydd mewn rhai ardaloedd yn y DU, mae'n lleihau mewn mannau eraill. Gall newidiadau yn y boblogaeth fod o ganlyniad i **newidiadau naturiol yn y boblogaeth** neu oherwydd **mudo**.

Ffactorau sy'n effeithio ar newidiadau poblogaeth

Ffactorau cymdeithasol:

- **Gofal iechyd**: oherwydd bod gan y DU wasanaeth iechyd (GIG) sydd ar gael am ddim, gall preswylwyr gael y gofal sydd ei angen arnyn nhw, gan arwain at ddisgwyliad oes hirach a **chyfraddau marwolaethau babanod** isel.
- **Priodas**: mae pobl yn y DU yn priodi'n hwyrach bellach, a gall hyn effeithio ar ba bryd maen nhw'n dechrau cael plant.
- **Diwylliant**: yn gyffredinol, mae'n dderbyniol i fenywod yn y DU aros tan eu bod nhw yn eu 30au cyn cael plant, a gall hyn leihau cyfanswm y plant maen nhw'n eu cael.
- **Poblogaeth sy'n heneiddio**: gan fod cyfradd uwch o bobl yn y DU yn hŷn na'r oedran pan maen nhw'n gallu cael plant, bydd hyn yn arwain yn naturiol at **gyfradd genedigaethau** is.

Ffactorau economaidd:

- **Cost magu teulu**: mae hyn wedi cynyddu yn y DU a gall olygu nad yw pobl yn awyddus i ddechrau teulu.
- **Tâl mamolaeth**: gall y cyfnod hirach o dâl mamolaeth statudol annog mwy o enedigaethau.
- **Gyrfa**: mae llawer o fenywod yn dewis parhau â'u gyrfaoedd a chynyddu eu hincwm yn hytrach na chael teulu.

> **Newid naturiol yn y boblogaeth** Y newid yn y boblogaeth oherwydd genedigaethau a marwolaethau yn unig
>
> **Mudo** Pobl yn symud o un lle i'r llall
>
> **Ffactorau cymdeithasol** Ffactorau sy'n ymwneud ag iechyd, ffordd o fyw a chymuned pobl

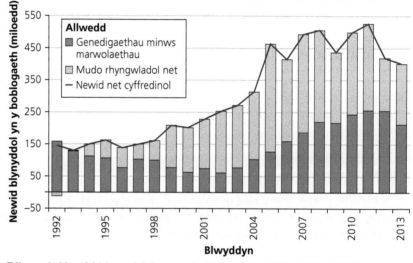

Ffigur 4 Newid blynyddol ym mhoblogaeth y DU, 1992–2013.

> **Cyfradd marwolaethau babanod** Nifer y plant sy'n marw cyn cyrraedd blwydd oed am bob 1,000 o blant sy'n cael eu geni'n fyw mewn ardal mewn blwyddyn
>
> **Poblogaeth sy'n heneiddio** Gwlad sydd â chyfran uchel o bobl dros 65 oed
>
> **Cyfradd genedigaethau** Nifer y babanod sy'n cael eu geni mewn ardal am bob 1000 o'r boblogaeth
>
> **Ffactorau economaidd** Ffactorau sy'n ymwneud â chost a chyllid

Ffactorau gwleidyddol:

- **Atal cenhedlu**: mae atal cenhedlu ar gael ledled y DU ac mae addysg yn cael ei ddarparu er mwyn lleihau achosion o feichiogrwydd diangen.
- **Hawliau mamolaeth/tadolaeth**: gall newidiadau i drefniadau absenoldeb mamolaeth a thadolaeth a thaliadau i rieni annog pobl i gael mwy o blant.
- **Mudo**: i mewn ac allan o'r DU. Yn 2015, symudodd 333,000 o bobl yn fwy i'r DU nag y symudodd allan, yn bennaf o wledydd y Gymanwlad a'r Undeb Ewropeaidd (UE).
- **Rhaglenni brechu**: mae gan y DU raglen brechu plant, sy'n arwain at ostyngiad yn y **gyfradd marwolaethau**.

Mudo i mewn i'r DU ac o fewn y DU

Yn 2015, symudodd 630,000 o bobl i mewn i'r DU. Mae llawer o bobl yn dewis symud i'r DU, ond dim ond hanner y stori fudo yw hon. Mae llawer o bobl hefyd yn mudo o fewn y DU. Gall hyn fod yn fudo gwledig-trefol neu'n fudo trefol-gwledig, o fewn yr un ardal drefol neu i ran hollol wahanol o'r DU.

Rhesymau pam mae pobl yn symud i'r DU	Rhesymau pam mae pobl yn symud o fewn y DU
Swyddi ar gael	Cost tai: symud i ardal lle maen nhw'n gallu fforddio prynu tŷ
System wleidyddol sefydlog	Newid eu ffordd o fyw: weithiau bydd pobl yn ymddeol i leoliad gwledig
Gwasanaeth iechyd da	Chwilio am waith: mae pobl yn symud i gael gwaith neu i roi hwb i'w gyrfa
Cyfraddau tâl gwell; felly incwm uwch	Mae'r angen i fyw'n agos at eich gwaith yn dod yn llai pwysig
System addysg dda	Symud yn agosach at deulu oherwydd gofynion gofalu
Rhwydwaith o deulu neu bobl o darddiad ethnig neu ddiwylliannol tebyg eisoes wedi'i sefydlu	

Gall effeithiau'r ddau fath o fudo gynnwys:

- cynnydd yn nifer yr oedolion ifanc sy'n gallu gweithio a thalu trethi
- cynnydd yn y gyfradd genedigaethau gan fod mudwyr yn cael plant
- cynnydd yn nifer yr ieithoedd sy'n cael eu siarad yn y DU
- straen ar ysgolion oherwydd nifer y disgyblion sydd ddim yn gallu siarad Saesneg
- mae llawer o swyddi di-grefft, cyflog isel nad yw dinasyddion y DU yn dymuno eu gwneud, yn cael eu llenwi
- mae prisiau tai'n codi mewn ardaloedd mwy dymunol
- oherwydd yr amrywiaeth ddiwylliannol, mae gan y DU ddewis ehangach o fwydydd, bwytai ac ati.

Sialensiau sy'n gysylltiedig â phoblogaeth sy'n heneiddio

Oherwydd y gyfradd genedigaethau a marwolaethau isel yn y DU, mae cyfran gynyddol o'r boblogaeth dros 65 oed. Wrth i ganran y grŵp hwn o bobl gynyddu o'i chymharu â gweddill y boblogaeth, gallwn ni ddweud bod gan y DU boblogaeth sy'n heneiddio. Yn 1995, roedd llai na 9 miliwn o bobl dros 65 oed, ond mae disgwyl y bydd eu niferoedd wedi codi i 13 miliwn erbyn 2030. Mae cyfran mor fawr â hyn o bobl hŷn yn y boblogaeth yn gosod sialensiau economaidd, iechyd a chymdeithasol sydd angen rhoi sylw iddyn nhw.

Sialensiau economaidd	Sialensiau iechyd	Sialensiau cymdeithasol
Llai o bobl sy'n gweithio yn y DU i dalu trethi	Mwy o broblemau iechyd wrth i bobl fyw'n hirach	Mae gan bobl hŷn gyfoeth o wybodaeth a sgiliau a fydd yn cael eu colli os na fyddan nhw'n cael eu trosglwyddo i'r genhedlaeth iau.
Mae angen mwy o arian i dalu am bensiynau gwladol	Mae angen cynnydd mawr mewn gwasanaethau gofal i ofalu am bobl yn y gymuned	Mae mwy a mwy o bobl oedran gweithio yn gofalu am eu plant a'u rhieni hŷn
Mae mwy o bobl yn dibynnu ar y wladwriaeth		Cynnydd yn nifer y bobl hŷn sy'n byw ar eu pen eu hunain, sy'n gallu arwain at deimladau o unigedd a hefyd lleihau faint o dai sydd ar gael.

Yr angen am dai newydd

Mae cynnydd mewn mewnfudo, disgwyliad oes hirach a chynnydd mewn cartrefi lle mae pobl yn byw ar eu pen eu hunain, i gyd yn arwain at gynnydd yn nifer y tai sydd eu hangen. Mae'r llywodraeth wedi gosod targed i adeiladu miliwn o dai newydd erbyn 2020. Ym mis Awst 2016, cyfaddefodd y llywodraeth na fyddai'n cyrraedd y targed hwn – byddai 266,000 o dai yn brin o'r targed. Wrth fethu'r targed hwn mae prisiau tai presennol yn debygol o godi oherwydd problemau'n ymwneud â galw a chyflenwad. Bydd y galw am dai yn amrywio ar draws Cymru a'r DU, ac mae'r galw fel arfer ar ei uchaf lle mae'r economi gryfaf. Yng Nghymru, mae'r galw mwyaf am dai yn rhanbarth y de-ddwyrain oherwydd yr holl swyddi mae prifddinas Caerdydd yn eu denu. Yn y DU yn gyffredinol, ardal De Ddwyrain Lloegr sy'n denu'r rhan fwyaf o bobl i symud yno ar gyfer gwaith, gan greu'r galw uchaf am dai. Mae'r graff yn Ffigur 5 yn dangos sut mae prisiau tai wedi newid ers 2007.

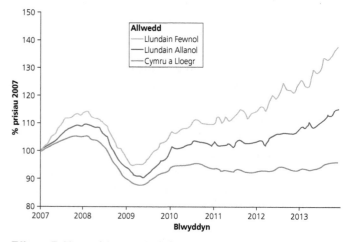

Ffigur 5 Y newid ym mhrisiau tai yng Nghymru a Lloegr ers 2007.

Profi eich hun

Edrychwch ar yr graff yn Ffigur 5:
1 Disgrifiwch y duedd ym mhrisiau tai rhwng 2007 a 2013.
2 Esboniwch yr amrywiadau sydd i'w gweld rhwng Llundain, a Chymru a Lloegr gyfan.
3 Esboniwch pam gall adeiladu datblygiadau tai newydd arwain at ostyngiad ym mhrisiau tai.

Cwestiynau enghreifftiol

1 Rhestrwch dair enghraifft wahanol o fudo sy'n digwydd yn y DU. [3]
2 Esboniwch dau fater yn ymwneud â thai sydd i'w gweld yn y DU ar hyn o bryd. [4]
3 Gwerthuswch yr opsiynau gwahanol sydd ar gael i leddfu'r argyfwng tai yn y DU. [8]

Beth yw'r sialensiau sy'n wynebu trefi a dinasoedd y DU?

Sialensiau creu cymunedau trefol cynaliadwy

Yr egwyddor sylfaenol wrth adeiladu cymunedau trefol cynaliadwy yw sicrhau bod unrhyw ddatblygiadau newydd (ffyrdd, tai, diwydiant, cyfathrebu ac ati) o fudd i'r gymuned a'r amgylchedd yn y tymor hir a'r tymor byr. Mae nodweddion cymuned gynaliadwy wedi'u dangos yn olwyn Egan yn Ffigur 6.

Nid yw bob amser mor syml ag adeiladu cymuned newydd sbon. Fel arfer mae'n golygu ehangu neu adnewyddu ardal drefol sy'n bodoli'n barod, ac felly mae'n anodd cyflawni'r nodau a nodwyd uchod. Mae'r sialensiau yn cynnwys:

● Rhaid adeiladu ar safle tir glas yn aml i gynyddu nifer y tai.
● Gwahaniaethau cymunedol: dydy pawb yn y gymuned ddim eisiau'r un peth.
● Y gymuned bresennol: yn aml dydy pobl ddim eisiau gweld unrhyw newid yn eu hardal leol.
● Mae **eco-gartrefi** yn aml yn costio mwy i'w hadeiladu ac efallai na fyddan nhw'n fforddiadwy.

Bydd y ffordd y mae'r awdurdodau cynllunio yn goresgyn y sialensiau hyn yn amrywio o le i le.

Ffigur 6 Olwyn Egan.

Eco-gartrefi Tai sy'n cael eu hadeiladu i'w gwneud nhw'n fwy cynaliadwy yn amgylcheddol

Enghraifft: safle tir glas – Llain las Rhydychen

Cafodd lleiniau glas eu gosod o amgylch dinasoedd y DU mor gynnar ag 1935 er mwyn ceisio atal trefi a dinasoedd rhag ehangu. Mae 13 y cant o'r holl arwynebedd tir yn Lloegr yn lleiniau glas, ond mae yna fwy o bwysau i adeiladu arnyn nhw oherwydd y galw uchel am dai newydd. Enghraifft o **safleoedd tir glas** sydd wedi cael eu nodi ar gyfer datblygiad posibl yw'r llain las o amgylch Rhydychen. Mae'r map yn Ffigur 7 yn dangos lleoliadau posibl.

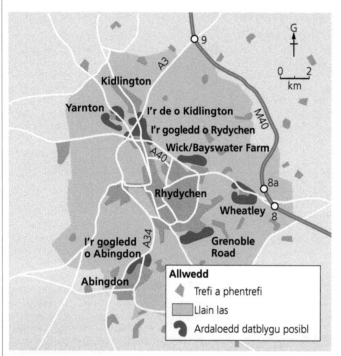

Ffigur 7 Ardaloedd datblygu a awgrymwyd gan Gyngor Dinas Rhydychen sydd o fewn llain las Rhydychen.

Safle tir glas Darn o dir sydd heb gael ei ddefnyddio ar gyfer adeiladu o'r blaen

Cynaliadwyedd amgylcheddol Gwelliannau yn y safon byw sydd ddim yn achosi niwed tymor hir i'r amgylchedd

Cynaliadwyedd economaidd Datblygiad sy'n sicrhau bod gan bawb yr un hawl i welliant economaidd yn y tymor hir

Cynaliadwyedd cymdeithasol Datblygiad sy'n gynhwysol ac sy'n sicrhau gwelliant o ran safon byw i bawb

Y sialensiau sy'n wynebu cynllunwyr wrth ystyried adeiladu ar dir maes glas yw:

- **Cynaliadwyedd amgylcheddol**: dinistrio tir gwledig sydd heb gael ei ddatblygu o'r blaen. Hefyd, os yw'r datblygiad o fewn ardal llain las gallai hyn arwain at hyd yn oed mwy o 'flerdwf' trefol (*urban sprawl*).
- **Cynaliadwyedd economaidd**: gall cost datblygiadau tai newydd fod yn rhy uchel i breswylwyr lleol presennol yr ardal wledig eu fforddio. Hefyd, ble mae'r trigolion newydd yn mynd i weithio? Mae cyfran fawr o bobl yn debygol o gymudo gan adael y datblygiadau newydd yn wag yn ystod oriau gwaith, ac ni fydd hyn yn helpu gwasanaethau gwledig.
- **Cynaliadwyedd cymdeithasol**: gall datblygiadau tir glas newydd annog preswylwyr trefol i symud i'r ardaloedd cefn gwlad gan newid ffordd o fyw yr ardal wledig. Ar ben hyn, bydd yn rhoi pwysau ar wasanaethau lleol fel ysgolion a meddygfeydd.

Enghraifft: safle tir llwyd – Datblygiad Glan y dŵr Ipswich

Mae adeiladu ar **safleoedd tir llwyd** wedi dod yn ffasiynol iawn yn ystod y 30 mlynedd diwethaf am ddau brif reswm. Yn gyntaf, gan fod adeiladau wedi bod ar y safleoedd hyn yn barod (yn wahanol i safleoedd tir glas), dydyn nhw ddim yn dinistrio ardaloedd cefn gwlad. Yn ail, mae llawer o bobl bellach yn hoffi symud yn ôl i ardaloedd dinas fewnol – proses sy'n cael ei alw'n **aildrefoli**. Mae llawer o ddinasoedd sydd â hen ardaloedd diwydiannol ar lan y dŵr yn adfywio'r ardaloedd hynny ac yn eu troi'n lleoliadau dymunol iawn ar gyfer cartrefi ac adloniant. Mae Datblygiad Glan y dŵr Ipswich yn enghraifft o ddatblygiad o'r fath. Y prif nodweddion yw:

- Roedd y safle'n hen ardal ddociau ddiwydiannol gyda warysau a ffatrïoedd.
- Roedd y safle wedi bod yn ddiffaith ers yr 1970au.
- Mae'r warysau wedi cael eu hadnewyddu i greu siopau, canolfannau adloniant a thai.
- Mae'n ddrutach i ddatblygu'r tir hwn na datblygu safle tir glas gan fod rhaid ei lanhau cyn dechrau adeiladu.
- Roedd rhaid cadw olion archaeolegol gwerthfawr ar gost o £1.2 miliwn yr hectar.
- Mae rhan o'r ddinas a oedd yn arfer bod yn ddiffaith wedi cael ei thrawsnewid yn lleoliad bywiog.

> **Safle tir llwyd** Ardal ar gyfer ailddatblygu lle mae adeiladau wedi bod yn barod
>
> **Aildrefoli** Pobl yn symud o gefn gwlad yn ôl i ardaloedd trefol

Profi eich hun

PROFI

Lluniwch dabl tebyg i'r un isod gan nodi cymaint o'r sialensiau ag y gallwch chi ar gyfer y dulliau gwahanol o greu ardal drefol gynaliadwy.

Safleoedd tir llwyd	Safleoedd tir glas

Cwestiynau enghreifftiol

1 Disgrifiwch unrhyw ddwy o rannau olwyn Egan. [4]

2 'Mae sicrhau cymuned gynaliadwy yr un mor anodd ar safle tir glas ag y mae ar safle tir llwyd.' Trafodwch pam gall y gosodiad hwn fod yn wir. [8]

> **Cyngor**
>
> Ar gyfer unrhyw enghreifftiau o ddatblygiadau rydych chi'n eu dysgu, gwnewch yn siŵr eich bod chi'n gallu disgrifio eu lleoliad neu hyd yn oed lluniadu llinfap.

Sut a pham mae adwerthu yn newid yn y DU?

Mae'r hierarchaeth siopa draddodiadol a gysylltir â **canol busnes y dref (CBD)**, sef canolfan siopa fawr neu ganolfan siopa dan do, y stryd fawr leol sy'n cynnig dewis llai o siopau a'r siop gornel sy'n gwerthu nwyddau cyfleus, wedi bod dan fygythiad ers tro oherwydd twf parciau adwerthu y tu allan i'r dref a siopa ar-lein.

> **Canol busnes y dref (CBD)** Y brif ardal siopa a gwasanaethau mewn dinas

Ffactorau sy'n arwain at newid mewn adwerthu

Ffactorau economaidd	Ffactorau diwylliannol	Ffactorau technolegol
Cynnydd yn nifer y cwmnïau dosbarthu i'r cartref, gan olygu bod dosbarthu nwyddau yn rhatach	Cymdeithas sy'n ddibynnol ar geir	Datblygiad gwasanaeth band eang cyflym ar draws y wlad
Tagfeydd yng nghanol dinasoedd	Yr arfer o swmp-brynu a siopa bob wythnos neu bob mis	Gwefannau soffistigedig sy'n gallu dangos eich nwyddau i chi o bob ongl cyn i chi brynu
Meysydd parcio mawr am ddim mewn parciau adwerthu y tu allan i'r dref		Cynnydd mewn adwerthwyr sy'n gwerthu ar-lein yn unig
Costau parcio uchel yng nghanol dinasoedd		Bancio ar-lein
Talu cyflogau yn fisol yn hytrach na bob wythnos		

Costau a buddion canolfannau siopa y tu allan i'r dref

Buddion	Costau
Meysydd parcio eang am ddim i gwsmeriaid	Yn denu siopwyr i ffwrdd o ganol y dinasoedd, a allai arwain at eu dirywiad
Mynediad cyflym a hwylus i gwsmeriaid ac er mwyn derbyn nwyddau, gan eu bod wedi'u lleoli ger y prif gyffyrdd	Yn gallu achosi tagfeydd ar y ffyrdd mynediad amgylchynol
Lleoliad y tu allan i'r dref, sydd fel arfer yn golygu llai o dagfeydd	Yr un siopau cadwyn sy'n tueddu i fod yn y canolfannau siopau a'r parciau adwerthu, felly dydyn nhw ddim yn cefnogi siopau annibynnol llai
Mae lle i ehangu yn aml iawn oherwydd y lleoliad ar gyrion y ddinas	Gwrthdaro ynghylch y defnydd tir – mae galw mawr am leoliadau ar gyrion y ddinas ar gyfer pethau eraill fel cyrsiau golff a pharciau busnes
Mae gwerth y tir yn rhatach na lleoliadau yng nghanol y ddinas ac felly mae'r siopau'n fwy, ac yn cadw mwy o amrywiaeth o stoc	
Mae stadau tai maestrefol gerllaw, felly maen nhw'n agos at gwsmeriaid a gweithwyr	

Costau a buddion siopa ar-lein

Siopa ar-lein yw'r maes adwerthu sy'n tyfu fwyaf cyflym. Yn 2014, dywedodd bron i dri chwarter o oedolion eu bod nhw'n prynu nwyddau neu wasanaethau ar-lein, cynnydd o 21 y cant ers 2008. Roedd mwyafrif y gweithgarwch hwn yn cael ei wneud ar gyfrifiaduron byrddau gwaith, ond yn gyflym iawn mae hyn yn symud at ddyfeisiau symudol fel ffonau clyfar a thabledi.

Buddion	Costau
Dull cyfleus o chwilio am nwyddau a'u prynu, ac yn aml yn rhatach	Does dim cysylltiad â'r rhyngrwyd gan bawb, yn enwedig pobl hŷn
Gall cwsmeriaid brynu nwyddau sydd ddim ar gael yn lleol	Efallai na fydd y nwyddau'n union fel y disgwyl ar ôl eu derbyn a gall fod yn anodd eu dychwelyd
Gall cwsmeriaid brynu ar unrhyw adeg ac o unrhyw leoliad	Mae siopau canol y ddinas yn colli busnes, a allai arwain at golli swyddi, ac yn y pen draw, at gau siopau
Mae'n cymryd llai o amser	Mae mwy o faniau dosbarthu yn arwain at fwy o dagfeydd traffig a llygredd
Mae tagfeydd traffig yng nghanol dinasoedd yn lleihau	Mae storio manylion cerdyn banc neu gerdyn credyd ar-lein yn golygu bod cwsmeriaid yn gallu bod yn agored i dwyll
Mae swyddi ar gael i bobl sy'n dosbarthu nwyddau	

Newid ar y stryd fawr mewn trefi a dinasoedd

Dros y deng mlynedd diwethaf mae'r stryd fawr yn nhrefi a dinasoedd y DU wedi dirywio; mae nifer cynyddol o siopau gwag wedi ymddangos ac mae adwerthwyr adnabyddus fel BHS wedi diflannu. Gan ddefnyddio amrywiaeth o strategaethau, mae'r stryd fawr yn newid, gyda'r nod o ddenu'r siopwyr yn ôl.

Enghraifft: newid ar y stryd fawr – Caerhirfryn

Ar ôl gweld gostyngiad yn nifer y bobl sy'n siopa yng nghanol y ddinas, mae cyngor lleol Caerhirfryn wedi gwella'r amgylchedd siopa er mwyn denu siopwyr:

- Palmentydd newydd mewn rhai o'r ardaloedd i gerddwyr yn unig, gan roi golwg ffres a glân, a lleihau'r perygl o faglu.
- Dodrefn stryd newydd wedi eu gwneud o ddefnyddiau cryfach er mwyn sicrhau eu bod nhw'n edrych yn newydd am gyfnod hirach.

- Arwyddion newydd mewn ardaloedd i gerddwyr yn unig, er mwyn helpu siopwyr ac ymwelwyr i ddod o hyd i leoedd.
- Plannu coed yn yr ardaloedd i gerddwyr yn unig, er mwyn gwella'r amgylchedd naturiol.
- Raciau beic diogel newydd, er mwyn annog beicwyr i ymweld.
- Diwrnod marchnad i ddenu masnachwyr newydd er mwyn ychwanegu at yr amrywiaeth o adwerthwyr annibynnol.

Profi eich hun

PROFI [ ]

1 Rhowch dri ffactor economaidd sy'n achosi dirywiad canolfannau siopa traddodiadol yn y CBD.
2 Disgrifiwch fanteision siopa ar-lein.
3 Dewiswch ddwy strategaeth sy'n cael eu defnyddio i annog pobl i siopa yn y CBD ac esboniwch sut maen nhw'n denu pobl i siopa ar y stryd fawr.

Cwestiwn enghreifftiol

'Dydy hi ddim yn bosibl cyflawni holl nodweddion cymuned drefol gynaliadwy, fel sy'n cael eu dangos gan olwyn Egan, mewn un ardal drefol.' Rhowch resymau o blaid ac yn erbyn y gosodiad hwn. [8]

Gweithgaredd adolygu

Meddyliwch am ardal adwerthu eich tref neu ganol dinas agosaf. Pa newidiadau sydd wedi digwydd yno yn ystod y pum mlynedd diwethaf? Rhestrwch rhain ar ochr chwith darn o bapur. Ar yr ochr dde, esboniwch pam bydd pob newid yn annog mwy o bobl i siopa yn yr ardal honno.

Materion trefol mewn dinasoedd global cyferbyniol

Beth yw patrymau trefoli yn fyd-eang?

Patrymau trefoli

Mae maint ardaloedd trefol ar draws y byd yn tyfu yn nhermau eu harwynebedd ffisegol ac o ran nifer y bobl (**trefoli**). Mae ychydig dros hanner poblogaeth y byd bellach yn byw mewn ardaloedd trefol, ac mae'r ganran hon yn debygol o gynyddu. Mae dinasoedd mewn **gwledydd newydd eu diwydianeiddio** *(NICs: newly industrialised countries)* yn tyfu'n gyflym iawn. Mae'r tabl isod yn dangos **mega-ddinasoedd** mwyaf y byd yn 2015.

Dinas a gwlad	Poblogaeth yn 2015
Tokyo, Japan	38 miliwn
Delhi, India	26 miliwn
Shanghai, China	24 miliwn
São Paulo, Brasil	21 miliwn
Mumbai, India	21 miliwn

Mae dosbarthiad mwyafrif helaeth o'r mega-ddinasoedd mwyaf yn Asia. Dydy Ewrop ddim hyd yn oed yn ymddangos yn rhestr y deg uchaf o fega-ddinasoedd, gan eu bod nhw'n tueddu i fod yn fwy cyffredin mewn gwledydd newydd eu diwydianeiddio *(NICs)*. Yn y dyfodol, mae'n debygol y bydd China ac India yn parhau i gael y nifer mwyaf o fega-ddinasoedd, rhywbeth sydd ddim yn annisgwyl, gan mai yn y gwledydd hyn y mae'r poblogaethau mwyaf. Mae disgwyl y bydd Nigeria hefyd yn ychwanegu 212 miliwn o drigolion trefol erbyn 2050.

Pam mae dinasoedd global yn bwysig

O ganlyniad i **globaleiddio**, mae mwy o gysylltiad nawr rhwng lleoedd ar draws y byd nag erioed o'r blaen o ran economeg, masnach, cymdeithas a diwylliant, a gwleidyddiaeth. Mae **dinasoedd global** wedi dod yn lleoedd allweddol ar gyfer creu cysylltiadau, ac yn aml, mae ganddyn nhw'r nodweddion canlynol:

- **cyllid a masnach**: lleoliad y gyfnewidfa stoc a phencadlys banciau
- **llywodraethu**: lleoliad llywodraeth ganolog, cyrff rhyngwladol fel y Cenhedloedd Unedig a'r UE, a phencadlys corfforaethau amlwladol *(MNCs: multinational corporations)*
- **amrywiaeth**: mae dinasoedd global yn denu llawer o fudwyr o rannau eraill o'r wlad a thu hwnt
- **y cyfryngau**: lleoliad corfforaethau'r cyfryngau
- **canolfannau diwylliannol**: lleoliad amrywiaeth eang o ganolfannau adloniant
- **arloesedd**: lleoliad prifysgolion blaenllaw ac ymchwil

Dosbarthiad dinasoedd global

Er bod dinasoedd global wedi'u dosbarthu'n eang ar draws y byd, nid yw'r dosbarthiad yn gyfartal. Mewn rhai ardaloedd, maen nhw wedi'u clystyru, ac mewn rhannau eraill o'r byd, does dim llawer ohonyn nhw o gwbl. Er enghraifft:

- Mae clystyrau o ddinasoedd global yng Ngogledd America, Gorllewin Ewrop a De Asia.
- Ychydig iawn o ddinasoedd global sydd yn Affrica, dim ond chwech ohonyn nhw.
- Mae gan India wyth.
- Mae gan China un deg pedwar.

Trefoli Twf trefi a dinasoedd

Gwledydd newydd eu diwydianeiddio (*NICs*) Gwledydd incwm canolig lle mae eu twf economaidd yn digwydd yn gyflymach na gwledydd eraill sy'n datblygu

Mega-ddinasoedd Dinasoedd â thros deng miliwn o drigolion

Cyngor

Wrth ateb cwestiwn lle mae angen i chi ddisgrifio dosbarthiad mewn perthynas â data mewn tabl, cofiwch:
- roi'r patrwm cyffredinol
- rhoi enghreifftiau o'r uchaf a'r isaf
- dyfynnu rhai o'r ffigyrau o'r tablau.

Mae sylwi ar anomaleddau yn y data hefyd yn ennill marciau.

Globaleiddio Y we fyd-eang o gysylltiadau rhwng gwledydd sy'n cysylltu pobl, masnach, syniadau a diwylliannau

Dinasoedd global Dinasoedd sy'n flaenllaw yn y system economaidd fyd-eang o gyllid a masnach

Ffigur 8 Dinasoedd global.

Patrwm newidiol dinasoedd global dros amser

Dydy patrwm dinasoedd global ddim yn aros yr un peth ac mae'n gallu newid. Er mwyn cadw ei statws fel dinas global, rhaid i bob dinas barhau i ddatblygu a chryfhau ei chysylltiadau â lleoedd eraill ar draws y byd. Wrth i ddinasoedd dyfu a datblygu o fewn gwledydd newydd eu diwydianeiddio, eu gobaith nhw yw dod yn ddinasoedd global newydd. Maen nhw'n ceisio manteisio i'r eithaf ar lwybrau masnach newydd drwy ddod yn lle cyswllt hanfodol. Os na fydd dinas global yn parhau i ddatblygu, yna mae'n bosibl y bydd yn colli ei statws fel dinas global.

Profi eich hun

PROFI

1 Esboniwch y gwahaniaeth rhwng mega-ddinas a dinas global.
2 Beth mae'r term 'globaleiddio' yn ei olygu i chi a pham mae hyn yn achosi trefoli?
3 Pam gallai dinas golli statws dinas global?

Gweithgaredd adolygu

Dewiswch dair dinas global a gwnewch restr o'r nodweddion sy'n eu gwneud nhw'n ddinasoedd global yn eich barn chi.

Cwestiynau enghreifftiol

1 Edrychwch ar Ffigur 8, sy'n dangos lleoliad dinasoedd global. Disgrifiwch eu dosbarthiad. [4]
2 Esboniwch pam mai'r dinasoedd mewn gwledydd newydd eu diwydianeiddio (*NICs*) sy'n tyfu ar y gyfradd gyflymaf. [4]
3 Disgrifiwch y nodweddion sydd eu hangen ar ddinasoedd er mwyn cael eu cyfrif yn ddinas global. [4]

Beth yw canlyniadau trefoli mewn dwy ddinas global?

Mae cyfradd ac amseriad trefoli yn amrywio ar draws y byd. Mewn llawer o **wledydd incwm uchel** (*HICs: high-income countries*) digwyddodd y cyfnod o ddiwydianeiddio cyflym yn ystod yr 1800au, ond mae proses o drefoli cyflym iawn yn digwydd mewn llawer o **wledydd incwm isel** (*LICs: low-income countries*) ar hyn o bryd. Mae'r ffordd y bydd gwlad yn ymateb i drefoli yn gallu dylanwadu ar ddatblygiad ei dinasoedd. Er enghraifft, mae rhai yn gweld y boblogaeth drefol sy'n tyfu fel baich; mae'n gosod straen ar wasanaethau a gallai hyn arwain at rwystro cynnydd economaidd y wlad. Mae eraill yn gweld y boblogaeth hon fel adnodd a fydd yn annog buddsoddiad ac entrepreneuriaeth, gan alluogi'r wlad i ddatblygu'n gynt.

> **Gwledydd incwm uchel (HICs)** Gwledydd ag IGC y pen o $11,456 neu fwy
>
> **Gwledydd incwm isel (LICs)** Gwledydd ag IGC y pen o $1045 neu lai

Enghraifft: dinas mewn gwlad newydd ei diwydianeiddio – Mumbai

Mae Mumbai yng ngogledd India ar ynys isel ym Môr Arabia. Dyma ddinas fwyaf India ac yn 2015 roedd ganddi boblogaeth o 21.04 miliwn.

Rhesymau dros y twf

Roedd y newid yng nghanran y boblogaeth rhwng 1971 ac 1981 yn 38 y cant, ond roedd y newid yng nghanran y boblogaeth rhwng 2001 a 2011 yn 4.7 y cant. Dyma'r rhesymau pam mae Mumbai wedi tyfu i ddod yn ddinas global:

- **Newid naturiol yn y boblogaeth**: cyfradd ffrwythlondeb menywod Mumbai yn 1974 oedd 4, mae hyn wedi gostwng i 1.8 yn 2013. Byddai newid naturiol wedi bod yn ffactor pwysig yn yr 1970au a'r 1980au, ond nid yw mor bwysig bellach.
- **Mudo**: y **ffactorau tynnu** sy'n annog mudo i Mumbai yw teithiau trên rhad, swyddi a gwell cyfleoedd hyfforddiant. Y **ffactorau gwthio** o'r ardaloedd cefn gwlad amgylchynol yw tai, gofal iechyd ac iechydaeth (*sanitation*) o safon isel.
- **Cysylltiadau**: Mumbai yw prif ddinas ariannol India ac mae'n gartref i gyfnewidfa stoc India. Mae hefyd yn gartref i gorfforaethau amlwladol mawr fel *Tata Steel* a'r diwydiant ffilm Bollywood. Mae maes awyr rhyngwladol yn y ddinas a phorthladd pwysig Nhava Sheva.
- **Newid hanesyddol neu ddiweddar**: mae'r twf yn hanesyddol yn bennaf. Mae'r ddinas yn dal i dyfu, ond ddim mor gyflym ag y gwnaeth rhwng 1971 ac 1991.

Ffordd o fyw

Mae Mumbai yn ddinas o gyferbyniadau ac oherwydd hyn, mae ganddi batrymau cymdeithasol a diwylliannol amrywiol. Mae'r cyferbyniad rhwng pobl gyfoethog a phobl dlawd. Mae gan y dosbarth canol addysgedig newydd dai drud, tra bod y mwyafrif o bobl yn byw mewn tlodi difrifol mewn slymiau a bustees ac yn gweithio yn yr **economi anffurfiol** mewn swyddi fel gwerthwyr stryd neu ailgylchwyr sbwriel.

Sialensiau trefol presennol

Mae dwy sialens yn wynebu Mumbai:

- **Lleihau tlodi ac amddifadedd**: gan fod cyfran mor fawr o'r bobl yn byw mewn slymiau, mae miliynau o bobl yn Mumbai yn sownd mewn cylch amddifadedd.
- **Tai**: mae mwyafrif y bobl yn Mumbai yn byw mewn slymiau, yn breswylwyr palmant neu'n byw mewn *chawl* (hen adeilad tenement 4 neu 5 llawr lle maen nhw'n rhannu cyfleusterau sylfaenol iawn). Mae'r rhain yn dioddef gorlenwi, ac mewn perygl o ddymchwel, mynd ar dân neu ddioddef llifogydd. Dau ateb posibl yw:
  - Projectau hunangymorth sy'n cynnwys rhoi cymorth i'r trigolion i wella eu hamodau byw eu hunain, er enghraifft cysylltiad â'r prif gyflenwad dŵr.
  - Clirio'r ardal yn gyfan gwbl gan ddymchwel yr adeiladau presennol ac adeiladu adeiladau uchel pwrpasol.

Ffactorau tynnu Ffactorau sy'n denu pobl i le arbennig

Ffactorau gwthio Ffactorau sy'n gwneud i rywun fod eisiau gadael lle

Economi anffurfiol Mathau o gyflogaeth nad ydyn nhw'n cael eu cydnabod yn swyddogol, er enghraifft yr arian sy'n cael ei ennill mewn swyddi achlysurol neu wrth weithio i chi eich hun ar y stryd

Enghraifft: dinas mewn gwlad incwm uchel – Caerdydd

- Caerdydd, yn Ne Ddwyrain Cymru, yw dinas fwyaf Cymru a'i phrifddinas.
- Mae ganddi boblogaeth o 346,000 a chylch dylanwad mawr, ac mae 1.49 miliwn o bobl yn byw o fewn 32 km o ganol y ddinas.
- Mae ganddi gysylltiadau da iawn, yn cynnwys prif reilffordd a gorsaf fysiau yn ogystal â thraffordd yr M4 sy'n rhedeg i'r gogledd o'r ddinas.

Caerdydd oedd prif ganolfan allforio glo De Cymru ar ddechrau'r ugeinfed ganrif. Mae ganddi faes awyr rhyngwladol ac mae'r M4 yn cysylltu'r ddinas â Llundain mewn ychydig dros ddwy awr.

- **Newid hanesyddol neu ddiweddar**: mae cyfradd twf Caerdydd wedi cynyddu yn ystod y blynyddoedd diwethaf, gyda chynnydd o 40,000 o bobl rhwng 2001 a 2011.

Rhesymau dros y twf

Caerdydd yw'r ddinas graidd economaidd sydd wedi tyfu gyflymaf (y tu allan i Lundain) yn y DU yn ystod y degawd diwethaf. Mae disgwyl y bydd Caerdydd yn tyfu 26 y cant yn fwy eto (neu 91,500 o bobl) dros yr ugain mlynedd nesaf. Y rhesymau dros hyn yw:

- **Newid naturiol yn y boblogaeth**: roedd cyfradd ffrwythlondeb yn gostwng yn y DU tan 2001–02. Fodd bynnag, mae wedi bod yn codi ers hynny ac mae hyn, ynghyd â chynnydd yn nisgwyliad oes, yn arwain at gynnydd naturiol yn y boblogaeth.
- **Mudo**: y ffactorau tynnu sy'n denu pobl i Gaerdydd yw argaeledd swyddi, cyfleusterau addysg ac ymchwil da, a diwydiant twristiaeth sy'n ffynnu. Mae'r ffactorau gwthio o'r rhanbarth amgylchynol yn ymwneud yn bennaf â'r diffyg swyddi yng nghymoedd De Cymru.
- **Cysylltiadau**: gan ei bod hi'n brifddinas Cymru, mae gan Gaerdydd gysylltiadau sydd wedi'u datblygu'n dda gyda'r rhanbarth lleol a gyda gweddill y DU ac Ewrop. Porthladd

Ffordd o fyw

Mae Caerdydd yn ddinas amlddiwylliannol ac felly gall pobl ar draws y ddinas fyw bywydau gwahanol iawn. Dau o'r rhesymau dros hyn yw:

- **Lleiafrifoedd ethnig**: mae mudwyr economaidd wedi bod yn dod i Gaerdydd ers yr 1800au. Oherwydd hyn mae 8 y cant o boblogaeth bresennol Caerdydd yn perthyn i leiafrifoedd ethnig, gan arwain at gymysgedd gwych o fwyd, diwylliant, crefydd ac iaith.
- **Lefelau incwm**: mae'r amrediad incwm y mae pobl yn ennill wrth weithio yng Nghaerdydd yn eang iawn, o'r isafswm cyflog i gyflogau chwe-ffigur.

Sialensiau trefol presennol

Y prif sialensiau trefol i Gaerdydd yw:
- lleihau tlodi ac amddifadedd, er enghraifft yn Butetown
- lleihau tagfeydd traffig, er enghraifft ar ffordd yr A470
- adfywio canol busnes y dref; siopau'n cau ar Heol y Frenhines.

Profi eich hun

PROFI

1 Disgrifiwch leoliadau Mumbai a Chaerdydd.
2 Rhowch bedwar ffactor ynghylch pam y mae Caerdydd a Mumbai wedi tyfu yn ddinasoedd global.
3 Meddyliwch am gymaint o wahaniaethau ag y gallwch chi i ddangos sut mae bywyd yn wahanol i'r bobl gyfoethog a'r bobl dlawd yng Nghaerdydd. Gwnewch yr un peth ar gyfer Mumbai.
4 Beth yw'r tebygrwydd a'r gwahaniaethau rhwng canlyniadau trefoli yng Nghaerdydd a Mumbai?

Cwestiynau enghreifftiol

1 Beth yw ystyr y term 'dinas global'? [2]
2 Pam mae sialensiau mewn anheddiadau anffurfiol yn anodd eu goresgyn? [6]

Gweithgaredd adolygu

Gan ddefnyddio cerdyn A5, ewch ati i greu ffeil ffeithiau am Gaerdydd er mwyn i chi allu dysgu'r ffeithiau penodol am y ddinas a'r materion sy'n effeithio arni. Gwnewch yr un peth ar gyfer Mumbai.

Cyngor

Os bydd cwestiwn arholiad yn gofyn i chi gymharu, ceisiwch ddefnyddio geiriau cyswllt sy'n cysylltu'r ddwy agwedd yn yr un frawddeg, er enghraifft, ond, o'i gymharu â, fodd bynnag, ac ati.

Sut mae dinasoedd global yn cysylltu â'i gilydd?

Cafodd y term **globaleiddio** ei ddefnyddio am y tro cyntaf yn yr 1950au i gyfeirio at y ffordd roedd y teleffon yn gwneud cysylltiadau byd-eang yn llawer haws. Heddiw mae globaleiddio yn golygu llawer mwy na chysylltiadau byd-eang ac mae'n dibynnu ar ddinasoedd global i greu cysylltiadau ar gyfer masnach, symudiad pobl, y cyfryngau ac ati. Rhaid cael sawl math o gysylltiadau er mwyn gwerthu nwyddau yn rhyngwladol, rhannu diwylliannau a galluogi pobl i fudo. Mae tri phrif fath o gysylltiad: cludiant, masnach a thwristiaeth, a'r cyfryngau a chyfathrebu.

Cysylltiadau drwy gludiant

Mae prif gwmnïau logisteg y byd wedi datblygu system gludiant gymhleth a hyblyg sy'n cynnwys meysydd awyr, porthladdoedd, cwmnïau awyrennau, llongau a rheilffyrdd i symud nwyddau a phobl i unrhyw ran o'r byd. Wrth i nifer y llwybrau gynyddu, mae dull mwy soffistigedig o gysylltu lleoedd wedi datblygu drwy ddefnyddio canolfannau cludiant. Mae'r rhain yn cynnig mwy o hyblygrwydd o fewn y system gludiant, drwy grynhoi llifoedd. Er enghraifft, mae rhwydwaith pwynt i bwynt yn cynnwys 16 cysylltiad annibynnol, ac mae pob un yn cael ei wasanaethu gan gerbydau ac **isadeiledd**. Trwy ddefnyddio strwythur both ac adain, wyth cysylltiad yn unig sydd eu hangen.

Globaleiddio Llifoedd o bobl, syniadau, arian a nwyddau yn creu gwe fyd-eang sy'n cysylltu pobl a lleoedd

Isadeiledd Adeiladwaith a gwasanaethau sylfaenol sy'n angenrheidiol i unrhyw gymdeithas, er enghraifft ffyrdd, rheilffyrdd, cyflenwad dŵr a thrydan

Ffigur 9 Rhwydwaith pwynt i bwynt a strwythur both ac adain.

Cysylltiadau drwy fasnach a thwristiaeth

Mae masnach wedi cysylltu lleoliadau ar draws y byd am gannoedd o flynyddoedd. Gyda thwf masnach a datblygiad corfforaethau amlwladol (*MNCs*) mae'r cysylltiadau hyn wedi dod yn llawer mwy cryf. Er enghraifft mae gan Tata Steel, cwmni amlwladol o India sydd â phencadlys yn Mumbai, ffatrïoedd cynhyrchu ar draws y byd gan gynnwys y DU.

Mae twristiaeth hefyd wedi arwain at fwy o gysylltiadau rhwng gwledydd. Mae hedfan yn bell i gyrchfannau anghysbell yn llawer mwy cyffredin heddiw. Gall twristiaid hyd yn oed deithio i'r Antarctig ar eu gwyliau. Mae nifer y teithiau awyren byr hefyd wedi cynyddu, o ran pa mor aml maen nhw'n hedfan ac o ran nifer y cyrchfannau. Mae'r cynnydd mewn cwmnïau awyrennau rhad sy'n hedfan i feysydd awyr rhanbarthol llai, yn ogystal â'r prif ganolfannau mewn sawl gwlad, wedi rhoi hwb i hyn. Mae'r symudiad hwn o bobl yn arwain at gyfnewid cyfoethog o ran diwylliant a dealltwriaeth o ffordd o fyw pobl eraill, ac mae hyn yn golygu ein bod ni'n teimlo bod mwy o gysylltiad rhyngom ni.

Cysylltiadau drwy'r cyfryngau a chyfathrebu

Y cyfryngau sydd wedi gweld y newid mwyaf cyflym o ran cysylltiadau yn yr unfed ganrif ar hugain. Mae'r cyfryngau cymdeithasol fel Facebook, Twitter ac Instagram yn galluogi pawb sydd â chysylltiad â'r rhyngrwyd i ddarlledu'r holl bethau sy'n digwydd iddyn nhw, 24 awr y dydd, ar draws y byd. Golyga hyn fod pobl ar draws y byd yn gallu cysylltu â'i gilydd drwy wasgu botwm a chyfnewid gwybodaeth. Mae hyn yn cynyddu ymwybyddiaeth am ddigwyddiadau ar draws y byd a hefyd am ddiwylliannau gwahanol. Mae hyn wedi dod yn bosibl, yn bennaf, oherwydd datblygiad y rhyngrwyd a chysylltiadau band eang cyflym sy'n galluogi pobl i gyfathrebu mewn amser real.

Sut mae Mumbai a Chaerdydd wedi'u cysylltu â'r byd

Isadeiledd	Cysylltiadau Mumbai	Cysylltiadau Caerdydd
Maes awyr	Maes awyr Rhyngwladol Chhatrapati Shivaji: yn cludo dros 36 miliwn o deithwyr i 45 o wledydd gwahanol yn 2015	Maes awyr Rhyngwladol Caerdydd: dros 25,000 o deithiau awyren yn 2015 i 60 o wledydd gwahanol
Porthladd	Harbwr Mumbai: yn delio â 57 miliwn tunnell o gargo bob blwyddyn	Porthladd: yn delio â 2.5 miliwn tunnell o gargo bob blwyddyn
Rhyngrwyd	Gwasanaeth band eang o gyflymder amrywiol	Band eang ffeibr optig cyflym iawn ar gael yn eang
Cyfryngau	Mumbai yw canolfan diwydiant ffilm Bollywood ac mae'r ffilmiau i'w gweld ar draws y byd	Caerdydd yw canolfan BBC Cymru Wales sy'n cynhyrchu rhaglenni teledu sy'n cael eu darlledu ar draws y DU

Profi eich hun

PROFI

1 Beth yw canolfan trafnidiaeth?
2 Pam mae canolfannau trafnidiaeth yn ffordd fwy effeithlon o symud nwyddau a phobl o gwmpas y byd?
3 Ar gyfer dwy ddinas rydych chi wedi eu hastudio, gwnewch restr o'r cysylltiadau cludiant allweddol sydd ganddyn nhw.

Cwestiynau enghreifftiol

1 Disgrifiwch beth yw canolfan trafnidiaeth. [2]
2 Esboniwch pam mae twristiaeth yn galluogi dinasoedd global i gysylltu â'i gilydd. [4]
3 Ar gyfer dwy ddinas global rydych chi wedi eu hastudio, disgrifiwch y cysylltiadau sydd ganddyn nhw â gweddill y byd a phenderfynwch pa fath o gysylltiad sydd fwyaf pwysig i'r ddinas honno. [8]

Gweithgaredd adolygu

Lluniadwch ddiagram swigen ddwbl fel yr un ar dudalen 32 i ddangos sut mae bywydau pobl yng Nghaerdydd a Mumbai yn elwa oherwydd cysylltiadau byd-eang drwy: a) masnach a thwristiaeth a b) y cyfryngau a chyfathrebu.

Prosesau a thirffurfiau tectonig

Sut mae prosesau tectonig yn cydweithio i greu arweddion tirffurfiau?

ADOLYGU

Symudiad a ffiniau platiau

Yr enw ar haen allanol y Ddaear yw'r gramen. Mae dau fath o gramen:
- cramen gyfandirol, sydd 35 km o drwch ar gyfartaledd
- cramen gefnforol, sy'n llawer mwy tenau, rhwng 6 ac 8 km o drwch.

Mae'r gramen a'r fantell uchaf, sef haen galed ac anhyblyg allanol y Ddaear, yn cael ei galw'n lithosffer. Mae'r lithosffer wedi'i rannu'n **blatiau tectonig**.

Mae platiau tectonig yn symud mewn perthynas â'i gilydd. Mae gwres uchel yng nghraidd y Ddaear yn creu ceryntau darfudiad ac mae ffrwd o **fagma** poeth yn codi drwy'r fantell. Mae'r plât cefnforol yn cael ei wthio i fyny gan y magma sy'n codi gan ei rwygo ar agor i greu cefnen canol cefnfor. Yna mae'r graig hanner-dawdd yn ymledu, gan gario'r plât uwch ei phen gyda hi. Mae'r gramen gefnforol yn cwrdd â'r gramen gyfandirol ac yn plygu i lawr o dan y gramen gyfandirol, gan ffurfio ffos gefnforol. Yna mae'r magma'n oeri ac yn suddo'n ôl i'r fantell.

Dosbarthiad byd-eang gweithgarwch tectonig

Mae symudiad platiau'n achosi daeargrynfeydd a llosgfynyddoedd. Enw'r pwynt lle mae dau blât yn cwrdd yw **ffin neu ymyl plât**. Mae'r map yn Ffigur 2 yn dangos platiau tectonig ac ymylon platiau'r byd.

> **Platiau tectonig** Mae cramen y Ddaear a rhan uchaf y fantell wedi'u rhannu'n ddarnau mawr
>
> **Magma** Craig dawdd o dan arwyneb y Ddaear yn y fantell neu'r gramen
>
> **Ffin neu ymyl plât** Y fan lle mae dau neu fwy o blatiau yng nghramen y Ddaear yn cwrdd

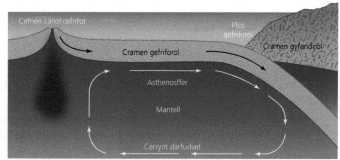

Ffigur 1 Y prosesau sy'n achosi symudiad platiau.

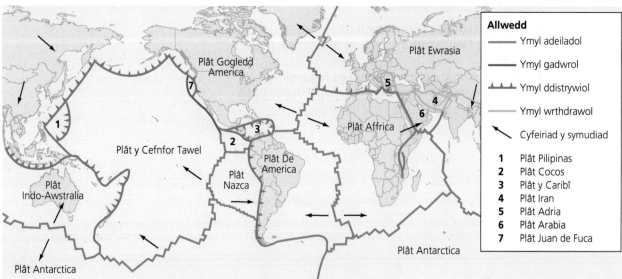

Ffigur 2 Ymylon platiau a chyfeiriad symudiad y platiau.

Allwedd
- Ymyl adeiladol
- Ymyl gadwrol
- Ymyl ddistrywiol
- Ymyl wrthdrawol
- Cyfeiriad y symudiad

1 Plât Pilipinas
2 Plât Cocos
3 Plât y Caribî
4 Plât Iran
5 Plât Adria
6 Plât Arabia
7 Plât Juan de Fuca

Prosesau tectonig mawr ar ymylon platiau

Mae **daeargrynfeydd** a **llosgfynyddoedd** yn fwyaf tebygol o ddigwydd gerllaw ymylon platiau:

- Lle mae platiau'n cydgyfeirio mae **ymyl ddistrywiol** yn cael ei ffurfio.
- Lle mae platiau'n dargyfeirio mae **ymyl adeiladol** yn cael ei ffurfio.

Darfudiad, tansugno, cydgyfeirio a dargyfeirio

Y prosesau sy'n achosi symudiad platiau yw:

- Mae dadfeiliad ymbelydrol yng nghraidd y Ddaear yn cynhesu'r magma yn y fantell uwchben gan greu ceryntau **darfudiad** fel dŵr yn berwi mewn sosban. Mae'r ceryntau darfudiad yn symud y platiau. Lle mae ceryntau darfudiad yn **dargyfeirio** ger cramen y Ddaear mae'r platiau'n symud i ffwrdd oddi wrth ei gilydd. Lle mae ceryntau darfudiad yn **cydgyfeirio** mae'r platiau'n symud at ei gilydd.
- Pan mae plât cefnforol a phlât cyfandirol yn gwrthdaro mae'r gramen gefnforol fwy dwys yn cael ei gwthio o dan y gramen gyfandirol. Enw'r broses lle mae'r plât cefnforol yn gwthio o dan y plât cyfandirol ac yn llithro'n ôl i'r fantell yw **tansugno**.

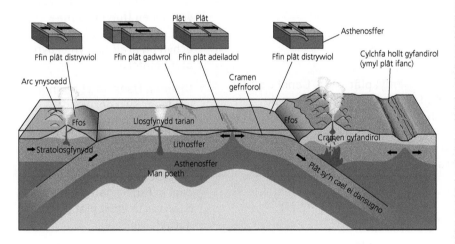

Ffigur 3 Ymylon adeiladol a distrywiol.

Profi eich hun

1 Esboniwch pam mae gwybodaeth am yr asthenosffer yn hanfodol i'n dealltwriaeth o ddamcaniaeth symudiad y platiau.
2 Beth yw'r gwahaniaeth rhwng ymyl plât adeiladol a distrywiol?
3 Amlinellwch y prosesau sy'n digwydd wrth ymyl plât distrywiol lle mae plât cefnforol yn cwrdd â phlât cyfandirol.
4 'Mae cramen gefnforol yn cael ei chreu a'i dinistrio. Mae cramen gyfandirol yn cael ei phlygu, ei gwasgu a'i chywasgu, ond ddim ei dinistrio.' Defnyddiwch dystiolaeth o Ffigur 3 i esbonio'r gosodiad hwn.

Gweithgaredd adolygu

1 Ar gerdyn A5 gwnewch gopi o Ffigur 2. Anodwch eich diagram i esbonio pam mae platiau'n symud ar draws arwyneb y Ddaear.
2 Lluniadwch dabl a rhestrwch enwau'r saith plât mawr.
3 Disgrifiwch leoliad yr ymylon platiau adeiladol a distrywiol.

Daeargryn Daeargryd ar arwyneb y Ddaear o ganlyniad i siocdonnau a gafodd eu creu gan symudiad masau craig yn y Ddaear, yn enwedig ger ymylon platiau tectonig

Llosgfynydd Mynydd a gafodd ei greu gan echdoriad a dyddodiad lafa a lludw o agorfa yn y ddaear

Ymyl ddistrywiol Ffin rhwng platiau, sydd weithiau'n cael ei alw'n ymyl plât cydgyfeiriol neu densiynol, lle mae platiau cefnforol a chyfandirol yn symud at ei gilydd

Ymyl adeiladol Ffin rhwng platiau, sydd weithiau'n cael ei alw'n ymyl plât dargyfeiriol, lle mae'r platiau cramennol yn symud i ffwrdd oddi wrth ei gilydd

Darfudiad Pan fydd gwres mewn nwy neu hylif yn cael ei drosglwyddo o le cynhesach i le oerach drwy godi

Tansugno Y broses lle mae plât cefnforol yn taro yn erbyn plât cramennol arall ac yn cael ei wthio i lawr ganddo a'i dynnu'n ôl i'r fantell

Cyngor

Mae'n bwysig canolbwyntio ar y gair gorchmynnol wrth ateb cwestiwn. Y ddau air gorchmynnol mwyaf cyffredin yw disgrifiwch ac esboniwch. Mae disgrifiwch yn eich gwahodd chi i 'ddarlunio llun' o rywbeth drwy ddefnyddio llawer o ansoddeiriau. Mae esboniwch yn gofyn i chi ddweud pam ei fod fel yna.

Beth sy'n digwydd ar ymylon platiau?

Arweddion tirffurfiau mawr a ffurfiwyd gan brosesau tectonig

Mae prosesau tectonig yn creu tirweddau nodedig. Mae enghreifftiau o'r arweddion sy'n cael eu ffurfio gan y prosesau hyn yn cynnwys:

Arwedd ar raddfa fawr	Sut mae'n cael ei ffurfio	Lleoliad	Enghraifft
Ffos gefnforol	Lle mae tansugno'n digwydd	Ymyl plât distrywiol	Ffos Mariana, Gorllewin y Cefnfor Tawel
Mynyddoedd plyg	Mae'r gramen gyfandirol yn cael ei gwasgu a'i phlygu i fyny	Ymyl plât distrywiol	Mynyddoedd yr Andes, De America
Llosgfynyddoedd ffrwydrol	Wrth i'r plât cefnforol suddo, mae'n toddi ac mae'r magma tawdd yn dod i'r wyneb	Ymyl plât distrywiol	Mynydd Merapi, Indonesia
Cramen newydd	Lle mae dau blât cefnforol yn symud i ffwrdd oddi wrth ei gilydd, mae'r bwlch rhwng y platiau'n llenwi â magma	Ymyl plât adeiladol	Canol Cefnfor Iwerydd
Cefnen cefnfor	Wrth i lafa oeri, mae cefnen yn ffurfio o dan y môr	Ymyl plât adeiladol	Cefnen Canol Iwerydd
Llosgfynyddoedd tanfor ac ynysoedd folcanig	Mae llosgfynyddoedd tanfor weithiau'n codi uwchben wyneb y môr i greu ynysoedd folcanig	Ymyl plât adeiladol	Surtsey, Gwlad yr Iâ
Dyffryn hollt	Lle mae dau blât cyfandirol yn symud i ffwrdd oddi wrth ei gilydd	Ymyl plât adeiladol	Thingvellir, Gwlad yr Iâ

Ffos gefnforol Pant hir, cul, dwfn yn llawr y cefnor, a gafodd ei ffurfio mewn cylchfa tansugno lle mae'r plât mwy trwchus yn cael ei wthio i lawr o dan yr un llai trwchus

Mynyddoedd plyg Mynyddoedd sy'n cael eu ffurfio wrth i haenau blygu yn rhan uchaf cramen y Ddaear. Maen nhw fel arfer yn cael eu ffurfio lle mae plât cyfandirol yn taro yn erbyn un arall neu yn erbyn plât cefnforol

Cramen Haen solet allanol y Ddaear sy'n gorwedd uwchben y fantell

Cefnen cefnfor System gul, ddi-dor yn bennaf o fynyddoedd o dan y môr, sy'n cael ei ffurfio gan allwthiad o lafa wrth ymyl plât dargyfeiriol

Dyffryn hollt Rhanbarth o dir isel sy'n cael ei ffurfio wrth i'r tir ymsuddo rhwng dau ffawt paralel lle mae platiau tectonig y Ddaear yn symud i ffwrdd oddi wrth ei gilydd neu'n hollti

---

Enghraifft o ffos gefnforol: Ffos Mariana

Mae Ffos Mariana wrth ffin plât distrywiol lle mae Plât cefnforol y Cefnfor Tawel yn tansugno o dan Blât cefnforol Pilipinas. Y ffos hon yw'r man mwyaf dwfn yng nghefnforoedd y byd ac mae'n cynnwys y 'Challenger Deep' sy'n 10,994 m o ddyfnder.

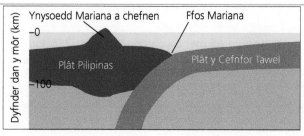

Ffigur 4 Ffos Mariana.

Enghraifft: dyffryn hollt yn Thingvellir, Gwlad yr Iâ

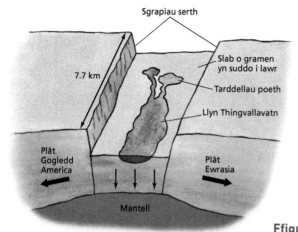

Sgrapiau serth

7.7 km

Slab o gramen yn suddo i lawr

Tarddellau poeth

Llyn Thingvallavatn

Plât Gogledd America

Plât Ewrasia

Mantell

Mae Cefnen Canol yr Iwerydd yn rhedeg ar hyd llawr Cefnfor Iwerydd. Gwlad yr Iâ yw un o'r ychydig leoedd lle mae'n dod i'r golwg uwchben arwyneb y cefnfor. Mae Gwlad yr Iâ yn cael ei hollti'n ddwy yn raddol wrth i Blatiau Gogledd America ac Ewrasia ddargyfeirio. Mae hyn i'w weld yn fwyaf amlwg ym Mharc Cenedlaethol Thingvellir:

- mae dyffryn hollt 7.7 km o hyd wedi ffurfio
- mae waliau'r dyffryn yn symud 7 mm oddi wrth ei gilydd ar gyfartaledd bob blwyddyn
- mae llawr y dyffryn yn ymsuddo tua 1 mm bob blwyddyn.

Ffigur 5 Ffurfio'r dyffryn hollt yn Thingvellir, Gwlad yr Iâ.

Profi eich hun

PROFI

1 Rhowch enwau dau dirffurf sydd i'w cael wrth ymyl plât distrywiol a dau dirffurf sydd i'w cael wrth ymyl plât adeiladol.

2 Esboniwch pam mae'r math o losgfynydd sydd i'w gael wrth ymyl distrywiol yn wahanol i un sydd i'w gael wrth ymyl plât adeiladol.

3 Esboniwch pam mae'r creigiau'n mynd yn hŷn yn raddol, y pellach i ffwrdd o'r cefnen gefnforol rydych chi'n mynd.

Gweithgaredd adolygu

Brasluniwch ddiagram o ymyl plât distrywiol. Labelwch y nodweddion canlynol:

- mynyddoedd plyg
- cylchfa tansugno
- ffos gefnforol
- magma
- llosgfynydd ffrwydrol
- cramen gefnforol
- cramen gyfandirol.

Mannau poeth folcanig

Man poeth folcanig yw'r enw am ardal fach o gramen y Ddaear sy'n arbennig o actif yn folcanig. Mae Gwlad yr Iâ wedi ffurfio uwchben man poeth folcanig ar Gefnen Canol Iwerydd, ond mae'r rhan fwyaf o fannau poeth wedi'u lleoli i ffwrdd o ymylon platiau, er enghraifft Ynysoedd Hawaii. Un awgrym ynglŷn â'r ffordd mae mannau poeth yn ffurfio yw:

- Mae ymbelydredd dwys y tu mewn i'r Ddaear yn creu colofn enfawr o fagma sy'n codi, sef ffrwd fantell.
- Mae'r ffrwd yn gwthio i fyny, gan doddi a gwthio drwy'r gramen uwchben.
- Mae'r ffrwd yn gorwedd mewn man sefydlog o dan y plât tectonig. Wrth i'r plât symud dros y 'man poeth' hwn, mae'r magma sy'n codi yn creu cyfres o losgfynyddoedd newydd sy'n mudo ynghyd â'r plât.

Enghraifft o fan poeth: cadwyn ynysoedd Hawaii

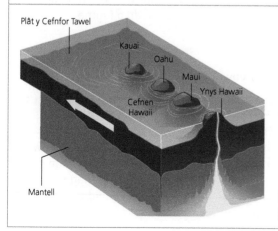

Plât y Cefnfor Tawel

Kauai

Oahu

Maui

Ynys Hawaii

Cefnen Hawaii

Mantell

Copaon mynyddoedd folcanig a ffurfiwyd gan echdoriadau o lafa hylifol dros filiynau o flynyddoedd yw Ynysoedd Hawaii. Mae rhai o'r mynyddoedd hyn dros 9000 m uwchben gwely'r môr. Mae'r ynysoedd yn cynrychioli rhan weladwy cefnen gefnforol, sef Cefnen Hawaii. Dros 70 miliwn o flynyddoedd, mae symudiad Plât y Cefnfor Tawel dros fan poeth llonydd wedi gadael cadwyn o losgfynyddoedd gan greu Ynysoedd Hawaii.

Ffigur 6 Cadwyni o ynysoedd folcanig wedi'u ffurfio ar fan poeth.

Arweddion nodedig tirweddau folcanig

Mae llosgfynyddoedd yn cael eu creu lle mae gwendidau yng nghramen y Ddaear yn galluogi magma, nwy a dŵr i echdorri i'r tir a gwely'r môr.

Arweddion ar raddfa fwy

Mae'r rhain yn cynnwys **llosgfynyddoedd tarian**, **stratolosgfynyddoedd** a **callorau**.

Arwedd	Llosgfynydd tarian	Stratolosgfynydd
Enghraifft	Mauna Loa, Hawaii	Mynydd Merapi, Indonesia
Lleoliad	Ymylon platiau adeiladol ac uwchben mannau poeth	Ymylon platiau distrywiol
Siâp	Siâp crwn a llethrau graddol	Siâp côn ag ochrau serth
Ffurfiant	Mae magma basaltig, tymheredd uchel, sy'n isel mewn silica a nwy yn cyrraedd arwyneb y Ddaear drwy graciau yn y gramen. Mae magma'n cynhyrchu lafa hylifol sy'n llifo am bellter hir cyn caledu. Mae echdoriadau aml lle mae'r lafa'n llifo'n araf, yn ffurfio mynyddoedd mawr, siâp côn	Mae lafa yn asid gludedd uchel sy'n oeri'n gyflym. Mae echdoriadau ffrwydrol o ludw, lafa a bomiau lafa yn ffurfio llosgfynydd siâp côn gydag ochrau serth, gan nad yw'r lafa'n llifo'n bell iawn cyn caledu
Cyfansoddiad	Lafa heb haenau	Haenau (strata) o ludw a lafa bob yn ail

Callor (o'r gair Sbaeneg am grochan) yw'r enw am grater folcanig ar raddfa fawr a gall fesur sawl cilomedr o un ochr i'r llall. Mae'n cael ei ffurfio naill ai:

- pan fydd siambr magma'n cael ei wagio ac mae'r to yn dymchwel, neu
- gan echdoriad folcanig ffrwydrol enfawr.

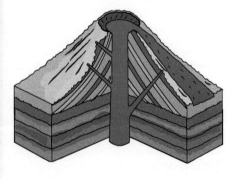

Ffigur 7 Stratolosgfynydd.

Arweddion ar raddfa lai

Mae arweddion ar raddfa lai yn cynnwys:
- Mae marwor poeth sy'n cael ei ryddhau pan fydd lafa'n echdorri yn oeri'n gyflym ac yn cronni o amgylch yr agorfa i greu bryn crwn, serth o'r enw **côn lludw**.
- Mae **tiwb lafa** yn ffurfio o dan arwyneb y ddaear pan fydd lafa gludedd isel yn datblygu cramen galed a bydd y lafa hylifol yn llifo drwyddi.
- **Geiser** yw agorfa yn arwyneb y Ddaear sy'n anfon colofn o ddŵr poeth ac ager yn uchel i'r awyr yn achlysurol. Mae geiser yn echdorri pan fydd dŵr daear sydd wedi'i gynhesu i wres uchel, a'i gyfyngu'n ddwfn iawn, yn dod yn ddigon poeth i allu ffrwydro i'r arwyneb. Geiser mwyaf adnabyddus y byd yw Old Faithful ym Mharc Yellowstone, UDA.

Llosgfynydd tarian Côn folcanig â llethrau graddol wedi'u gwneud o haenau o lafa basaltig hylifol

Stratolosgfynydd Llosgfynydd siâp côn gyda llethrau serth wedi'u gwneud o haenau o lafa, bob yn ail â haenau o ddefnydd pyroclastig, fel lludw. Hefyd yn cael ei alw'n llosgfynydd cyfansawdd

Callor Côn folcanig lle mae'r copa a'r canol gwreiddiol wedi diflannu, naill ai oherwydd echdoriad anferth neu wrth i'r mynydd ddymchwel, gan adael gwaelod y côn fel cefnen fawr siâp modrwy

Côn lludw Bryn siâp côn gyda llethrau serth sydd wedi'i ffurfio gan echdoriad ffrwydrol o farwor (darnau folcanig gwydraidd) sy'n casglu o amgylch agorfa

Tiwb lafa Twnnel gwag sy'n cael ei ffurfio pan fydd y tu allan i lif lafa'n oeri ac yn caledu a'r defnydd tawdd y tu mewn yn draenio i ffwrdd

Geiser Tarddell boeth lle mae'r gwasgedd yn cynyddu ac yna'n ffrwydro, gan anfon colofnau o ddŵr ac ager i'r awyr. Mae'r gwres yn cael ei greu wrth i ddŵr daear ddod mewn cysylltiad ag ardaloedd o fagma

Profi eich hun

PROFI

1 Cwblhewch y tabl canlynol gan nodi dau beth sy'n debyg rhwng stratolosgfynydd a llosgfynydd tarian a dau beth sy'n wahanol rhyngddyn nhw.

Tebyg	Gwahanol

2 Enwch ac esboniwch sut mae un arwedd ar raddfa fawr o dirwedd folcanig yn cael ei ffurfio ac un arwedd ar raddfa fach yn cael ei ffurfio.

3 Esboniwch pam mae effeithiau eilaidd yn gallu para am sawl blwyddyn ar ôl y digwyddiad.

Cyngor

Mae angen i ddiagramau fod yn glir ac yn fanwl a rhaid iddyn nhw dynnu sylw at arweddion pwysig. Mae anodi yn fwy na labelu, mae'n air gorchmynnol sy'n gofyn i chi ychwanegu nodiadau esboniadol at eich diagram.

Cwestiwn enghreifftiol

Disgrifiwch sut mae prosesau tectonig ar ymyl plât distrywiol wedi arwain at ffurfio unrhyw arwedd ar raddfa fawr, fel ffos gefnforol neu losgfynydd. [4]

Lleoedd sy'n agored i niwed a lleihau peryglon

Beth yw effeithiau prosesau tectonig?

ADOLYGU

Gall prosesau tectonig achosi daeargrynfeydd, tsunami neu echdoriadau folcanig. Canlyniadau uniongyrchol digwyddiad yw ei effeithiau cynradd, fel yr effaith ar y bobl y tu mewn i adeilad sy'n dymchwel yn ystod daeargryn. Mae effeithiau eilaidd yn dod yn sgil y digwyddiad cynradd, er enghraifft mae adeiladau sydd wedi'u dinistrio, yn arwain at bobl yn mynd yn ddigartref. Gall effeithiau eilaidd bara am lawer o flynyddoedd ar ôl y digwyddiad.

Maint echdoriadau folcanig a daeargrynfeydd

Mae mesur cryfder echdoriadau folcanig yn heriol gan eu bod yn cynhyrchu defnyddiau gwahanol ac yn para am gyfnodau gwahanol. Yn 1982 cafodd y **mynegrif ffrwydroldeb folcanig** (*VEI: volcanic explosivity index*) ei ddyfeisio. Mae'r mynegrif yn mesur cyfaint y defnydd pyroclastig sy'n cael ei saethu allan gan y llosgfynydd, uchder colofn yr echdoriad a pha mor hir mae'r echdoriad yn para.

Yn draddodiadol, roedd cryfder, neu **faint** daeargryn yn cael ei fesur gan ddefnyddio **graddfa Richter**. Roedd y daeargryn mwyaf i gael ei gofnodi erioed yn mesur 9.5 ar raddfa Richter yn 1960 yn Chile. Cafodd y raddfa maint moment (*MMS: moment magnitude scale* neu M_W) ei chyflwyno yn 1979 i olynu graddfa Richter. Mae'r raddfa'n mesur y pellter mae ffawt yn symud ac yn ei luosi â'r grym sydd ei angen i'w symud.

Mae pob un o'r graddfeydd hyn yn defnyddio graddfa logarithmig, ac mae pob rhif ar y raddfa 10 gwaith yn fwy na maint yr un o'i flaen.

Mynegrif ffrwydroldeb folanig (*VEI*) Mesur o pa mor ffrwydrol yw echdoriadau folcanig. Mae'n mesur faint o ddefnydd folcanig sy'n cael ei saethu allan, uchder y defnydd sy'n cael ei daflu i'r atmosffer a pha mor hir mae'r echdoriadau'n para. Graddfa logarithmig yw hon ar raddfa o 1–8.

Maint Mesur meintiol o faint daeargryn, gan ddefnyddio graddfa Richter

Graddfa Richter Mesur o faint daeargryn. Mae'n defnyddio graddfa logarithmig, hynny yw, mae pob lefel 10 gwaith yn fwy pwerus na'r rhif o'i flaen, o 1 i 10.

Ffactorau ffisegol sy'n cynyddu'r natur agored i niwed o ganlyniad i beryglon folcanig

Mae gweithgaredd folcanig yn achosi nifer o beryglon lleol a pheryglon graddfa fawr.

Perygl	Nodweddion	Graddfa
Llifoedd lafa	Mae craig dawdd yn llifo i lawr ochrau llosgfynydd. Mae lafa o losgfynyddoedd tarian yn llifo'n fwy cyflym ac yn teithio'n bellach.	Lleol – yn gallu teithio nifer o gilomedrau gan fygwth trefi a phentrefi sydd yn y ffordd
Laharau	Lleidlifau folcanig sy'n cynnwys cymysgedd o ludw a dŵr, sy'n dod o ddŵr glaw, eira tawdd a rhew, sy'n teithio'n gyflym iawn i lawr y mynydd	Lleol – yn gallu teithio nifer o gilomedrau gan fygwth trefi a phentrefi sydd yn y ffordd
Cymylau lludw	Mae lludw sy'n cael ei daflu'n uchel i'r atmosffer yn cuddio'r haul ac ar ôl iddo gwympo i'r ddaear mae'n gorchuddio'r ddaear, adeiladau, cnydau a llinellau trydan gyda haen o ludw sy'n gallu bod dros fetr o drwch.	Mawr – yn gallu bod 10–15 km o uchder ac yn gallu lledaenu dros filoedd o gilomedrau
Llifoedd pyroclastig	Cymylau llosg o nwy a lludw, gyda thymheredd o hyd at 1000 °C, yn teithio i lawr y mynydd ar gyflymder o hyd at 200 km yr awr	Lleol – yn gallu teithio nifer o gilomedrau

Llif lafa Llif o lafa yn rhedeg o agorfa folcanig

Lahar Llif o laid sy'n gysylltiedig â gweithgaredd folcanig. Mae dŵr wyneb yn cymysgu â lludw folcanig i greu'r lahar

Cwmwl lludw Cwmwl mawr o fwg a malurion bach sy'n ffurfio uwchben llosgfynydd ar ôl iddo echdorri

Llif pyroclastig Y cwmwl o nwy, lludw, llwch, cerrig a chreigiau sy'n cael eu hallyrru yn ystod echdoriad folcanig

Gweithgaredd adolygu

Ymchwiliwch i'r adroddiadau newyddion am echdoriad Merapi. Dychmygwch eich bod chi'n ohebydd sy'n adrodd hanes ôl-effeithiau'r echdoriad, ac ysgrifennwch sgript ar gyfer adroddiad newyddion 60 eiliad o hyd ynglŷn â sut mae'r echdoriad yn effeithio ar deulu oedd yn arfer byw yn agos at y llosgfynydd.

Enghraifft: echdoriad folcanig – Mynydd Merapi, Indonesia

Stratolosgfynydd yn Jawa yw Mynydd Merapi. Maint echdoriad Merapi yn 2010 oedd *VEI-4*. Mae dwysedd y boblogaeth yn y rhanbarth yn uchel iawn.

Effeithiau	Cymdeithasol	Economaidd ac amgylcheddol
Cynradd	• Roedd cymylau llwch yn achosi problemau anadlu • Cafodd 353 o bobl eu lladd, yn bennaf gan lifoedd pyroclastig • Cafodd 570 o bobl eu hanafu • Cafodd 320,000 o bobl eu symud o'r ardal	• Roedd cwympiau lludw wedi dinistrio cnydau a bu farw 1900 o anifeiliaid fferm • Roedd rhaid canslo cannoedd o hediadau i mewn ac allan o Indonesia • Cafodd 27 miliwn m³ o ludw a chraig eu dyddodi yn Afon Gendol
Eilaidd	• Roedd ardal 20 km o amgylch y llosgfynydd dan waharddiad • Treuliodd miloedd o bobl wythnosau'n byw mewn 700 o lochesi argyfwng • Doedd dim digon o doiledau na dŵr yfed glân	• Cafodd 1300 ha o dir ffermio ei adael • Cododd prisiau bwyd. Mae pobl Indonesia'n dlawd a doedden nhw ddim yn gallu fforddio'r prisiau uwch • Collwyd refeniw gwerth $700 miliwn oherwydd colledion amaethyddol a llai o dwristiaid

Profi eich hun

PROFI

1 Disgrifiwch ddau berygl tectonig y mae pobl sy'n byw'n agos at losgfynydd byw yn eu hwynebu.
2 Pam mae Merapi'n cael ei ddisgrifio fel llosgfynydd peryglus?

Ffactorau ffisegol sy'n cynyddu'r natur agored i niwed o ganlyniad i ddaeargrynfeydd

Mae'r rhan fwyaf o ddaeargrynfeydd yn gysylltiedig â symudiadau ar hyd ymyl plât. Mae peryglon daeargrynfeydd yn cynnwys:

- Pan mae'r ddaear yn symud ac yn ysgwyd, mae'n achosi i bontydd ac adeiladau i ddymchwel ac yn torri pibellau tanddaearol.
- Mae **hylifiad** y pridd yn difrodi seiliau adeiladau gan achosi iddyn nhw suddo.
- Mae tirlithriadau yn claddu pobl, da byw ac adeiladau.
- Mae **tsunami** yn achosi difrod difrifol a marwolaeth mewn ardaloedd arfordirol isel.

Mae pa mor **agored i niwed** gan ddigwyddiadau tectonig y mae rhanbarth, yn dibynnu ar y ffactorau hyn:

- Maint: y mwyaf yw'r perygl, y mwyaf difrifol yw'r effeithiau.
- Hyd: yr hiraf mae'r perygl yn para, y mwyaf difrifol mae'r effeithiau'n debygol o fod.
- Rhagfynegi: bydd peryglon sy'n taro'n ddirybudd yn cael canlyniadau mwy difrifol.
- Rheoleidd-dra: os yw peryglon yn digwydd yn aml ac yn syth ar ôl ei gilydd, er enghraifft daeargryn wedi'i ddilyn gan nifer o **ôl-gryniadau**, yna mae'r sefyllfa'n debygol o fod yn fwy difrifol. Does gan gymunedau ddim **capasiti** i adfer cyn i'r daeargryn nesaf daro.

Enghraifft: daeargryn – Yr Eidal

Cafodd canolbarth yr Eidal ei daro gan ddaeargryn yn mesur 6.2 ar raddfa Richter am 03.36 (amser lleol) ar 24 Awst 2016. Cafodd y daeargryn ei achosi gan wrthdrawiad cyfandirol rhwng platiau tectonig Affrica ac Ewrasia. Roedd y **canolbwynt** ar ddyfnder bâs o tua 6 km.

Effeithiau	Cymdeithasol	Economaidd ac amgylcheddol
Cynradd	295 o farwolaethau a 400 o anafiadau Digwyddodd y daeargryn yn ystod gwyliau'r haf, roedd poblogaeth y rhanbarth yn llawer uwch nag ar adegau eraill o'r flwyddyn ac roedd twristiaid ymhlith y rhai a gafodd eu lladd.	Mae amcangyfrifon yn awgrymu bod cost y gwaith atgyweirio, gan gynnwys costau ailadeiladu, tua $11 biliwn Ar ôl y daeargryn, daeth daeargryn arall yn mesur 4.8, am 06.28 (amser lleol) ar 26 Awst, a achosodd fwy o ddifrod i adeiladau a oedd wedi dymchwel, gan atal yr ymdrechion achub
Eilaidd	Fe wnaeth dros 500 o ôl-gryniadau adael dros 2500 o bobl yn ddigartref Yn Amatrice, pentref a oedd yn agos i'r **uwchganolbwynt**, cafodd dros hanner yr adeiladau eu dinistrio, gan gynnwys y dref hanesyddol	Mae'r diwydiant twristiaeth yn debygol o gymryd llawer o flynyddoedd i adfer Yn dilyn y daeargryn, mae'r wasg yn yr Eidal wedi beirniadu'r llywodraeth am reoliadau adeiladu, gan nad oes rhaid i drefi hanesyddol gydymffurfio â chyfreithiau adeiladu sy'n gwrthsefyll daeargrynfeydd

Hylifiad Proses sy'n digwydd pan fydd dirgryniadau yn achosi i ronynnau pridd golli cyswllt â'i gilydd. O ganlyniad, mae'r pridd yn ymddwyn fel hylif, nid yw'n gallu cynnal pwysau a gall lifo i lawr llethrau graddol iawn

Tsunami Mae hefyd yn cael ei alw'n 'don môr seismig'. Pan fydd daeargryn yn codi neu'n gostwng rhan o wely'r cefnfor mae'r dŵr sydd uwchben yn codi ac yn ffurfio cyfres o donnau o'r enw tsunami. Yn y cefnfor agored, mae ton y tsunami tua metr o uchder yn unig. Wrth iddi agosáu at ddŵr bâs wrth yr arfordir, mae'r don yn tyfu i uchder mawr

Natur agored i niwed Y potensial i gael niwed gan berygl naturiol. Mae rhai pobl a lleoedd yn fwy agored i niwed nag eraill

Ôl-gryniadau Daeargrydiau sy'n digwydd ar ôl daeargryn mawr ond sy'n gysylltiedig â'r un canolbwynt

Capasiti Gallu gwlad neu ranbarth i ymateb i berygl naturiol ac adfer ar ôl y perygl hwnnw

Canolbwynt Tarddiad y siocdon, sy'n gallu bod ar ddyfnderoedd amrywiol

Uwchganolbwynt Y fan ar arwyneb y Ddaear yn union uwchben y canolbwynt

Ffactorau cymdeithasol ac economaidd (dynol) sy'n golygu bod mwy o berygl o fod yn agored i niwed

- Cyfoeth: mae pobl dlawd yn llai abl i fforddio tai sy'n gallu gwrthsefyll digwyddiadau eithafol ac yn llai tebygol o gael arian neu bolisïau yswiriant sy'n gallu helpu gydag adfer.
- Addysg: pan fydd poblogaethau'n llythrennog, mae'n bosibl defnyddio negeseuon ysgrifenedig i ledaenu gwybodaeth, naill ai cyn y digwyddiad neu i gyhoeddi rhybuddion a rhoi cyngor yn ystod digwyddiad.
- Llywodraethau: gall llywodraethau gefnogi addysg a chodi ymwybyddiaeth, a phasio rheoliadau adeiladu.
- Oedran: mae plant a phobl hŷn yn fwy agored i niwed. Mae ganddyn nhw lai o adnoddau ariannol ac maen nhw'n aml yn ddibynnol ar eraill i oroesi.
- Iechyd: mae rhywun iach yn fwy abl i ddianc rhag y peryglon ac ymadfer ar ôl y digwyddiad.
- Dwysedd poblogaeth: y mwyaf o bobl sy'n byw mewn ardal, y mwyaf difrifol yw'r effaith.
- Amser neu ddiwrnod yr wythnos: mae hyn yn effeithio ar symudiadau pobl, a yw pobl adref, yn y gwaith neu'n teithio. Gallai daeargryn yn ystod yr oriau brig mewn ardal drefol boblog iawn gael effeithiau dinistriol.
- Y gwasanaethau brys: mae gan wledydd mwy cyfoethog, fel arfer, dimoedd ymateb sydd wedi'u hyfforddi'n dda ac sydd ag adnoddau da sy'n gallu achub a thrin pobl ar ôl trychineb.

Gweithgaredd adolygu

Ar gerdyn A5, ysgrifennwch astudiaeth achos am ddaeargryn yr Eidal sy'n ateb y pum cwestiwn aur isod.

Bydd y pum cwestiwn aur yn eich helpu chi i gasglu gwybodaeth neu ddatrys problemau. Byddan nhw'n rhoi stori gyflawn y daeargryn i chi.
- **Beth** ddigwyddodd?
- **Pryd** digwyddodd hyn?
- **Ble** digwyddodd hyn?
- **Pam** digwyddodd hyn?
- **Pwy** y mae hyn yn cael effaith arno?

Dylech chi roi ateb ffeithiol i bob cwestiwn.

Profi eich hun

PROFI

1 Esboniwch pam roedd dyfnder bâs daeargryn yr Eidal yn bwysig i faint o ddifrod gafodd ei achosi.
2 Awgrymwch pam mae'r amser yn ystod y dydd (ac amser y flwyddyn) pan fydd daeargryn yn digwydd yn bwysig.
3 Disgrifiwch effeithiau cynradd ac effeithiau eilaidd posibl daeargryn yr Eidal.
4 Mae'r Eidal yn cael ei hystyried yn wlad gyfoethog. Pe bai'r un digwyddiad yn digwydd mewn gwlad llai datblygedig, sut byddai'r effeithiau tymor byr a thymor hir yn wahanol?

Ffigur 8 Effaith y tsunami ar arfordir Japan.

Enghraifft: daeargryn a tsunami – Tōhoku, Japan

Ar 11 Mawrth 2011, digwyddodd daeargryn maint 9 oddi ar arfordir Tōhoku, Japan. Llai na hanner awr yn ddiweddarach, cafodd yr arfordir ei daro gan tsunami. Roedd y tonnau mor uchel â 10 m ac wedi teithio hyd at 10 km i mewn i'r tir. Cafodd bron 20,000 o bobl eu lladd. Digwyddodd y daeargryn oherwydd bod egni straen wedi cronni wrth i Blât y Cefnfor Tawel dansugno o dan Blât Ewrasia.

Profi eich hun

PROFI

1 Beth yw tsunami?
2 'Mae pobl sy'n byw mewn gwledydd incwm isel (*LICs*) yn debygol o fod yn fwy agored i beryglon tectonig na phobl sy'n byw mewn gwledydd incwm uchel (*HICs*).' I ba raddau rydych chi'n cytuno â'r gosodiad hwn?

Cwestiwn enghreifftiol

Astudiwch y ffotograff sy'n dangos effaith y tsunami ar arfordir Japan.

Defnyddiwch dystiolaeth o'r ffotograff yn unig i ddisgrifio dwy ffordd y mae'r tsunami wedi effeithio ar fywydau pobl sy'n byw yn ardaloedd arfordirol Japan. [4]

Gweithgaredd adolygu

Cwblhewch ddiagram, tebyg i'r un isod, yn crynhoi'r ffactorau ffisegol a dynol (cymdeithasol ac economaidd) sy'n gallu effeithio ar ba mor agored i niwed yw ardal. Defnyddiwch liwiau gwahanol ar gyfer ffactorau dynol a ffisegol.

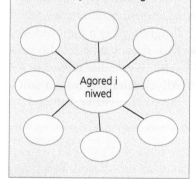

Cyngor

Rhaid i chi ddefnyddio'r dystiolaeth yn y ffotograff yn unig. Gwnewch yn siŵr eich bod chi'n datblygu pwyntiau er mwyn i chi ennill yr holl farciau sydd ar gael mewn cwestiwn.

Sut mae'n bosibl lleihau'r risgiau sy'n gysylltiedig â pheryglon tectonig?

ADOLYGU

Dydy eu hatal ddim yn opsiwn. Mae hyn yn gadael dwy ffordd bosibl o reoli peryglon tectonig: eu **rhagfynegi** drwy fonitro a mapio peryglon, a **pharatoi** gan gynnwys technoleg adeiladu newydd a chynllunio ar gyfer argyfwng.

Monitro daeargrynfeydd, tsunami ac echdoriadau folcanig

Mae'n anodd rhagweld daeargrynfeydd. Mae technegau monitro yn cynnwys:
- Defnyddio paladrau laser i ganfod symudiad platiau.
- Mae **seismomedr** (neu **seismograff**) yn cael ei ddefnyddio i fesur dirgryniadau yng nghramen y Ddaear. Gall cynnydd mewn dirgryniadau fod yn arwydd o ddaeargryn posibl.
- Monitro lefelau nwy radon sy'n dianc o graciau yng nghramen y Ddaear. Gall cynnydd fod yn arwydd o ddaeargryn.

System rybuddio am tsunami:
- Yn dilyn daeargryn a tsunami yn Chile yn 1960, penderfynodd gwledydd y Cefnfor Tawel sefydlu System Rhybudd Tsunami y Cefnfor Tawel (*PTWS: Pacific Tsunami Warning System*).
- Mae'r PTWS yn defnyddio rhwydwaith o seismomedrau a bwiau cefnfor i ganfod daeargrynfeydd a allai achosi tsunami.
- Mae canolfannau lleol o amgylch rhanbarth y Cefnfor Tawel yn cael rhybuddion, ac yna mae'r canolfannau hyn yn rhybuddio pobl leol ar y teledu, radio, negeseuon testun a seirenau, gan roi amser iddyn nhw adael yr ardal.
- Yn dilyn y tsunami yng Nghefnfor India yn 2004, pan gafodd dros 230,000 o bobl eu lladd, mae'r PTWS bellach yn gyfrifol am ardaloedd ychwanegol sy'n cynnwys Cefnfor India.

Defnyddir technegau monitro i ragweld echdoriadau folcanig, sef:
- Synhwyro o bell: mae lloerenni'n monitro allyriadau nwy ac yn defnyddio delweddu thermol i astudio newidiadau yn nhymheredd y llosgfynydd.
- Arwyddion gweledol: mae camerâu'n cael eu defnyddio i edrych am arwyddion gweledol o newid yn y llosgfynydd.
- Mae seismomedrau'n mesur gweithgaredd daeargrynfeydd. Mae gweithgaredd yn cynyddu cyn echdoriad oherwydd y magma sy'n codi.
- Mae mesuryddion gogwydd yn monitro'r newidiadau i siâp llosgfynydd sy'n digwydd wrth iddo lenwi â magma.
- Mae systemau lleoleiddio byd-eang (*GPS: global positioning systems*) yn canfod symudiadau mor fach ag 1 mm.
- Allyriadau nwy: mae'r rhain yn cynyddu cyn echdoriad, yn enwedig allyriadau sylffwr deuocsid.

Mapio peryglon

Mae **map peryglon** yn tynnu sylw at ardaloedd sydd wedi'u heffeithio gan ddaeargrynfeydd, llosgfynyddoedd a tsunamis, neu sydd mewn perygl o gael eu heffeithio ganddyn nhw, fel bod awdurdodau lleol yn gallu:
- cyfyngu ar fynediad pobl i ardaloedd peryglus
- rheoli datblygiad mewn ardaloedd lle mae **risg** o ddigwyddiadau tectonig.

Seismomedr (neu **seismograff**) Offeryn sy'n cael ei ddefnyddio i ganfod a chofnodi daeargrynfeydd

Map peryglon Map sy'n tynnu sylw at ardaloedd sy'n cael eu heffeithio gan berygl penodol neu sy'n fwy agored i niwed gan y perygl hwnnw

Risg Y tebygolrwydd bydd digwyddiad peryglus yn cael canlyniadau niweidiol (marwolaethau, anafiadau, colli eiddo, difrod i'r amgylchedd ac ati)

Gweithgaredd adolygu

1 Dewiswch bum ffordd y mae llosgfynyddoedd yn cael eu monitro a phum ffordd gall pobl baratoi ar gyfer digwyddiad tectonig. Lluniadwch a labelwch lun o bob un ar nodyn gludiog. Rhowch eich nodiadau mewn man lle gallwch chi eu gweld tan eich bod chi'n gallu cofio pob un.
2 Cwblhewch olwyn wybodaeth ar gyfer y pynciau yn y thema hon (gweler y wefan).

Cyngor

Mae cwestiynau sy'n gofyn am ysgrifennu estynedig yn cael eu marcio gan ddefnyddio cynllun marcio lefelau. Er mwyn cyrraedd y lefel uchaf ac ennill marciau llawn, mae angen i'ch ateb ddangos eich bod chi'n gallu cymhwyso gwybodaeth a dealltwriaeth yn wych, a chyflwyno cadwyn gynhwysfawr o resymu a gwerthusiad cytbwys.

Profi eich hun

PROFI

1 Beth yw map peryglon?
2 Disgrifiwch ddwy o nodweddion adeilad sy'n gallu gwrthsefyll daeargryn.
3 Esboniwch pam gallai'r nodweddion hyn leihau'r peryglon sy'n gysylltiedig â daeargrynfeydd.

Enghraifft: map peryglon – Llosgfynydd Bryniau Soufrière, Montserrat

Mae'r map peryglon hwn yn rhannu Montserrat yn chwe chylchfa. Mae mynediad i'r ardaloedd yn gyfyngedig, gan ddibynnu ar ba mor actif yw'r llosgfynydd:

- Gwyddonwyr yn unig sy'n cael mynd i Gylchfa V.
- Y cylchfaoedd canolog (A–C ac E): rhaid i'r trigolion fod ar eu gwyliadwriaeth, cael llwybr dianc cyflym a chael hetiau caled a masgiau llwch.
- Y gylchfa ogleddol: ardal lle mae'r risg yn is, yn addas ar gyfer datblygiad preswyl a masnachol.
- Rhaid cael cylchfaoedd gwaharddedig yn y môr (E ac W) oherwydd gall llifoedd pyroclastig gyrraedd y môr.

Technoleg adeiladu newydd

Mae adeiladau sy'n gallu gwrthsefyll daeargrynfeydd wedi cael eu hadeiladu mewn sawl dinas fawr, ac maen nhw wedi'u cynllunio i amsugno egni daeargryn a gwrthsefyll symudiad y Ddaear.

Cynllunio ar gyfer argyfwng

- Mae'n bosibl sefydlu ardaloedd gwaharddiad gerllaw llosgfynydd.
- Mae llwybrau gwagio yn galluogi trigolion i adael yr ardal.
- Mae'n bosibl dargyfeirio llifoedd lafa.
- Rhaid hyfforddi gwasanaethau brys a rhoi'r offer angenrheidiol iddyn nhw.
- Mae'n bosibl addysgu pobl drwy'r teledu a'r cyfryngau cymdeithasol am yr hyn ddylen nhw ei wneud i amddiffyn eu hunain os bydd echdoriad folcanig, daeargryn neu tsunami. Cynnal ymarferion daeargrynfeydd, er enghraifft.
- Gall pobl greu pecynnau argyfwng yn cynnwys eitemau cymorth cyntaf, blancedi a bwyd tun, a'u storio yn eu cartrefi.
- Mae'n bosibl cynllunio ffyrdd a phontydd i wrthsefyll pŵer daeargrynfeydd.

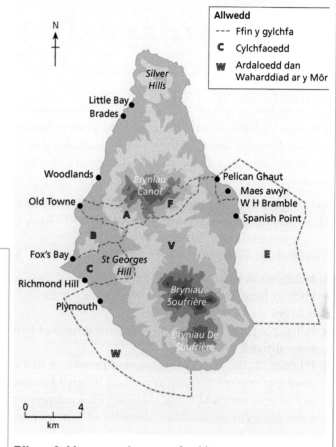

Ffigur 9 Map peryglon ar gyfer Montserrat.

Allwedd
- - - Ffin y gylchfa
C Cylchfaoedd
W Ardaloedd dan Waharddiad ar y Môr

Pwysau ar y to i wrthbwyso'r ysgwyd

Ffrâm dur cryf gyda hytrawstiau sydd wedi'u cydgysylltu

Cleddu croeslinol i wneud y ffrâm yn gryfach

Sawl set o risiau ac allanfeydd argyfwng er mwyn i bobl allu gadael yn gyflymach

To yn gorchuddio'r ardal sy'n union y tu allan i'r adeilad er mwyn atal darnau o wydr rhag disgyn ar gerddwyr

Ardaloedd agored mawr, lle gall pobl sy'n gadael yr adeilad a'r gwasanaethau brys ymgynnull

Lefel y ddaear

Sylfeini dwfn mewn craig galed

Sioc laddwyr yn y sylfeini i amsugno'r tonnau seismig

Ffigur 10 Nodweddion adeilad sy'n gallu gwrthsefyll daeargryn.

Morlinau sy'n agored i niwed

Pam mae rhai cymunedau arfordirol yn agored i erydu a llifogydd?

Y morlin yw'r ffin lle mae'r tir yn cwrdd â'r môr. Mae bygythiadau i gymunedau arfordirol yn cynnwys digwyddiadau naturiol eithafol fel stormydd, tsunami a thirlithriadau, yn ogystal â pheryglon tymor hir fel erydiad arfordirol a lefel y môr yn codi.

Natur agored i niwed yw'r potensial i gael niwed gan berygl naturiol. Mae rhai cymunedau arfordirol yn fwy agored i niwed nag eraill.

Ffactorau ffisegol sy'n cynyddu'r natur agored i niwed

- **Maint**: y mwyaf yw'r perygl, y mwyaf difrifol yw'r effeithiau.
- **Hyd**: yr hiraf mae'r perygl yn para, y mwyaf difrifol mae'r effeithiau'n debygol o fod.
- **Rhagfynegi**: bydd peryglon sy'n taro'n ddirybudd yn cael canlyniadau mwy difrifol.
- **Rheoleidd-dra**: os yw peryglon yn digwydd yn aml ac yn syth ar ôl ei gilydd, er enghraifft storm sy'n achosi llifogydd arfordirol wedi'i ddilyn gan nifer o stormydd eraill, mae'r sefyllfa'n debygol o fod yn fwy difrifol. Does gan gymunedau ddim **capasiti** i adfer cyn i'r storm nesaf daro.

Ffactorau cymdeithasol ac economaidd (dynol) sy'n golygu bod mwy o berygl o fod yn agored i niwed

- Cyfoeth: mae pobl dlawd yn llai abl i fforddio tai sy'n gallu gwrthsefyll digwyddiadau eithafol ac yn llai tebygol o gael arian neu bolisïau yswiriant sy'n gallu helpu gydag adfer.
- Addysg: pan fydd poblogaethau'n llythrennog, mae'n bosibl defnyddio negeseuon ysgrifenedig i ledaenu gwybodaeth, naill ai cyn y digwyddiad neu i gyhoeddi rhybuddion a rhoi cyngor yn ystod digwyddiad.
- Llywodraethau: gall llywodraethau gefnogi addysg a chodi ymwybyddiaeth, ac adeiladu amddiffynfeydd môr.
- Oedran: mae plant a phobl hŷn yn fwy agored i niwed. Mae ganddyn nhw lai o adnoddau ariannol ac maen nhw'n aml yn ddibynnol ar eraill i oroesi.
- Iechyd: mae rhywun iach yn fwy abl i ddianc rhag y peryglon ac ymadfer ar ôl y digwyddiad.
- Dwysedd poblogaeth: y mwyaf o bobl sy'n byw mewn ardal, y mwyaf difrifol yw'r effaith.
- Amser neu ddiwrnod yr wythnos: mae hyn yn effeithio ar symudiadau pobl, a yw pobl adref, yn y gwaith neu wrth y morlin. Gallai tsunami yng nghanol y dydd pan fydd nifer o ymwelwyr mewn cyrchfan glanmôr gael effeithiau dinistriol.
- Y gwasanaethau brys: mae gan wledydd mwy cyfoethog, fel arfer, dimoedd ymateb sydd wedi'u hyfforddi'n dda ac sydd ag adnoddau da sy'n gallu achub a thrin pobl ar ôl trychineb.

Ffigur 1 Tonnau'n taro yn erbyn wal fôr.

Sut mae digwyddiadau tywydd eithafol a newid hinsawdd yn golygu bod ardaloedd yn agored i niwed o lifogydd arfordirol

Mae dros 1 biliwn o bobl yn byw mewn **parth arfordirol uchder isel** (*LECZ: low elevation coastal zone*). Mae tri chwarter o fega-ddinasoedd y byd ar yr arfordir. Mae peryglon i gymunedau arfordirol yn debygol o gynyddu yn y dyfodol oherwydd:

- Mae lefelau'r môr yn debygol o godi rhwng 50 a 100 cm erbyn 2100, gan gynyddu llifogydd arfordirol.
- Mae moroedd cynhesach yn arwain at stormydd amlach a chryfach gan achosi mwy o erydiad arfordirol ac **ymchwyddiadau storm**.
- Bydd stormydd mwy difrifol yn dod â glawiad trymach a mwy o berygl o fflachlifau.

Mae gwledydd sy'n datblygu'n economaidd yn debygol o fod yn y rheng flaen o ran effeithiau newid hinsawdd. Y gwledydd hyn yw'r rhai sydd fwyaf agored i niwed ond sydd â'r capasiti lleiaf i ymateb ac adfer.

> **Parthau arfordirol uchder isel (*LECZs*)** Ardaloedd arfordirol sy'n llai na 10 m uwchben lefel y môr
>
> **Ymchwydd storm** Pan fydd lefel y môr yn codi'n gyflym wrth i stormydd orfodi dŵr i ardal o'r môr sy'n culhau, fel moryd
>
> **Newid isostatig** Newid yn uchder y tir mewn perthynas â'r môr, yn aml oherwydd iâ sy'n toddi yn dilyn yr oes iâ ddiwethaf

---

Enghraifft: tirwedd arfordirol sy'n agored i niwed – Thames Gateway

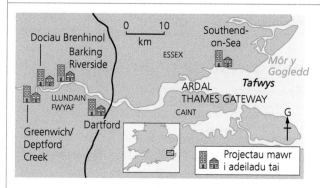

Ffigur 2 Lleoliad y Thames Gateway.

Un o'r tirweddau arfordirol sydd yn fwyaf agored i niwed yn y DU yw moryd Afon Tafwys i'r dwyrain o Lundain. Enw'r darn hwn o'r morlin yw'r Thames Gateway. Mae mewn perygl o ddigwyddiadau tywydd eithafol. Mae'r peryglon hyn yn cynnwys:

- ymchwyddiadau storm: mae'r môr yn cael ei wthio i'r foryd siâp twndis
- **newid isostatig**: mae'r ardal yn suddo tua 2 mm i'r môr bob blwyddyn
- newidiadau i lefelau'r môr: mae lefel y môr yn codi tua 3 mm bob blwyddyn.

Mae'r ardal hon yn arbennig o agored i niwed oherwydd:

- mae 1.6 miliwn o bobl yn byw ac yn gweithio yn yr ardal.
- mae 500,000 o adeiladau mewn perygl.
- mae 75 y cant o'r gwerth eiddo yng Nghymru a Lloegr ar hyd moryd Afon Tafwys.
- mae Maes Awyr Dinas Llundain mewn perygl.
- Llundain yw canolfan gweithgaredd economaidd fwyaf y DU, ac mae'n cyfrannu £250 biliwn i economi'r DU bob blwyddyn.

Mae ymchwyddiadau storm yn fygythiad mawr oherwydd:

- Gall gwasgedd isel dros Fôr y Gogledd greu gwasgedd is, sy'n achosi i lefel y môr godi.
- Mae gwyntoedd o'r gogledd yn gwthio dyfroedd wyneb y môr ymlaen, symudiad sy'n cael ei alw'n 'ddrifft y gwynt'.
- Mae Môr y Gogledd ar ffurf siâp twndis ac wrth i'r dŵr gael ei wthio i gyfeiriad y de nid yw'n gallu dianc drwy'r Sianel (Y Môr Udd) gan ei fod mor gul; mae hyn yn cynyddu uchder y môr.
- Mae moryd Afon Tafwys yn ychwanegu at yr effaith hon.
- Yn dilyn llifogydd difrifol yn 1953, penderfynodd y llywodraeth adeiladu Bared Afon Tafwys.

Gweithgaredd adolygu

Gwnewch eich gwaith ymchwil eich hun ar y rhyngrwyd. Ar gerdyn A5, gwnewch astudiaeth achos Pum Cwestiwn Aur o'r ymchwyddiadau storm a darodd arfordir dwyreiniol Prydain ym mis Rhagfyr 2013. Bydd y Pum Cwestiwn Aur yn eich helpu i gasglu gwybodaeth neu ddatrys problemau. Byddan nhw'n rhoi crynodeb o'r storm aeaf i chi.

- **Beth** ddigwyddodd?
- **Pryd** digwyddodd hyn?
- **Ble** digwyddodd hyn?
- **Pam** digwyddodd hyn?
- **Pwy** y mae hyn yn cael effaith arno?

Dylech chi roi ateb ffeithiol i bob cwestiwn.

Profi eich hun

1 Pam mae'r risgiau i gymunedau arfordirol yn debygol o gynyddu yn y dyfodol?

2 Beth yw ymchwydd storm?

PROFI

Ffactorau cymdeithasol ac economaidd sy'n golygu bod gwledydd ar lefelau gwahanol o ran datblygiad economaidd yn fwy agored i niwed

- Effeithiau cynradd yw canlyniadau uniongyrchol digwyddiad, fel pobl yn cael eu dal mewn adeilad sy'n dymchwel pan fydd clogwyn yn dymchwel.
- Effeithiau eilaidd yw'r rheini sy'n dod yn sgil y digwyddiad cynradd, er enghraifft oherwydd bod adeiladau wedi'u dinistrio, mae pobl yn dod yn ddigartref. Gall effeithiau eilaidd bara am lawer o flynyddoedd.

Yn y DU, gwlad incwm uchel, mae dros 20 miliwn o bobl yn byw o fewn 10 km i'r arfordir. Mae llawer o gymunedau arfordirol yn agored iawn i niwed oherwydd ffactorau fel nifer mawr o drigolion hŷn, twristiaid ac ymwelwyr sy'n aros am gyfnod byr yn unig, lefelau cyflogaeth isel, gwaith tymhorol a chysylltiadau trafnidiaeth gwael.

Mewn gwledydd sy'n datblygu'n economaidd, amaethyddiaeth yw asgwrn cefn eu heconomïau yn aml iawn, ac mae miliynau o bobl yn byw ar **ddeltâu** afon ffrwythlon fel yn yr Aifft. Mae llawer o ddinasoedd mwyaf y byd wedi'u lleoli yn ardaloedd arfordirol gwledydd sy'n datblygu'n economaidd. Un enghraifft yw Mumbai, yn India. Mae 18.4 miliwn o bobl yn byw yno, yn bennaf mewn tai wedi'u hadeiladu'n wael ar dir sydd llai na 10 m uwchben lefel y môr mewn ardal sydd mewn perygl o gael seiclonau trofannol.

> **Delta** Tirffurf sy'n cael ei greu pan fydd gwaddod sy'n cael ei gario gan afon yn cael ei ddyddodi wrth i'r llif adael aber yr afon a symud i ddŵr llonydd neu ddŵr sy'n llifo'n arafach, er enghraifft cefnfor, môr neu lyn
>
> **Halwyno** Y broses sy'n cynyddu faint o halen sydd mewn dŵr neu bridd
>
> **Ffoaduriaid amgylcheddol** Pobl sydd wedi gadael eu cynefinoedd naturiol oherwydd difrod amgylcheddol mawr fel llifogydd

Enghraifft: cymuned arfordirol mewn gwlad sy'n datblygu'n economaidd – Delta Afon Nîl, yr Aifft

Delta Afon Nîl yw un o'r ardaloedd ffermio dwys hynaf ar y Ddaear. Mae bron i 40 miliwn o bobl yn byw yn ardal y delta, ac mae dwysedd y boblogaeth hyd at 1600 o breswylwyr i bob km². Mae gorlifdir ffrwythlon, isel dyffryn Nîl a Delta Afon Nîl wedi'i amgylchynu â diffeithdiroedd.

Mae Alexandria, dinas fwyaf y delta, wedi'i hadeiladu ym mharth arfordirol uchder isel (*LECZ*) yr Aifft. Mae ganddi boblogaeth o dros 4.5 miliwn – ac mae hanner y bobl hyn yn byw mewn tai anffurfiol maen nhw wedi'u hadeiladu eu hunain. Mae'r bobl dlawd sy'n byw yn yr ardaloedd trefol yn fwy agored i niwed os bydd lefel y môr yn codi oherwydd:
- does ganddyn nhw ddim llawer o gynilion a dim yswiriant
- maen nhw'n dibynnu ar dyllau turio i gael dŵr yfed, sydd yn aml wedi'i lygru
- maen nhw'n byw mewn amodau afiach
- maen nhw'n byw mewn adeiladau aml-lawr gwael.

Mae'r darn o dir 50 km o led ar hyd yr arfordir yn llai na 2 m uwchben lefel y môr. Mae'r ardal wedi'i hamddiffyn rhag llifogydd gan lain dywod sy'n amrywio o 1 i 10 km o led. Bydd unrhyw godiad yn lefel y môr yn dinistrio rhannau o'r llain dywod hon. Byddai'r effeithiau yn ddifrifol:
- mae un rhan o dair o ddalfeydd pysgod yr Aifft yn cael eu gwneud mewn lagwnau sy'n cael eu hamddiffyn gan y llain dywod
- byddai tir amaethyddol ffrwythlon yn cael ei golli
- byddai rhannau isel o Alexandria a Port Said yn cael eu dinistrio
- byddai'r cyrchfannau glan-môr mewn perygl a thwristiaeth o dan fygythiad
- byddai'n achosi problem **halwyno**
- gallai 8 miliwn o bobl ddod yn **ffoaduriaid amgylcheddol**.

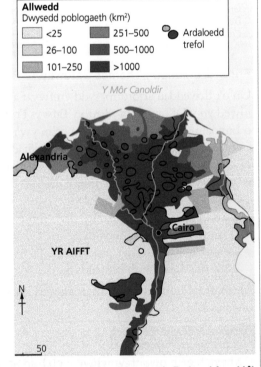

Allwedd
Dwysedd poblogaeth (km²)
- <25
- 26–100
- 101–250
- 251–500
- 500–1000
- >1000
- Ardaloedd trefol

Y Môr Canoldir
Alexandria
Cairo
YR AIFFT
N

Ffigur 3 Dwysedd poblogaeth Delta Afon Nîl.

8 miliwn o bobl wedi'u heffeithio
5700 km² o dir o dan y dŵr

Y Môr Canoldir

Rosette   Damiette ● Port Said
Alexandria
Mansourah

0   50
km

Ardal fyddai'n dioddef llifogydd petai lefel y môr yn codi 1.5 m

Ffigur 4 Effaith lefel y môr yn codi ar Ddelta Afon Nîl.

Gweithgaredd adolygu

Ar gerdyn A5 ysgrifennwch grynodeb sy'n tynnu sylw at:

1 Y ffactorau **cymdeithasol** ac **economaidd** sy'n golygu bod y bobl sy'n byw ar Ddelta Afon Nîl yn fwy agored i niwed.
2 Effeithiau lefel y môr yn codi ar y bobl sy'n byw ar Ddelta Afon Nîl.

Profi eich hun

PROFI

1 Esboniwch pam mae'r ffactorau canlynol yn golygu bod cymunedau arfordirol yn fwy agored i niwed:
   - llawer o breswylwyr hŷn
   - twristiaid ac ymwelwyr sy'n aros am gyfnod byr yn unig
   - cysylltiadau cludiant gwael.
2 Disgrifiwch effeithiau posibl lefelau'r môr yn codi ar y bobl sy'n byw ar Ddelta Afon Nîl.

Cwestiwn enghreifftiol

Ffigur 5 Effaith Seiclon Phailin ar arfordir Bae Bengal, India.

Astudiwch y ffotograff.

Defnyddiwch dystiolaeth o'r ffotograff yn unig i ddisgrifio dwy ffordd gwnaeth y seiclon effeithio ar fywydau pobl sy'n byw yn y cymunedau arfordirol a gafodd eu heffeithio gan Seiclon Phailin. [4]

Cyngor

Rhaid i chi ddefnyddio'r dystiolaeth yn y ffotograff yn unig. Gwnewch yn siŵr eich bod chi'n datblygu pwyntiau er mwyn i chi ennill yr holl farciau sydd ar gael mewn cwestiwn.

Rheoli peryglon arfordirol

Sut mae morlinau'n cael eu rheoli?

ADOLYGU

Mae gan lawer o grwpiau gwahanol o bobl ddiddordeb yn yr hyn sy'n digwydd ger yr arfordir, gan gynnwys:

- trigolion
- grwpiau amgylcheddol
- datblygwyr
- cynghorau lleol
- llywodraethau cenedlaethol
- byrddau twristiaeth
- Awdurdodau Parciau Cenedlaethol.

Gall pob un o'r grwpiau hyn gael barn wahanol am beth ddylai gael ei wneud i reoli'r morlin. Mae angen rheolaeth oherwydd:

- Mae angen amddiffyn tai a busnesau rhag erydiad arfordirol, tirlithriadau a llifogydd.
- Mae lefelau'r môr yn codi, gan gynyddu'r perygl o lifogydd arfordirol.
- Mae angen glanhau sbwriel, llygredd o arllwysiad carthion neu ddamweiniau fel arllwysiadau olew.
- Mae maint ac amlder stormydd yn cynyddu, gan achosi ymchwyddiadau storm, llifogydd a difrod oherwydd y gwynt.
- Mae angen cadw a gwarchod cynefinoedd naturiol a safleoedd treftadaeth.

Mae dau brif ddull yn cael eu defnyddio i amddiffyn y morlin: **peirianneg galed** a **pheirianneg feddal**.

Peirianneg galed Adeiladu adeiledd artiffisial i reoli prosesau arfordirol. Mae fel arfer yn ddrud, yn cael effaith fawr ar yr amgylchedd ac yn anghynaliadwy

Peirianneg feddal Yn gweithio gyda systemau naturiol, gan ddefnyddio defnyddiau a phrosesau naturiol. Mae'n aml yn rhatach, yn cael effaith fach ar yr amgylchedd ac yn fwy cynaliadwy

Peirianneg galed

Mae peirianneg galed yn defnyddio adeileddau neu beirianwaith i reoli prosesau arfordirol. Mae'n ddewis drud a thymor byr. Mae'n cael effaith fawr ar y dirwedd a'r amgylchedd ac mae'n anghynaliadwy.

Llun	Dull	Disgrifiad	Manteision	Anfanteision
	Waliau môr (£6000 y metr)	Mae waliau môr concrit yn adlewyrchu egni'r tonnau ac yn atal llifogydd. Maen nhw'n aml wedi'u crymu gan olygu bod tonnau'n cael eu hadlewyrchu yn ôl ar eu hunain. Maen nhw'n aml yn cael eu defnyddio i amddiffyn aneddiadau	Maen nhw'n cynnig amddiffyniad gwych lle mae egni tonnau yn uchel. Maen nhw'n para'n hir	Maen nhw'n ddrud, mae'n fwy anodd mynd at y traeth, a gall waliau môr wedi'u crymu arwain at fwy o erydiad i ddefnydd traeth
	Argorau (£5000 yr un)	Rhwystrau pren (fel arfer), wedi'u hadeiladu i lawr y traeth, yn dal y tywod sy'n cael eu gludo gan ddrifft y glannau. Gan fod y traeth yn mynd yn fwy llydan mae'n amsugno egni'r tonnau, gan leihau cyfradd erydiad y clogwyni	Yn gymharol rad, yn gadael traeth tywodlyd eang	Mae'r traethau ymhellach i lawr yr arfordir yn cael eu hamddifadu o ddefnydd traeth
	Rip rap (£1000 y metr)	Mae clogfeini mawr o graig galed yn cael eu gosod ar hyd gwaelod clogwyn ac yn amsugno egni'r tonnau	Yn gymharol rad ac effeithlon	Yn hyll, mae'n fwy anodd mynd at y traeth, mae costau'n cynyddu os yw'r graig yn cael ei mewnforio
	Caergewyll (£100 y metr)	Cewyll dur, yn cynnwys clogfeini, sy'n amsugno egni'r tonnau	Rhad ac effeithlon	Yn edrych yn hyll. Ddim yn para mor hir â wal fôr
	Gwrthgloddiau (£2000 y metr)	Yn draddodiadol mae'r rhain yn adeileddau pren tebyg i ffensys sy'n caniatáu i ddŵr môr a gwaddod basio drwyddyn nhw, ond maen nhw'n amsugno egni'r tonnau. Mae traeth yn ffurfio y tu ôl i'r gwrthgloddiau gan roi mwy o amddiffyniad	Yn rhatach ac yn llai ymwthiol na wal fôr. Yn achosi llai o erydiad i ddefnydd traeth	Ddim yn para'n hir ac yn anaddas lle mae egni'r tonnau'n uchel

Profi eich hun

PROFI

Esboniwch pam mae llawer o bobl yn credu bod peirianneg galed yn ffordd anghynaliadwy o reoli ein morlin.

Peirianneg feddal

Mae peirianneg feddal yn golygu gweithio gyda natur. Mae'n aml yn rhatach na pheirianneg galed, ac fel arfer yn fwy cynaliadwy ac yn cael llai o effaith ar yr amgylchedd. Ymhlith yr enghreifftiau mae:

Dull	Disgrifiad	Manteision	Anfanteision
Ailgyflenwi'r traeth	Mae traethau'n cael eu gwneud yn uwch ac yn fwy llydan drwy fewnforio tywod a graean o ran arall o'r arfordir neu eu carthu o wely'r môr	• Mae'n gymharol rad, tua £20 y m³ • Mae'n cadw golwg naturiol y traeth	• Mae carthu alltraeth tywod a graean yn cynyddu erydiad mewn ardaloedd eraill ac yn effeithio ar ecosystemau • Bydd angen ailgyflenwi'r traeth yn rheolaidd, gan gynyddu costau
Sefydlogi twyni tywod	Mae twyni tywod yn amddiffyniad naturiol yn erbyn llifogydd ac erydiad arfordirol.	• Mae'r twyni'n cael llonydd, gan gynnal yr ecosystem naturiol • Mae llwybrau pren yn cael eu hadeiladu ac ardaloedd o'r twyni tywod yn cael eu dynodi'n rhai gwaharddedig, felly mae'n haws i dwristiaid gael mynediad at y twyni	• Mae'r gwaith rheoli'n cymryd llawer o amser, er enghraifft plannu moresg a gosod ffensys o amgylch ardaloedd • Mae'n ddrud, tua £2000 y 100 m
Encilio rheoledig (adlinio rheoledig)	Mae ardaloedd o'r arfordir yn cael eu gadael i erydu a gorlifo'n naturiol, gan greu **parth rhynglanwol** newydd sy'n ymddwyn fel byffer naturiol yn erbyn stormydd a lefelau'r môr yn codi. Fel arfer yn cael ei ddefnyddio lle mae'r tir o werth isel	• Mae'n cadw cydbwysedd naturiol y system arfordirol • Mae defnydd wedi'i erydu yn annog datblygiad traethau a morfeydd heli	• Mae'r gost yn dibynnu ar faint o iawndal sy'n rhaid ei dalu i dirfeddianwyr a pherchnogion eiddo • Mae pobl yn colli eu bywoliaeth a'u cartrefi

'Cadw'r llinell' ac 'encilio rheoledig'

Mae dulliau cyferbyniol o reoli arfordiroedd:

• **Cadw'r llinell**: lle mae'r amddiffynfeydd arfordirol presennol yn cael eu cadw. Mae peirianneg galed a meddal yn cael eu defnyddio i gadw'r morlin yn yr un lle. Mae hwn yn ddewis poblogaidd gyda thrigolion lleol.

• Encilio rheoledig (ildio): symud pobl allan o ardaloedd peryglus a gadael i natur reoli. Bydd y morlin yn symud i mewn i'r tir, ac yn cael ei amddiffyn pan fydd hynny'n angenrheidiol yn unig. Mae hwn yn ddewis rhatach ond yn aml yn llai poblogaidd.

> **Cadw'r llinell** Mae'r amddiffynfeydd arfordirol presennol yn cael eu hatgyweirio ond does dim amddiffyniadau newydd yn cael eu gosod

> **Ailgyflenwi'r traeth** Mae tywod a cherigos yn cael eu hychwanegu at draeth i'w wneud yn uwch ac yn fwy llydan

> **Sefydlogi twyni tywod** Mae plannu llystyfiant, fel moresg, neu adeiladu ffensys pren yn helpu tywod i gronni ac mae'r twyni'n sefydlogi, sydd yna'n darparu rhwystr ac yn amsugno egni'r tonnau

> **Encilio rheoledig** Mae hyn yn golygu caniatáu i'r môr dorri'r amddiffynfeydd presennol a gorlifo'r tir y tu ôl iddyn nhw

> **Parth rhynglanwol** Yr ardal sydd uwchben y dŵr ar adeg llanw isel ac o dan y dŵr ar adeg llanw uchel

Enghraifft: 'cadw'r llinell' – Borth, Ceredigion

Ffigur 6 Argorau pren ar draeth Borth yn 2009.

Mae pentref Borth wedi'i adeiladu ar ben deheuol cefnen gerigos sy'n ymestyn allan i Foryd Afon Dyfi. Roedd argorau pren, a adeiladwyd yn yr 1970au, yn dal y tywod ar y traeth gan amddiffyn y pentref. Erbyn yr 1990au roedd yr argorau hyn mewn cyflwr gwael. Roedd angen i Gyngor Ceredigion benderfynu ar ei strategaeth reoli ar gyfer y dyfodol. A ddylai'r cyngor 'gadw'r llinell' neu ystyried 'encilio rheoledig'? Petai'n penderfynu dewis 'encilio rheoledig' yna:

- Byddai tonnau stormydd yn achosi llifogydd ym mhentref Borth yn y 10–15 mlynedd nesaf.
- Byddai adeiladu ym mhentref Borth sy'n werth £10.75 miliwn yn cael eu colli.
- Byddai'r fawnog i'r gogledd-ddwyrain o Borth, sydd wedi'i chydnabod gan UNESCO ac yn Ardal Cadwraeth Arbennig, yn cael ei gorlifo a'r ecosystem bresennol yn cael ei cholli.
- Byddai twyni tywod Ynyslas gerllaw, sy'n denu miloedd o ymwelwyr bob blwyddyn, yn cael eu gwahanu oddi wrth y pentref.
- Byddai llawer o fusnesau lleol yn dioddef petai llai o ymwelwyr yn dod.

Yn ôl amcangyfrifon, byddai'r amddiffynfeydd arfordirol newydd yn costio £7 miliwn. Yn 2000, cafodd penderfyniad ei wneud i 'gadw'r llinell'. Yn 2010 dechreuodd y gwaith:

- Cafodd pedwar o argorau craig eu hadeiladu i ddal y gwaddod oedd yn cael ei symud ar hyd y traeth gan ddrifft y glannau a chadw traeth llydan o flaen y pentref. Cafodd y creigiau ar gyfer yr argorau eu prynu o'r chwarel leol.
- Cafodd riff o greigiau artiffisial ei adeiladu yn gyfochrog â'r lan i dorri grym y tonnau, gan leihau erydiad ac annog dyddodiad tywod a cherigos.
- Cafodd y traeth ei ailgyflenwi er mwyn ei wneud yn fwy llydan fel bod tonnau'n torri ymhellach i ffwrdd o'r lan.

Cafodd y cynllun ei gwblhau yn 2015 ar gost gwirioneddol o £18 miliwn. Mae'r cynllun wedi bod yn llwyddiannus hyd yma i atal difrod a llifogydd pellach.

Gweithgaredd adolygu

Ewch ati i ddarganfod lleoliad Borth ar forlin Cymru. Ar ddarnau o bapur gludiog, gwnewch restr o'r holl grwpiau gwahanol o bobl rydych chi'n credu fyddai'n rhan o'r broses o wneud y penderfyniad i 'gadw'r llinell' ym mhentref Borth. Ysgrifennwch enw pob 'grŵp' ar ddarn o bapur gwahanol. Nawr symudwch y papurau i ddangos y canlynol:

- Y bobl fyddai wedi helpu i wneud y penderfyniad i amddiffyn y morlin a'r bobl na fyddai wedi helpu.
- Y bobl a gafodd eu heffeithio'n gadarnhaol a'u heffeithio'n negyddol gan y penderfyniad i amddiffyn Borth.
- Y bobl a gafodd eu heffeithio gan y penderfyniad yn y tymor byr a'r bobl a gafodd eu heffeithio yn y tymor hir.

Gallwn ni ddim fforddio 'cadw'r llinell' drwy atgyweirio amddiffynfeydd môr. Dydy'r strategaeth hon ddim yn gynaliadwy yn wyneb y ffaith bod lefelau'r môr yn codi. Rydyn ni'n credu mai 'encilio rheoledig' yw'r unig ddewis ymarferol.
Cynghorydd lleol ac aelod o'r Blaid Werdd

Mae fy nheulu wedi ffermio'r tir hwn am flynyddoedd. Mae'n dir fferm ffrwythlon ac mae angen bwyd ar ein gwlad, gallwn ni ddim mewnforio ein holl anghenion.
Ffermwr lleol

Mae lefelau'r môr yn codi a dydy hi ddim yn bosibl parhau i amddiffyn ein morlin cyfan. Mewn rhai ardaloedd bydd rhaid symud pobl i ffwrdd gan adael i'r môr orlifo ei barth naturiol.
Llefarydd yr amgylchedd yn y llywodraeth genedlaethol

Dyma ein cartref a dydyn ni ddim eisiau gadael. Dylai'r cyngor lleol ein hamddiffyn rhag erydiad arfordirol drwy osod amddiffynfeydd môr newydd.
Preswyliwr lleol wedi ymddeol

Mae poblogaeth ein gwlad yn tyfu ac mae angen tai ar bobl. Mae ardaloedd arfordirol yn cynnig rhywfaint o'r tir adeiladu gorau yn y wlad mewn lleoliad dymunol iawn, lle mae pobl eisiau byw.
Datblygwr eiddo

Profi eich hun

PROFI

1 Disgrifiwch y gwahaniaethau rhwng strategaethau rheoli arfordirol 'cadw'r llinell' ac 'encilio rheoledig'.
2 Esboniwch pam gallai dau grŵp gwahanol o bobl gael safbwyntiau gwahanol am yr hyn ddylai gael ei wneud i reoli darn o forlin.
3 Petaech chi'n gyfrifol am ddyfeisio strategaeth reoli ar gyfer darn o forlin, sut fyddech chi'n ystyried safbwyntiau'r holl grwpiau gwahanol o bobl a ddangosir uchod?

Cyngor

Mae'n bwysig canolbwyntio ar y gair gorchmynnol wrth ateb cwestiwn. Y ddau air gorchmynnol mwyaf cyffredin yw **disgrifiwch** ac **esboniwch**. Mae disgrifiwch yn eich gwahodd chi i 'ddarlunio llun' o rywbeth drwy ddefnyddio llawer o ansoddeiriau. Mae esboniwch yn gofyn i chi ddweud pam mae gan bobl safbwyntiau gwahanol yn yr achos hwn.

Cost a budd amddiffyn yr arfordir

Mae dadansoddiad **cost-budd** yn golygu ystyried buddion un ffordd o weithredu, ac yna eu cymharu â'r costau cysylltiedig. Lle byddai cost rheoli morlin yn fwy na'r buddion sy'n debygol o ddod yn sgil ei amddiffyn, yn enwedig mewn ardaloedd lle nad oes llawer o bobl yn byw a lle nad oes llawer o bethau 'gwerthfawr' i'w hamddiffyn, efallai mai'r penderfyniad fyddai gwneud dim byd a gadael i lifogydd ac erydiad ddigwydd.

Y rhesymau cymdeithasol ac economaidd dros ddiogelu rhai morlinau

Mae methiant i reoli morlinau yn cael effaith economaidd a chymdeithasol ddifrifol ar forlinau sy'n cael eu defnyddio ar gyfer anheddu, twristiaeth a diwydiant. Mae rheoli morlinau hefyd yn bwysig er mwyn helpu i warchod cynefinoedd naturiol. Nid yw llywodraethau fel arfer yn rheoli arfordiroedd lle nad oes risg economaidd. Mae rheoli arfordirol effeithiol yn ddrud ac mae cwestiynau'n cael eu gofyn yn amlach bellach a yw'n werth yr arian.

> **Cost-budd** Offeryn dadansoddol i asesu manteision ac anfanteision penderfyniad

Ffigur 7 Parthau llifogydd yng Nghymru a Lloegr.

Enghraifft o 'encilio rheoledig': Medmerry

Yn 2014, cafodd y cynllun adlinio amddiffynfeydd môr mwyaf yn y DU ei gwblhau yn Medmerry, Gorllewin Sussex. Roedd problemau oherwydd llifogydd o'r môr wedi effeithio ar yr ardal am lawer o flynyddoedd ac roedd hyd at £300,000 yn cael ei wario bob blwyddyn i atgyweirio'r gefnen o raean a oedd yn amddiffyn yr ardal.

Mae'r cynllun amddiffyn newydd hwn wedi creu morlin newydd 2 km ymhellach i mewn i'r tir. Roedd rhaid adeiladu waliau môr pridd 7 km o hyd, pedair sianel i gario dŵr croyw drwy'r amddiffynfeydd a chreu agorfa yn y wal fôr bresennol er mwyn gadael i ddŵr y môr orlifo dros y tir.

Rhai manylion am y cynllun gorffenedig:
● wedi costio £28 miliwn
● wedi amddiffyn 348 o adeiladau, y gwaith trin carthion, a'r briffordd i Selsey sy'n gwasanaethu dros 5000 o gartrefi
● wedi creu 183 ha o gynefin rhynglanwol, sy'n cael ei reoli gan yr RSPB fel gwarchodfa natur

● wedi arbed £300,000 y flwyddyn ar gostau cynnal
● wedi rhoi mynediad i'r cyhoedd a hwb i dwristiaeth werdd
● wedi galluogi gwartheg i bori ar y forfa heli, gan gynhyrchu cig eidion o ansawdd uchel iawn
● wedi gwella iechyd y cyhoedd wrth roi mynediad i gefn gwlad a bywyd gwyllt.

A yw'r cynllun wedi gweithio?
● Roedd y cynllun wedi gweithio'n dda yn ystod y flwyddyn gyntaf. Doedd dim problemau llifogydd er gwaethaf tywydd garw gaeaf 2013–14.
● Mae'r cynefin yn datblygu'n dda, ac mae poblogaethau da o adar a mathau eraill o fywyd gwyllt yn defnyddio'r safle.
● Mae'r cynllun yn dod â buddion i'r economi leol. Mae'r warchodfa natur yn denu mwy o ymwelwyr i'r ardal, ac mae'r parc carafanau lleol mawr bellach yn agor am ddau fis ychwanegol, gan gynhyrchu incwm a diogelu swyddi.

Profi eich hun

1 Gan ddefnyddio tystiolaeth o'r map, disgrifiwch ddosbarthiad parthau llifogydd yng Nghymru a Lloegr.
2 'Dydy llywodraethau ddim fel arfer yn ymgymryd â rheolaeth arfordirol os nad oes perygl i'r economi.' Esboniwch ystyr y gosodiad hwn.
3 Nodwch un grŵp o bobl sy'n debygol o fod o blaid cynllun Medmerry ac un grŵp sy'n debygol o fod yn ei erbyn. Esboniwch eu safbwyntiau.
4 Cynhaliwch ddadansoddiad cost-budd o gynllun Medmerry a phenderfynwch a yw'r cynllun wedi bod yn llwyddiannus yn eich barn chi.

Cynlluniau rheoli traethlin

Mae'r gwaith o reoli ardaloedd arfordirol yn y DU yn cael ei wneud drwy **gynlluniau rheoli traethlin** (*SMPs: shoreline management plans*). Cyfrifoldeb cynghorau lleol yw datblygu cynlluniau rheoli traethlin. Dylai pob cynllun ystyried y materion hyn:

● Faint o bobl sydd dan fygythiad oherwydd erydiad a llifogydd a beth fyddai cost ailgartrefu'r bobl hyn?

● Beth fyddai cost ailadeiladu ffyrdd a rheilffyrdd petai nhw'n cael eu golchi i ffwrdd mewn llifogydd?

● A oes arweddion hanesyddol neu naturiol ddylai gael eu cadw ac a oes gwerth economaidd i'r rhain, er enghraifft a ydyn nhw'n denu twristiaid i'r ardal?

> **Cynllun rheoli traethlin (SMP)** Asesiad o'r peryglon sy'n gysylltiedig â phrosesau arfordirol
>
> **Ailraddio clogwyni** Lleihau ongl clogwyn i leihau màs-symudiad

Enghraifft: strategaethau rheoli – Arfordir Holderness, Swydd Efrog

Ar hyd Arfordir Holderness yn Swydd Efrog mae rhai o gyfraddau erydiad mwyaf Ewrop:

● Mae'r clogwyni'n erydu 2 m ar gyfartaledd bob blwyddyn.

● Creigiau clog-glai gwan sydd yna'n bennaf.

● Mae cyfraddau erydiad ar eu huchaf pan fydd llanw mawr uchel yn cyfuno â gwyntoedd o'r gogledd-ddwyrain.

● Mae'r traethau'n gul ac felly nid ydyn nhw'n cynnig llawer o amddiffyniad.

● Mae'r morlin wedi encilio 4 km ers cyfnod y Rhufeiniaid ac mae llawer o bentrefi wedi'u colli.

Mae'r risgiau'n cynnwys:

● Bydd tir ffermio ffrwythlon yn cael ei golli i'r môr.

● Bydd mwy o bentrefi'n diflannu.

● Bydd priffyrdd yn diflannu i'r môr.

Strategaethau rheoli:

● Mae Hornsea wedi cael ei amddiffyn gan argorau, wal fôr a 'rip rap'.

● Mae Mappleton wedi cael ei amddiffyn gan argorau, 'rip rap' ac **ailraddio clogwyni**.

Mae'r amddiffynfeydd môr hyn wedi cynyddu erydiad ymhellach i'r de yn Cowden ac Aldborough. Mae argorau wedi dal y tywod ac

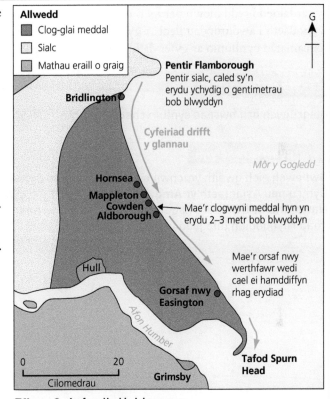

Ffigur 8 Arfordir Holderness.

amddifadu'r traethau yn is i lawr o'r drifft, gan adael y clogwyni'n agored i holl rym y tonnau.

Cydlynu trefniadau rheoli arfordirol

Mae Arfordir Holderness yn enghraifft lle mae amddiffyn y morlin mewn un ardal yn gallu achosi problemau yn rhywle arall. Mae'n dangos yr angen i gydlynu trefniadau rheoli arfordirol ar lefel ranbarthol a chenedlaethol.

Mae ardal reoli arfordirol integredig (*ICZM: integrated coastal zone management*) yn gysyniad a gafodd ei greu yn 1992 yn ystod Uwchgynhadledd y Ddaear yn Rio de Janeiro. Ei nod yw datblygu atebion cynaliadwy yn seiliedig ar:

● Pa ardaloedd sydd angen eu hamddiffyn a pha ardaloedd sydd ddim yn gost effeithiol i'w hamddiffyn?

● Pa fath o ddulliau amddiffyn a ddylai gael eu defnyddio?

● Beth sydd orau ar gyfer bywyd gwyllt a'r amgylchedd naturiol?

● Beth yw'r ateb gorau i'r bobl sy'n byw ar y morlin, gan gymryd safbwynt cytbwys a heb ffafrio un grŵp yn fwy nag un arall?

Monitro, mapio peryglon a chynllunio ar gyfer argyfwng

Mae capasiti cymuned i ymateb i berygl arfordirol ac adfer ar ei ôl yn dibynnu ar ba mor barod yw'r gymuned honno ar gyfer y perygl. Mae hyn yn dibynnu ar:

● Monitro: y gallu i ragfynegi tywydd eithafol.
● Mapio peryglon: gwybod pa ardaloedd fydd yn cael eu heffeithio gan y perygl.
● Y gwasanaethau brys: cael yr adnoddau a'r hyfforddiant i ymateb i'r perygl.

Yn y DU, mae'r Ganolfan Rhagweld Llifogydd yn monitro'r tywydd ac yn gwneud rhagolygon am lifogydd. Mae Cyfoeth Naturiol Cymru ac Asiantaeth yr Amgylchedd (Lloegr) yn rhoi gwybod i'r cyhoedd am y rhagolygon hyn a hefyd yn cynhyrchu **mapiau peryglon** i nodi'r ardaloedd sy'n wynebu perygl penodol. Mae map peryglon yn tynnu sylw'r cyhoedd at yr ardaloedd sydd mewn perygl o ddioddef llifogydd arfordirol ac yn rhoi gwybodaeth i awdurdodau lleol ar gyfer cynllunio tymor hir, er enghraifft rhoi caniatâd cynllunio ar gyfer datblygiadau tai newydd.

> **Map peryglon** Map sy'n tynnu sylw at ardaloedd sy'n cael eu heffeithio gan berygl penodol neu sy'n fwy agored i niwed gan y perygl hwnnw

Profi eich hun   PROFI

Disgrifiwch brif bwrpas cynllun rheoli traethlin (SMP).

Gweithgaredd adolygu

Gwnewch eich gwaith ymchwil eich hun ar wefan Cyfoeth Naturiol Cymru neu Asiantaeth yr Amgylchedd. Dilynwch y cyswllt i lifogydd. Nawr ymchwiliwch i'r 'rhagolygon llifogydd 5 diwrnod' a'r cysylltiadau 'map rhybuddion llifogydd'.

Ffigur 9 Sgrinlun o fap perygl llifogydd Cyfoeth Naturiol Cymru ar gyfer Bae Cinmel a Gorllewin y Rhyl.

1 Ysgrifennwch grynodeb o'r 'rhagolygon llifogydd 5 diwrnod'. A oes unrhyw ardaloedd sydd mewn perygl uchel iawn o ddioddef llifogydd yn eich crynodeb?
2 O dan y map rhybuddion llifogydd byddwch chi'n gweld cyswllt i 'Beth i'w wneud cyn llifogydd' a 'Beth i'w wneud yn ystod neu ar ôl y llifogydd'. Dychmygwch fod rhagolwg wedi rhagfynegi bod eich ardal chi mewn perygl uchel o ddioddef llifogydd. Ewch ati i greu rhybudd radio 60 eiliad yn rhoi gwybod i'r cyhoedd beth ddylen nhw ei wneud os bydd llifogydd.
3 Lluniadwch fap braslun wedi'i labelu i ddangos yr ardaloedd yn Nhowyn a'r Rhyl sydd mewn perygl o ddioddef llifogydd.
4 O dan eich map rhowch ddwy ffordd y byddai'r map peryglon hwn yn ddefnyddiol i leihau'r peryglon i bobl o lifogydd arfordirol.

Cwestiwn enghreifftiol

Disgrifiwch sut byddai strategaethau peirianneg galed yn gallu cael eu defnyddio i leihau'r perygl o erydu arfordirol mewn un lleoliad rydych chi wedi'i astudio. [4]

Cyngor

Mae'n bwysig defnyddio enghreifftiau yn eich atebion i gwestiynau arholiad. Mewn cwestiwn sy'n marcio pwyntiau, bydd hyn yn rhoi marciau ychwanegol i chi. Mewn cwestiwn sy'n defnyddio lefelau, bydd hyn yn annog yr arholwr i roi lefel uwch i chi. Yn aml, bydd diffyg enghreifftiau mewn cwestiwn sy'n defnyddio lefelau yn golygu na allwch chi gael marciau llawn.

Beth yw'r ffordd fwyaf cynaliadwy o reoli morlinau, o ystyried bod lefelau'r môr yn codi?

Yn ôl llefarydd ar ran **Asiantaeth yr Amgylchedd**, 'Mae'n bwysig ein bod ni nawr yn ystyried amserlen 100 mlynedd sy'n ein gorfodi ni i edrych ar y ffyrdd y bydd ein harfordir yn newid ac yn ystyried yr effaith y bydd newid hinsawdd yn ei gael.'

Y rhesymau y bydd cymunedau arfordirol yn fwy agored i niwed yn y dyfodol

Mae newid hinsawdd yn rhoi mwy a mwy o bwysau ar ranbarthau arfordirol sydd wedi cael eu heffeithio'n ddifrifol yn barod gan weithgareddau dynol dwys. Mae hyn yn codi'r cwestiwn, a all pobl barhau i fyw mewn rhanbarthau arfordirol isel. Mae ecosystemau a chynefinoedd arfordirol fel coedwigoedd mangrof, riffiau cwrel, dolydd morwellt a morfeydd heli hefyd o dan fygythiad.

- Mae mwy na 200 miliwn o bobl ar draws y byd yn byw ar hyd morlinau sydd yn llai na 5 m uwchben lefel y môr.
- Erbyn diwedd y ganrif, mae amcangyfrifon yn awgrymu bydd y ffigur hwn yn cynyddu i 400–500 miliwn.
- Gallai'r ardaloedd hyn gael eu gorlifo gan lefelau'r môr yn codi ac mae disgwyl y byddan nhw'n codi hyd at 1 m.
- Bydd trigolion yn cael eu gorfodi i chwilio am ffyrdd o reoli lefelau dŵr yn codi neu i adael rhai ardaloedd yn gyfan gwbl.
- Dydy hi ddim yn bosibl i lywodraethau amddiffyn popeth, beth bynnag yw'r gost.

Mae gwyddonwyr hefyd yn credu y bydd newid hinsawdd yn gallu arwain at fwy o erydiad arfordirol, oherwydd yr amodau morol mwy ymosodol, a hefyd at gynnydd ym maint ac amlder stormydd. Mae hyn yn fater sy'n achosi pryder mawr i bobl sy'n byw mewn ardaloedd o'r byd sy'n cael eu heffeithio gan **stormydd trofannol** a'r dinistr sy'n cael ei achosi ganddyn nhw.

> **Asiantaeth yr Amgylchedd** Corff cyhoeddus anadrannol sydd â chyfrifoldeb dros amddiffyn a gwella'r amgylchedd yn Lloegr (ac yng Nghymru hefyd hyd at 2013)
>
> **Storm drofannol** System dywydd gwasgedd isel ddwys sy'n gallu para o ddyddiau i wythnosau yn ardaloedd trofannol y Ddaear. Yn cael eu galw'n gorwyntoedd yng Ngogledd America, seiclonau yn India a teiffwnau yn Japan a Dwyrain Asia

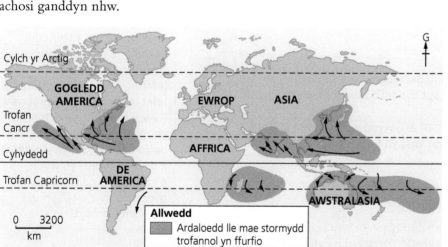

Ffigur 10 Llwybrau stormydd trofannol a'r ardaloedd lle maen nhw'n ffurfio.

Gweithgaredd adolygu

1 Beth yw'r enwau gwahanol sy'n cael eu rhoi ar stormydd trofannol yn rhannau gwahanol o'r byd?

2 Ymchwiliwch ar-lein a rhestrwch ddeg gwlad sy'n cael eu heffeithio gan stormydd trofannol.

Pam mae rhai morlinau'n fwy agored i niwed nag eraill

Yn ogystal â'r codiad cyffredinol yn lefelau'r môr, mae yna ffactorau lleol sy'n golygu bod rhai morlinau'n fwy agored i niwed nag eraill:

- Mae rhai arfordiroedd yn suddo neu'n ymsuddo. Mae **morydau afon** a deltâu yn suddo o dan eu pwysau eu hunain wrth i fwy o waddod gael ei ddyddodi. Mae rhannau o ddinas New Orleans yn UDA yn ymsuddo 28 mm bob blwyddyn. Roedd rhannau gogleddol y DU wedi'u gorchuddio â haenau trwchus o iâ trwm yn ystod yr oes iâ ddiwethaf. Pan doddodd yr iâ, dechreuodd y tir yn y rhan hon o'r DU godi'n araf a dechreuodd rhan ddeheuol y DU suddo.
- Gall y creigiau ar hyd yr arfordir fod yn galed neu'n feddal. Mae creigiau clai Morlin Holderness yn golygu bod ganddo rai o'r cyfraddau erydiad uchaf yn y byd.
- Mae stormydd arfordirol yn effeithio ar rai morlinau'n fwy nag eraill. Mae stormydd trofannol yn effeithio ar forlinau mewn rhai rhannau o'r byd yn unig (gweler Ffigur 12, tudalen 80). Mae rhai morlinau fel y Thames Gateway yn fwy agored i niwed oherwydd ymchwyddiadau storm.
- Mae rhai morlinau dan fygythiad gan tsunami. Ym mis Rhagfyr 2004, effeithiodd tsunami Cefnfor India ar 13 o wledydd gan ladd dros 230,000 o bobl.

Efallai mai'r cymunedau sy'n wynebu'r perygl mwyaf yw'r rhai sy'n byw ar ddeltâu afonydd y byd. Mae miliynau'n byw ar ddeltâu yn Bangladesh, yr Aifft, Nigeria, Viet Nam a Cambodia.

Sialensiau sy'n wynebu ynys-wladwriaethau bach datblygol oherwydd bod lefel y môr yn codi

Mae **ynys-wladwriaethau bach datblygol** (*SIDS: small island developing states*) yn wledydd arfordirol isel a gafodd eu cydnabod yn grŵp ar wahân am y tro cyntaf yn 1992. Maen nhw'n wynebu sialensiau cyffredin, gan gynnwys poblogaethau bach sy'n tyfu, adnoddau prin, lleoliad anghysbell ac amgylcheddau bregus.

Profi eich hun

1 Beth yw ynys-wladwriaethau bach datblygol (*SIDS*)?
2 Rhowch ddwy enghraifft o sut byddai'n bosibl rheoli peryglon lefel y môr yn codi yn y Maldives.
3 Yn eich barn chi, a yw awgrym arlywydd y Maldives i symud poblogaeth y Maldives i Awstralia yn un ymarferol?

Cwestiwn enghreifftiol

'Mae ynys-wladwriaethau bach datblygol yn fwy agored i beryglon arfordirol nag unrhyw leoliad arall.' Ydych chi'n cytuno â'r gosodiad hwn? Esboniwch eich ateb. [8]

Profi eich hun

1 Rhowch ddau reswm i esbonio pam mae rhai cymunedau arfordirol yn fwy agored i niwed nag eraill.
2 Rhowch ddau reswm i esbonio pam bydd y cymunedau hyn yn fwy agored i niwed yn y dyfodol.

PROFI

Moryd afon Aber llydan afon lle mae'n cwrdd â'r môr

Ynys-wladwriaethau bach datblygol (*SIDS*) Gwledydd arfordirol ar dir isel sy'n tueddu i rannu sialensiau datblygiad tebyg, gan gynnwys poblogaethau bach sy'n tyfu, adnoddau prin, lleoliad anghysbell, yn agored i niwed gan drychinebau naturiol, yn agored i niwed gan siociau allanol, gorddibyniaeth ar fasnach ryngwladol ac amgylcheddau bregus

Cyngor

Mae cwestiynau sy'n gofyn am ysgrifennu estynedig yn cael eu marcio gan ddefnyddio cynllun marcio lefelau. Er mwyn cyrraedd y lefel uchaf ac ennill marciau llawn, mae angen i'ch ateb chi ddangos eich bod chi'n gallu cymhwyso gwybodaeth a dealltwriaeth yn wych, a chyflwyno cadwyn gynhwysfawr o resymu a gwerthusiad cytbwys.

Gweithgaredd adolygu

Lluniwch olwyn wybodaeth ar gyfer y testunau yn y thema hon (gweler www.hoddereducation.co.uk/myrevisionnotes).

Enghraifft: ynys-wladwriaeth fach ddatblygol a lefel y môr yn codi – y Maldives

Mae'r Maldives yn gasgliad o 26 o ynysoedd cwrel yng Nghefnfor India. Mae ganddi boblogaeth o 350,000. Mae 80 y cant o arwynebedd y tir yn llai nag 1 m uwchben lefel y môr, a does dim unman dros 3 m uwchben lefel y môr.

Mae'r Maldives yn wlad dlawd, ac mae'n rhif 165 ar restr o 192 o genedl-wladwriaethau. Pysgota yw prif alwedigaeth y bobl, er bod twristiaeth wedi dod yn bwysicach yn ystod y blynyddoedd diwethaf. Mae'r Maldives yn 3ydd ar y rhestr o genhedloedd sydd mewn perygl o ganlyniad i lifogydd yn sgil newid hinsawdd. Mae'r risgiau'n cynnwys:

- Lefel y môr yn codi gan fygwth bodolaeth y Maldives. Mae'n bosibl y bydd yr ynysoedd yn diflannu yn y ganrif nesaf. Bydd y trigolion yn dod yn **ffoaduriaid amgylcheddol**.
- Bydd cyrchfannau glan-môr yn dioddef llifogydd, gan niweidio'r diwydiant twristiaeth y mae'r economi'n dibynnu arno.
- Stormydd trofannol cryfach.
- Difrod i riffiau cwrel wrth i dymheredd y môr godi. Bydd ecosystemau sy'n gysylltiedig â riffiau yn cael eu colli. Bydd hyn yn effeithio ar y diwydiant deifio i dwristiaid. Mae 90 y cant o refeniw treth y llywodraeth yn dod o dwristiaeth.
- Bydd arian yn cael ei wario ar amddiffynfeydd môr ar draul gwasanaethau cyhoeddus a datblygiad.
- Mae ffynonellau dŵr daear yn cael eu halogi fwyfwy gan ddŵr heli. Mae dŵr croyw'n brin; daw 87 y cant ohono o ddŵr glaw.
- Mae tir amaethyddol yn cael ei golli ac mae'r diwydiant pysgota'n cael ei effeithio.

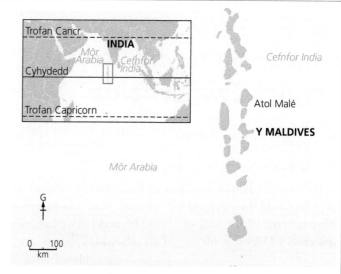

Ffigur 11 Lleoliad y Maldives.

Sut mae modd rheoli'r risgiau?
- Mae wal 3 m o uchder wedi cael ei adeiladu o amgylch Malé, y brifddinas, ar gost o $63 million, wedi'i ariannu gan Japan.
- Mae modd symud pobl i ffwrdd o'r ynysodd llai. Ond ateb dros dro fyddai hyn oherwydd yn y pen draw, byddai'n rhaid hefyd i bobl adael yr holl ynysoedd. Mae'r Cenhedloedd Unedig yn rhagweld na fydd neb yn gallu byw yn y Maldives erbyn 2100.
- Byddai **morgloddiau**'n gallu cael eu hadeiladu i gadw'r môr draw. Mae cost adeiladu morglawdd yn dibynnu ar ei hyd, felly mae hyn yn opsiwn drud iawn i ynys-wladwriaeth.
- Byddai'n bosibl codi uchder yr ynysoedd; bydd angen llawer iawn o dywod a chwrel i wneud hyn.
- Mae arlywydd y Maldives wedi awgrymu y byddai'n bosibl symud y boblogaeth i Awstralia.

Gweithgaredd adolygu

1 Ystyriwch effaith lefel y môr yn codi ar y Maldives a chwblhewch dabl sy'n debyg i'r un isod:

Effeithiau	Cymdeithasol	Economaidd ac amgylcheddol
Cynradd	(Effeithiau ar y gymuned a lles unigolion a theuluoedd)	(Effeithiau ar gyfoeth ac ecosystemau)
Eilaidd		

2 Defnyddiwch dechneg map meddwl i grynhoi sut gellir rheoli peryglon arfordirol.

Ffoaduriaid amgylcheddol
Pobl sy'n gorfod gadael eu rhanbarth brodorol oherwydd newidiadau yn eu hamgylchedd lleol a allai gynnwys sychder, diffeithdiro a lefel y môr yn codi

Morglawdd Wal bridd artiffisial sy'n cael ei hadeiladu i atal llifogydd o'r môr

Newid hinsawdd yn ystod y cyfnod Cwaternaidd

Beth yw'r dystiolaeth dros newid hinsawdd?

ADOLYGU

Beth yw newid hinsawdd?

Gall y **tywydd** newid o un awr i'r llall. **Hinsawdd** yw'r amodau tywydd ar gyfartaledd dros gyfnod hir o amser. Mae **newid hinsawdd** yn ffenomen naturiol a dros yr 11,000 blynedd diwethaf, mae tymheredd arwyneb y Ddaear wedi newid yn sylweddol.

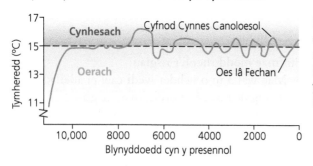

Ffigur 1 Newidiadau cyfartalog yn nhymheredd arwyneb hemisffer y gogledd yn ystod yr 11,000 blynedd diwethaf.

Yn ystod y Cyfnod Cynnes Canoloesol, llwyddodd y Llychlynwyr i drefedigaethu Grønland gan nad oedd iâ ar y môr. Roedd yr Oes Iâ Fechan, yn gyfnod oerach yng ngogledd Ewrop. Ar gyfartaledd, roedd y tymheredd 1–1.5 °C yn oerach na heddiw.

Dros gyfnod llawer hirach, sef y 400,000 blynedd diwethaf, mae cyfnodau naturiol o oeri a chynhesu wedi bod. Mae'r cyfnodau o dymheredd oer, pan mae tymheredd y byd ar gyfartaledd yn is na 15 °C, yn cael eu galw yn gyfnodau rhewlifol (*glacials*), a chyfnodau rhyngrewlifol (*interglacials*) yw'r enw ar gyfnodau cynhesach.

Y dystiolaeth dros newid hinsawdd

Mae'r **dystiolaeth** sy'n dangos bod yr hinsawdd wedi newid yn y gorffennol yn cynnwys:

- ffosiliau planhigion ac anifeiliaid sydd wedi cael eu darganfod mewn lleoedd lle fydden nhw ddim yn gallu byw heddiw

Tywydd Yr amodau atmosfferig mewn lleoliad ac ar amser penodol; yn cynnwys tymheredd, dyodiad, gwynt a heulwen

Hinsawdd Y tywydd ar gyfartaledd dros gyfnod hir o amser (o leiaf 30 mlynedd)

Newid hinsawdd Newid mawr, tymor hir ym mhatrymau tywydd y Ddaear, yn enwedig y newid mewn tymereddau cyfartalog

Tystiolaeth Ffeithiau neu wybodaeth sy'n nodi a yw cred neu ddamcaniaeth yn gywir

Carbon deuocsid (CO_2) Nwy di-liw a diarogl, wedi'i gyfansoddi o garbon ac ocsigen, sydd i'w gael yn yr atmosffer

Rhewlifiant Y broses pan fydd y tir yn cael ei orchuddio gan rewlifoedd

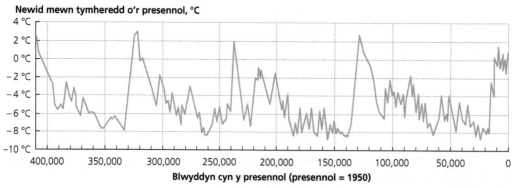

Ffigur 2 Newid mewn tymheredd yn yr atmosffer dros y 420,000 blynedd diwethaf.

Mae brigau cul yn y cofnod tymheredd yn cynrychioli cyfnodau cynnes byr (rhyngrewlifol)

Mae gostyngiadau yn y tymheredd am gyfnodau hir yn cynrychioli cyfnodau rhewlifol

- creiddiau iâ o Antarctica sy'n dangos bod y lefelau **carbon deuocsid (CO_2)** a methan yn yr atmosffer wedi newid dros y 420,000 blynedd diwethaf
- **rhewlifiant** (*glaciation*) mewn mannau lle does dim iâ erbyn hyn
- astudiaethau o gylchoedd coed, sef dendrocronoleg, sy'n dangos bod hyd tymhorau tyfu wedi amrywio yn y gorffennol
- cofnodion hanesyddol fel darnau o ddyddiaduron, cynnyrch cnydau ar gyfer cofrestri lleol a phaentiadau, fel rhai o'r ffeiriau iâ ar Afon Tafwys yn ystod yr Oes Iâ Fechan.

Mae tystiolaeth ddiweddar o newid hinsawdd yn cynnwys:

- lefelau uwch o CO_2 yn yr atmosffer
- tymhorau newidiol yn arwain at newidiadau ym mhatrymau mudo adar a phryfed
- rhewlifoedd (*glaciers*) a llenni iâ yn toddi ac yn encilio
- mesuriadau'r Swyddfa Dywydd sy'n dangos bod tymheredd cyfartalog y byd wedi codi 0.6 °C yn ystod y 100 mlynedd diwethaf.

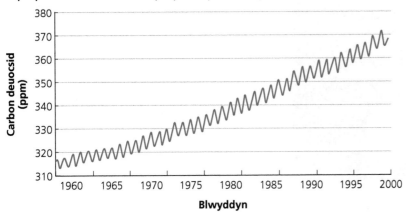

Ffigur 4 Mae cromlin Keeling yn dangos y newid yn y lefelau CO_2 yn atmosffer y Ddaear. Cafodd y mesuriadau cyntaf eu gwneud yn 1958.

Enghraifft: Rhewlif Pasterze

Mae Rhewlif Pasterze yn Awstria wedi encilio tua 8 km yn y 160 mlynedd diwethaf.

Ffigur 3 Ffotograff o Rewlif Pasterze yn 2015 yn dangos faint mae wedi encilio ers 1980.

Profi eich hun

PROFI

Edrychwch ar gromlin Keeling ac atebwch y cwestiynau hyn:
1 Faint o CO_2 oedd yn yr atmosffer yn 1960?
2 Disgrifiwch y newid yn y lefelau CO_2 yn yr atmosffer rhwng 1960 a 2000.
3 Esboniwch gylchred flynyddol CO_2 yn atmosffer y Ddaear.

Cwestiwn enghreifftiol

Ffigur 5 Cyfartaledd misol ehangder iâ môr Arctig, Mawrth 1979–2016.

Disgrifiwch y newid yn ehangder iâ môr Arctig rhwng 1979 a 2014. [4]

Gweithgaredd adolygu

Ar ddarn o gerdyn A5, lluniwch ddiagram corryn yn crynhoi y dystiolaeth ar gyfer newid hinsawdd. Dylech chi gynnwys diagramau i'ch helpu chi i gofio pob pwynt.

Cyngor

Os yw cwestiwn yn gofyn i chi ddisgrifio newid mewn graff, defnyddiwch ffigurau i gefnogi eich disgrifiad.

Beth sy'n achosi newid hinsawdd?

ADOLYGU

Mae gwyddonwyr yn credu bod newid hinsawdd naturiol yn cael ei achosi gan:

- newidiadau yn orbit y Ddaear
- newidiadau yng ngogwydd y Ddaear
- newidiadau yn allbwn pelydriad solar
- gweithgaredd folcanig.

Enghraifft: Cylchredau Milankovitch

Fe wnaeth y seryddwr o Serbia, Milutin Milankovitch, esbonio newid hinsawdd tymor hir drwy newidiadau yn orbit a chylchdro'r Ddaear. Cylchredau Milankovitch yw'r enw ar y newidiadau hyn.

Mae'r Ddaear yn troi ar ei hechelin unwaith bob 24 awr	Mae'r Ddaear yn siglo ar ei hechelin unwaith bob 26,000 o flynyddoedd

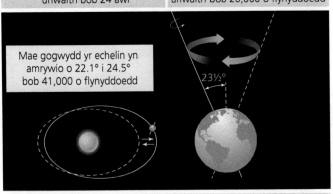

Mae gogwydd yr echelin yn amrywio o 22.1° i 24.5° bob 41,000 o flynyddoedd

23½°

Mae gan y Ddaear orbit echreiddig o amgylch yr Haul. Mae'n cwblhau'r echreiddiad hwn unwaith bob 100,000 o flynyddoedd

Ffigur 6 Cylchredau Milankovitch.

Mae cyfnodau cynhesach ac oerach yn cael eu hachosi gan:

- orbit y Ddaear: mae weithiau'n agosach ac weithiau ymhellach i ffwrdd o'r Haul
- gogwydd y Ddaear: mae'n cael effaith ar faint o egni mae'n ei gael gan yr Haul.

Proses y gylchred garbon

ADOLYGU

Beth yw'r gylchred garbon?

Mae popeth byw wedi'i wneud o garbon. Mae carbon hefyd yn rhan o'r cefnfor, yr aer a chreigiau. Mae carbon yn symud mewn **llifoedd** rhwng y **storfeydd** yn yr amgylchedd drwy broses o'r enw y **gylchred garbon**:

- Yn yr atmosffer, mae carbon yn cael ei storio fel CO_2.
- Yn ystod y dydd, mae planhigion yn defnyddio CO_2 a golau'r haul i gynhyrchu bwyd. Enw'r broses hon yw **ffotosynthesis**. Mae carbon yn llifo o'r atmosffer ac yn cael ei storio yn y planhigyn.
- Mae planhigion ac anifeiliaid yn allyrru CO_2 wrth resbiradu. Mae'r carbon yn llifo yn ôl i'r atmosffer.
- Pan fydd planhigion ac anifeiliaid yn marw, mae'r carbon yn cael ei ailgylchu. Mae dadelfenyddion yn ei ddychwelyd i'r atmosffer fel CO_2, neu mae'r planhigion a'r anifeiliaid yn cael eu claddu, a thros filiynau o flynyddoedd, yn troi yn storfeydd tymor hir ar ffurf tanwydd ffosil fel glo, nwy ac olew.

Profi eich hun

1 Disgrifiwch sut mae orbit y Ddaear yn newid.
2 Esboniwch sut gallai newidiadau yng ngogwydd y Ddaear achosi newid yn yr egni y mae'r Ddaear yn ei gael gan yr Haul.
3 Esboniwch pam bydd dinistrio coedwigoedd ar raddfa fawr yn cynyddu'r lefelau CO_2 yn yr atmosffer.
4 Esboniwch pam mae carbon yn cael ei drosglwyddo yn fwy cyflym rhwng rhai storfeydd.

PROFI

Llifoedd carbon Symudiad carbon rhwng storfeydd yn y gylchred garbon

Storfeydd carbon Yn y tymor byr, mae carbon yn cael ei gadw neu ei storio yn yr atmosffer, yn y cefnforoedd ac yn y biosffer; yn y tymor hir, mae carbon yn cael ei storio mewn tanwyddau ffosil

Y gylchred garbon Y broses lle mae carbon yn symud o'r atmosffer i'r Ddaear a'r cefnforoedd, drwy amrywiol blanhigion ac anifeiliaid, ac yna yn ôl i'r atmosffer unwaith eto

Ffotosynthesis Y broses lle mae planhigion gwyrdd yn amsugno egni golau o'r Haul gan ddefnyddio cloroffyl yn eu dail i droi dŵr a CO_2 yn siwgr o'r enw glwcos

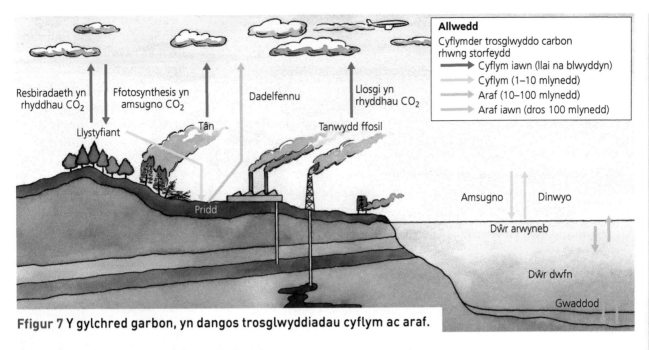

Allwedd

Cyflymder trosglwyddo carbon rhwng storfeydd

→ Cyflym iawn (llai na blwyddyn)
→ Cyflym (1–10 mlynedd)
→ Araf (10–100 mlynedd)
→ Araf iawn (dros 100 mlynedd)

Resbiradaeth yn rhyddhau CO_2

Ffotosynthesis yn amsugno CO_2

Dadelfennu

Llosgi yn rhyddhau CO_2

Llystyfiant

Tân

Tanwydd ffosil

Pridd

Amsugno

Dinwyo

Dŵr arwyneb

Dŵr dwfn

Gwaddod

Ffigur 7 Y gylchred garbon, yn dangos trosglwyddiadau cyflym ac araf.

- Pan fydd tanwyddau ffosil yn llosgi, bydd y carbon yn cael ei ryddhau a bydd yn llifo yn ôl i'r atmosffer fel CO_2.
- Mae tua 30 y cant yn fwy o CO_2 yn yr aer heddiw na 150 o flynyddoedd yn ôl.

Beth yw'r effaith tŷ gwydr?

Yr **effaith tŷ gwydr** yw'r broses naturiol pan fydd yr atmosffer yn cynhesu. Heb yr effaith hon, fyddai bywyd ar y Ddaear ddim yn bosibl.

> **Effaith tŷ gwydr** Y broses naturiol sy'n arwain at gynhesu atmosffer y Ddaear

1. Mae egni solar yn cyrraedd yr atmosffer.

2. Wrth i egni tonfedd fer basio drwy'r atmosffer, gallai daro yn erbyn gronynnau llwch neu ddiferion dŵr a chael ei wasgaru neu ei adlewyrchu.

3. Ychydig iawn o belydriad tonfedd fer sy'n cael ei amsugno yn yr atmosffer.

4. Mae egni solar yn gwresogi arwyneb y Ddaear, sydd wedyn yn pelydru egni tonfedd hir (gwres) i'r atmosffer.

5. Mae egni tonfedd hir yn cael ei amsugno'n hawdd gan nwyon tŷ gwydr sy'n bresennol yn naturiol yn yr atmosffer. O'r rhain, carbon deuocsid yw'r mwyaf cyffredin o bell ffordd.

6. Mae rhywfaint o egni tonfedd hir yn dianc i'r gofod.

Allwedd

→ Egni tonfedd fer
→ Egni tonfedd hir

Ffigur 8 Yr effaith tŷ gwydr.

Profi eich hun

1 Cuddiwch y diagram uchod sy'n dangos yr effaith tŷ gwydr. Esboniwch yn eich geiriau eich hun sut mae'r effaith tŷ gwydr naturiol yn cynhesu atmosffer y Ddaear.
2 Esboniwch pam mae'r effaith tŷ gwydr yn hanfodol i fywyd ar y Ddaear.

Gweithgaredd adolygu

1 Lluniwch set o gardiau fflach gyda chwestiynau ac atebion ar achosion newid hinsawdd, y gylchred garbon a'r effaith tŷ gwydr. Gallwch chi brofi eich hun gan ddefnyddio'r cardiau hyn.
2 Lluniwch ddiagram corryn ar gerdyn A5 i'w ychwanegu at eich set. Defnyddiwch y wybodaeth yn Ffigur 7 a'ch gwaith ymchwil eich hun i ddangos sut mae gweithredoedd pobl yn cynyddu lefel y nwyon tŷ gwydr yn yr atmosffer, er enghraifft mae gwartheg yn rhyddhau methan wrth iddyn nhw dreulio eu bwyd.

Sut mae gweithgareddau dynol yn effeithio ar y gylchred garbon

Mae nwyon tŷ gwydr yn cael eu cynhyrchu yn naturiol. Mae mwy a mwy o dystiolaeth yn dangos bod gweithredodd pobl yn ychwanegu at faint o'r nwyon hyn sydd yn yr atmosffer, er enghraifft:

- Llosgi tanwyddau ffosil: er enghraifft glo, nwy ac olew, sy'n rhyddhau CO_2.
- Datgoedwigo: mae coed yn amsugno CO_2 yn ystod ffotosynthesis.
- Gwastraff mewn safleoedd tirlenwi: pan fydd gwastraff yn dadelfennu, bydd yn cynhyrchu methan, sy'n nwy tŷ gwydr.
- Ffermio: mae'n arwain at ryddhau methan, er enghraifft fel rhan o broses treulio gwartheg.

Mae'r cynnydd hwn yn yr effaith tŷ gwydr yn arwain at **gynhesu byd-eang**.

Oeri byd-eang oherwydd gweithgaredd folcanig

Rydyn ni'n gwybod bod gweithgaredd folcanig yn achosi newid hinsawdd. Mae echdoriadau mawr yn chwythu llwch a **sylffwr deuocsid (SO_2)** i'r **stratosffer** isaf. Mae'r cymysgedd o ludw ac SO_2 yn creu aerosol – diferion bach iawn sy'n gwasgaru golau'r haul yn ôl i'r gofod. Mae hyn yn lleihau faint o egni solar sy'n cyrraedd arwyneb y Ddaear, gan arwain at **oeri byd-eang**.

Enghraifft: Mynydd Pinatubo

Fe wnaeth Mynydd Pinatubo yn Pilipinas echdorri ar 15 Mehefin 1991:
- Cafodd 10 km^3 o ludw ei chwythu, gan atal pelydriad solar.
- Aeth 15 miliwn tunnell fetrig o SO_2 i'r stratosffer gan ffurfio haen o ddefnynnau asid sylffwrig a wnaeth amsugno a gwasgaru pelydriad solar.
- Fe wnaeth tymheredd cymedrig y byd ostwng 0.5 °C.

Cwestiynau enghreifftiol

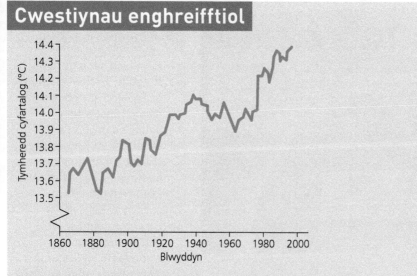

Ffigur 10 Newidiadau yn y tymheredd byd-eang, 1880–2015 (ffynhonnell: *GISS/NASA*).

1. Cyfrifwch y cynnydd yn y tymheredd byd-eang cyfartalog rhwng 1880 a 2000. [2]
2. Disgrifiwch sut mae un darn o dystiolaeth, ac eithrio tymheredd yn codi, yn awgrymu bod yr hinsawdd yn newid. [4]
3. 'Gweithredoedd pobl yw prif achos newid hinsawdd diweddar.' I ba raddau rydych chi'n cytuno â'r gosodiad hwn? [8]

Cynhesu byd-eang Patrwm lle mae'r tymheredd byd-eang yn codi

Sylffwr deuocsid (SO_2) Cyfansoddyn cemegol wedi'i greu o sylffwr ac ocsigen. Nwy gwenwynig sydd ag arogl cryf

Stratosffer Yr ail brif haen yn atmosffer y Ddaear, uwchben y troposffer

Oeri byd-eang Patrwm lle mae'r tymheredd byd-eang yn gostwng

Ffigur 9 Mynydd Pinatubo yn echdorri.

Cyngor

Fel arfer, mae cwestiynau sydd werth llai na 6 marc yn cael eu marcio gan ddefnyddio system marcio ar sail pwyntiau. Cewch 1 marc am bob pwynt perthnasol sy'n cael ei wneud. Ceisiwch ddatblygu pwyntiau i ennill marciau llawn, a defnyddiwch 'gadwyn rhesymu' i lunio eich ateb.

Profi eich hun

Sut mae gweithgareddau dynol yn effeithio ar y gylchred garbon?

PROFI

Patrymau a phrosesau'r tywydd

Beth sy'n achosi peryglon tywydd, a beth yw'r canlyniadau?

ADOLYGU

Cylchrediad byd-eang yr atmosffer

System fyd-eang o wyntoedd sy'n cludo gwres o **ledredau** (*latitudes*) trofannol i ledredau pegynol yw'r cylchrediad byd-eang:

- Mae **darheulad** (*insolation*) yn cynhesu'r Ddaear ger y cyhydedd, ac mae hyn yn gwresogi'r aer uwchben.
- Mae aer poeth yn codi, gan greu **gwasgedd isel**. Pan fydd yr aer yn cyrraedd y **tropoffin**, nid yw'n gallu mynd dim pellach ac mae'n teithio i'r gogledd ac i'r de.
- Mae'r aer hwn yn oeri ac yn mynd yn fwy trwm, ac mae'n disgyn tua 30° i'r gogledd ac i'r de, gan greu **gwasgedd uchel**.
- Yna, mae aer o'r gogledd a'r de yn dychwelyd i'r cyhydedd ac yn cwrdd mewn ardal o'r enw'r **cylchfa cydgyfeirio ryngdrofannol (CCRD)** (*ITCZ: intertropical convergence zone*).
- Mae hyn yn creu cylchrediad mawr o aer, o'r enw **cell Hadley**.
- Bydd aer yn codi unwaith eto tua 60° i'r gogledd ac i'r de ac yn disgyn eto tua 90° i'r gogledd ac i'r de, gan greu dwy gell arall llai amlwg: **cell Ferrel** a **chell Begynol**.

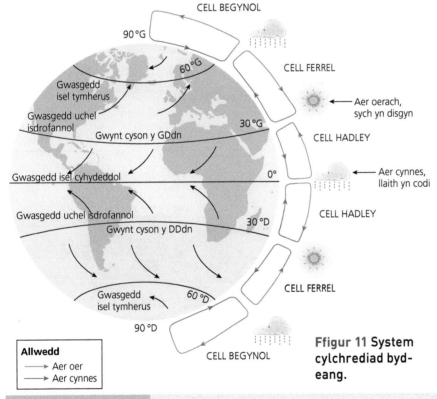

Ffigur 11 System cylchrediad byd-eang.

Lledred Mesur o leoliad i'r gogledd neu i'r de o'r cyhydedd

Darheulad Pelydriad solar sy'n cyrraedd arwyneb y Ddaear (egni sy'n cael ei dderbyn fesul cm² y funud)

Gwasgedd isel Mae aer sy'n codi yn arwain at wasgedd isel ger arwyneb y Ddaear

Tropoffin Y ffin sy'n gwahanu'r troposffer, lle mae pob tywydd yn digwydd, a'r stratosffer

Gwasgedd uchel Mae aer sy'n disgyn yn arwain at wasgedd uchel ger arwyneb y Ddaear

Cylchfa cydgyfeirio ryngdrofannol (CCRD: *ITCZ*) Cylchfa cydgyfeirio ger y cyhydedd lle mae'r gwyntoedd cyson yn cwrdd

Cell Hadley Y rhan o'r model cylchrediad aer tair cell lle mae aer yn codi ger y cyhydedd oherwydd darfudiad, yn lledaenu yn y troposffer uchaf ac yna'n suddo dros y trofannau cyn dychwelyd at y cyhydedd

Cell Ferrel Y gell lledred canol yn y model cylchrediad atmosfferig tair cell

Cell Begynol Cell yn y model cylchrediad atmosfferig tair cell

---

PROFI

Profi eich hun

Darllenwch y wybodaeth am gylchrediad byd-eang yr atmosffer. Cuddiwch y wybodaeth ar ôl i chi ei darllen. Nawr penderfynwch pa rai o'r gosodiadau canlynol sy'n wir:

1 Yn union i'r gogledd ac i'r de o'r cyhydedd, mae cell o'r enw cell Ferrel.

2 Mae aer yn codi ger y cyhydedd gan greu gwasgedd isel.

3 Mae gwyntoedd o'r gogledd a'r de yn cwrdd ger y cyhydedd mewn ardal o'r enw'r cylchfa dargyfeirio ryngdrofannol.

4 Mae aer yn codi tua 30° i'r gogledd ac i'r de o'r cyhydedd, gan greu gwasgedd uchel.

5 Mae cyfanswm o dri chylchrediad mawr o aer i'r gogledd o'r cyhydedd.

Patrymau newidiol stormydd trofannol (systemau gwasgedd isel) dros amser

Dros y byd, mae tua 80–100 **storm drofannol** yn ffurfio dros gefnforoedd trofannol bob blwyddyn. Maen nhw'n datblygu yn dilyn patrwm tymhorol blynyddol. Yn hemisffer y gogledd, mae'r rhan fwyaf o stormydd trofannol yn digwydd rhwng mis Mehefin a mis Tachwedd, gan gyrraedd uchafbwynt ym mis Medi. Yn hemisffer y de, mae'r tymor yn para rhwng mis Tachwedd a mis Ebrill.

Mae tystiolaeth o newidiadau tymor hir yn amlder a maint stormydd trofannol, o ganlyniad i newid hinsawdd, yn destun ymchwil ar hyn o bryd. Mae peth tystiolaeth yn awgrymu cynnydd diweddar mewn stormydd trofannol. Mae pobl eraill yn dadlau bod amrywiadau – o ran rhanbarthau ac amser – yn rhan o gylchredau naturiol.

Sut mae systemau gwasgedd isel yn arwain at beryglon tywydd

Mae systemau gwasgedd isel trofannol ymhlith y systemau tywydd mwyaf pwerus a dinistriol ar y Ddaear. Mewn rhannau gwahanol o'r byd, mae stormydd trofannol (systemau gwasgedd isel) yn cael eu galw yn gorwyntoedd, teiffwnau neu seiclonau.

Mae stormydd trofannol yn ffurfio dros foroedd trofannol, pan fydd tymheredd y môr yn uwch na 27 °C. Maen nhw'n symud i'r gorllewin, yn gallu teithio 600 km y diwrnod ac mae buanedd y gwynt yn gallu cyrraedd dros 120 km yr awr. Maen nhw'n achosi glawiad trwm, sy'n gallu arwain at lifogydd difrifol, ac maen nhw'n gostegu wrth gyrraedd y tir. Mae gwyntoedd uchel a gwasgedd isel yn creu tonnau mawr ac **ymchwydd storm** (*storm surge*) sy'n gallu achosi llifogydd mewn ardaloedd arfordirol.

> **Storm drofannol** System tywydd gwasgedd isel ddifrifol sy'n datblygu dros ardaloedd arforol trofannol
>
> **Ymchwydd storm** Pan fydd dŵr yn gwthio yn erbyn morlin ar lefelau anarferol o uchel, fel arfer o ganlyniad i gyfuniad o wasgedd isel eithafol a gwyntoedd yn gwthio'r dŵr i arwedd gul (*narrowing feature*) fel bae neu foryd

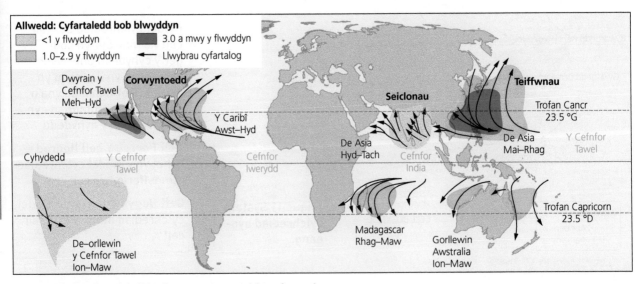

Ffigur 12 Dosbarthiad byd-eang stormydd trofannol.

Profi eich hun

1 Beth yw'r enw cyffredinol sy'n cael ei roi ar stormydd trofannol sy'n effeithio ar y Caribî?
2 Disgrifiwch ddosbarthiad ardaloedd y byd y mae stormydd trofannol yn effeithio arnyn nhw.
3 Esboniwch pam mae'r rhan fwyaf o stormydd trofannol yn digwydd rhwng mis Mehefin a mis Tachwedd yn hemisffer y gogledd a rhwng mis Tachwedd a mis Ebrill yn hemisffer y de.

Enghraifft: perygl gwasgedd isel – seiclon trofannol Pam

Ym mis Mawrth 2015, rhwygodd seiclon trofannol Pam drwy gadwyn ynysoedd Vanuatu, de'r Cefnfor Tawel. Roedd Pam yn seiclon categori 5, ac roedd buanedd y gwynt wedi cyrraedd dros 250 km yr awr.

Effeithiau cymdeithasol, amgylcheddol ac economaidd	Ymatebion
Cafodd 11 o bobl eu lladd	Cafodd cymorth brys ei anfon o Awstralia, Fiji, Ffrainc, Seland Newydd a'r DU
Collodd 90,000 o bobl eu cartrefi	Gwnaethpwyd gwaith atgyweirio i ddarparu dŵr yfed glân
Cafodd ysbytai ac ysgolion eu dinistrio gan y gwyntoedd	Cafodd blancedi eu rhoi i bobl ddigartref i'w cadw nhw'n gynnes
Cafodd 80 y cant o gnydau **ymgynhaliol** eu difetha	Cafodd 153 o ysgolion dros dro eu sefydlu
Fe wnaeth ymchwydd storm achosi llifogydd mewn ardaloedd arfordirol; cafodd ffynhonnau dŵr croyw eu halogi gan ddŵr môr	Cyrhaeddodd timau meddygol o dramor; cafodd 19,000 o blant eu brechu rhag y frech goch

Enghraifft: monsŵn De Asia

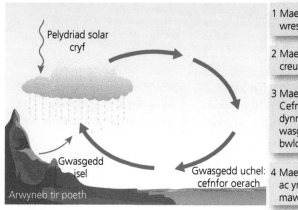

1 Mae'r tir yn cael ei wresogi gan egni solar cryf.

2 Mae'r aer yn codi ac yn creu ardal o wasgedd isel.

3 Mae aer llaith uwchben Cefnfor India yn cael ei dynnu i'r ardal o wasgedd isel i lenwi'r bwlch.

4 Mae'r lleithder yn cyddwyso ac yn ffurfio cymylau glaw mawr ac uchel.

Pelydriad solar cryf

Gwasgedd isel

Arwyneb tir poeth

Gwasgedd uchel: cefnfor oerach

Ffigur 13 Cylchrediad yr atmosffer uwchben De Asia yn ystod mis Gorffennaf.

Yn Ne Asia, gall effeithiau stormydd trofannol fod yn waeth oherwydd hinsawdd monsŵn. Ym mis Gorffennaf 2015, cafodd dros 200 o bobl eu lladd a chollodd dros 1 miliwn eu cartrefi pan gafodd y rhanbarth ei daro gan seiclon Komen.

Un o nodweddion hinsawdd monsŵn yw'r newid tymhorol yng nghyfeiriad y **prifwyntoedd** sy'n arwain at dymhorau gwlyb a sych amlwg. Yn Ne Asia, mae'r CCRD yn symud i gyfeiriad y gogledd ar draws India yn ystod mis Gorffennaf. Mae gwasgedd isel yn datblygu dros Asia sy'n tynnu aer i mewn o Gefnfor India, gan arwain at law trwm. Yn ystod gaeaf hemisffer y gogledd, mae ardal fawr o wasgedd uchel yn datblygu dros Asia, gan wthio aer oer a sych i'r de, sy'n dod â thymor sych i'r rhanbarth.

Ymgynhaliol System ffermio lle mae ffermwyr yn cynhyrchu digon i gynnal eu hunain a'u teuluoedd yn unig

Prifwynt Y cyfeiriad y mae'r gwynt yn chwythu ohono yn fwyaf aml mewn lle penodol

Gweithgaredd adolygu

Dychmygwch eich bod chi'n byw mewn ardal y mae corwyntoedd yn effeithio arni. Dyfeisiwch 'Gynllun Gweithredu Corwyntoedd'.

● Trafodwch y math o beryglon allai effeithio ar eich teulu chi.
● Nodwch y lleoedd mwyaf diogel yn eich cartref neu yn eich cymuned ar gyfer pob perygl.
● Penderfynwch ar fan cyfarfod a'r camau y bydd rhaid i chi eu cymryd ar ôl i'r storm fynd heibio.
● Meddyliwch am slogan ar gyfer eich cyngor lleol a fydd yn helpu pobl.

Dosbarthiad byd-eang ardaloedd y mae tonnau gwres a sychder yn effeithio arnyn nhw

Mae **ton wres** yn gyfnod hirach o dywydd poeth na'r amodau sy'n ddisgwyliedig ar yr adeg honno o'r flwyddyn. Fel arfer, mae'n gysylltiedig â gwasgedd uchel, sydd wedi aros yn sefydlog dros ardal. Mae ymchwil y Swyddfa Dywydd yn dangos bod tonnau gwres bellach ddeg gwaith yn fwy tebygol yn Ewrop nag yr oedden nhw cyn y flwyddyn 2000.

> **Ton wres** Cyfnod hirach o dywydd poeth na'r amodau sy'n ddisgwyliedig ar yr adeg honno o'r flwyddyn

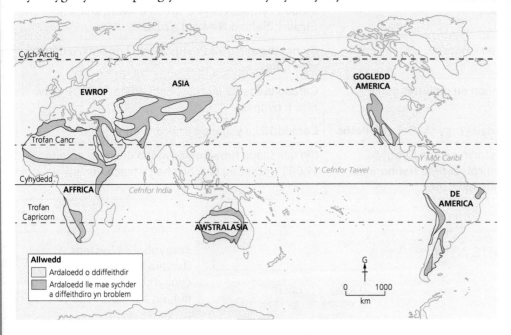

Ffigur 14 Lleoliad ardaloedd allweddol o sychder ers 2000.

Diffyg dyodiad mewn ardal am gyfnod hir iawn yw **sychder**. Yn aml, gall bara misoedd, neu hyd yn oed flynyddoedd. Gall sychder ddigwydd yn unrhyw le, ond yn ystod y degawdau diwethaf mae'r achosion mwyaf difrifol wedi bod yn:

> **Sychder** Diffyg dyodiad mewn ardal am gyfnod hir iawn

- Awstralia
- De America – Brasil
- Affrica – y Sahel (i'r de o Ddiffeithwch Sahara)
- Asia – ardaloedd yn China ac India
- y Môr Canoldir.

Mae disgwyl y bydd newid hinsawdd yn arwain at achosion mwy aml a mwy difrifol o sychder.

Sut mae systemau gwasgedd uchel yn arwain at beryglon tywydd

Mae gwasgedd uchel yn arwain at wyntoedd ysgafn, tywydd sych ac weithiau sychder. Mae cyfnodau o sychder yn datblygu yn araf, dros ardal eang, ac mae'n aml yn anodd dweud pryd byddan nhw'n dechrau ac yn gorffen. Maen nhw'n cael eu hachosi gan y canlynol:

- diffyg glawiad
- amgylchedd, pridd neu graigwely sydd ddim yn gallu storio na chadw dŵr yn dda
- tywydd poeth sy'n cynyddu anweddiad dŵr.

Cwestiwn enghreifftiol

Esboniwch pam mae systemau gwasgedd isel trofannol yn cael eu disgrifio fel y peryglon tywydd mwyaf dinistriol. [6]

Cyngor

Nodwch y termau allweddol mewn cwestiwn, a chynlluniwch eich ateb i roi sylw i bob un ohonyn nhw. Y termau allweddol yn y cwestiwn hwn yw 'systemau gwasgedd isel trofannol', 'perygl tywydd', a 'dinistriol'. Gallech chi rannu eich ateb yn dri pharagraff, a phob un yn rhoi sylw i un term allweddol.

Enghraifft: perygl gwasgedd uchel – sychder yn California

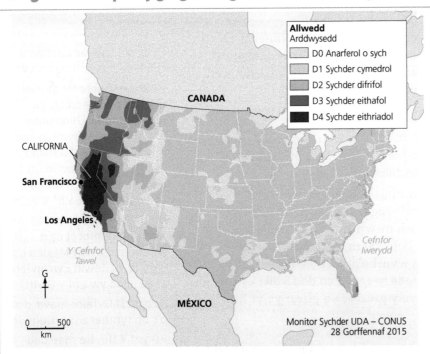

Allwedd
Arddwysedd

- D0 Anarferol o sych
- D1 Sychder cymedrol
- D2 Sychder difrifol
- D3 Sychder eithafol
- D4 Sychder eithriadol

CANADA

CALIFORNIA

San Francisco

Los Angeles

Y Cefnor Tawel

MÉXICO

Cefnfor Iwerydd

Monitor Sychder UDA – CONUS
28 Gorffennaf 2015

0 500 km

Ffigur 15 Lefelau sychder ar draws UDA ym mis Gorffennaf 2015.

Cafodd California dair blynedd o sychder rhwng 2012 a 2015. Roedd ardal o wasgedd uchel yn atal ardaloedd o wasgedd isel rhag dod â glawiad gaeaf.

Effeithiau cymdeithasol, amgylcheddol ac economaidd	Ymatebion
Roedd lefelau isel afonydd yn golygu bod gorsafoedd pŵer trydan dŵr wedi rhoi'r gorau i gynhyrchu trydan	Cyfyngiadau dŵr gorfodol, gan gynnwys gwahardd dyfrio gerddi a golchi ceir
Mae California fel arfer yn tyfu hanner ffrwythau a llysiau UDA. Fe wnaeth y cnydau fethu, gan arwain at brinder a chynnydd mewn prisiau	Toiledau, peiriannau golchi a chawodydd sy'n gorfod defnyddio technolegau modern, sy'n defnyddio llai o ddŵr
Cafodd 17,000 o swyddi amaethyddol eu colli	Lleihad yng nghyfanswm y trydan a oedd yn cael ei gynhyrchu gan bŵer trydan dŵr
Roedd eog a brithyll yn marw wrth i lefelau afonydd ostwng ac wrth i dymheredd y dŵr godi	Buddsoddi mewn ffatrïoedd dihalwyno sy'n tynnu halen o ddŵr môr
Ni chafodd cyflenwadau dŵr daear eu hailgyflenwi. Gallai hyn gael effaith hirdymor ddifrifol ar ffermio, sy'n dibynnu ar y dŵr hwn i ddyfrhau cnydau	Ffermwyr yn dechrau tyfu cnydau sydd ddim angen cymaint o ddŵr

Gweithgaredd adolygu

Gwnewch astudiaeth achos Pum Cwestiwn Aur ar sychder California. Mae'r atebion i'r Pum Cwestiwn Aur yn cael eu hystyried yn atebion sylfaenol wrth gasglu gwybodaeth neu ddatrys problemau. Maen nhw'n gweithio fel fformiwla i gael y stori gyfan am bwnc.
- **Beth** ddigwyddodd?
- **Pryd** digwyddodd hyn?
- **Ble** digwyddodd hyn?
- **Pam** digwyddodd hyn?
- **Pwy** y mae hyn yn cael effaith arno?

Dylech chi roi ateb ffeithiol i bob cwestiwn. Defnyddiwch y wybodaeth rydych chi wedi ei chasglu i ysgrifennu adroddiad papur newydd am sychder California.

Profi eich hun

1 Nodwch leoliad ynysoedd Vanuatu yn y Cefnor Tawel a thalaith California yn UDA ar fap gwag o'r byd.
2 Rhowch dair o effeithiau'r perygl gwasgedd isel yn Vanuatu a thair o effeithiau'r perygl gwasgedd uchel yn California.

PROFI

Pa ffactorau sy'n creu amrywiadau yn y tywydd a'r hinsawdd yn y DU?

ADOLYGU

Mae'r gair 'tywydd' yn disgrifio'r amodau atmosfferig ar amser ac mewn lleoliad penodol. Mae'r amodau hyn yn cynnwys tymheredd, **dyodiad**, gwynt a heulwen. Hinsawdd yw'r amodau tywydd ar gyfartaledd, wedi'u mesur dros gyfnod hir o amser (o leiaf 30 mlynedd).

Pa ffactorau sy'n effeithio ar hinsawdd y DU?

Mae gan y DU **hinsawdd arforol dymherus** (*temperate maritime climate*) ac mae lledred a'r môr yn cael dylanwad mawr arni. Mae prifwynt y DU yn dod o'r de-orllewin. Mae'n dod â lleithder a glawiad aml.

Mae'r ffactorau sy'n cael effaith ar yr hinsawdd yn cynnwys:

- lledred: mae'r tymheredd yn oerach yng ngogledd y DU nag yn y de
- uchder: mae'r tymheredd yn oerach mewn ardaloedd mynyddig. Mae'r tymheredd yn gostwng 1 °C am bob 200 m o uchder
- agwedd (*aspect*): mae llethrau sy'n wynebu'r de yn gynhesach
- cerynt cefnforol: mae **Drifft Gogledd Iwerydd** yn dod â dŵr cynhesach ac yn cadw'r hinsawdd yn fwyn yn y gaeaf ac yn glaear yn yr haf.

Effaith hinsawdd arforol a chyfandirol

Mae cyfeiriad y gwynt yn dod ag **aergyrff** (*air masses*) gwahanol i'r DU, sy'n cael effaith bwysig ar y tywydd:

- mae aergorff o'r gogledd-orllewin yn dod ag aer pegynol-arforol: claear a chawodlyd
- mae aergorff o'r de-orllewin yn dod ag aer trofannol-arforol: mwyn a gwlyb
- mae aergorff o'r de-ddwyrain yn dod ag aer trofannol-gyfandirol: poeth a sych
- mae aergorff o'r dwyrain yn dod ag aer pegynol-gyfandirol: poeth yn yr haf ac oer yn y gaeaf
- mae aergorff o'r gogledd yn dod ag aer Arctig: oer yn y gaeaf, gydag eira.

Mae gorllewin y DU yn cael hinsawdd fwy arforol na'r dwyrain, yn enwedig yn ystod misoedd y gaeaf.

Tywydd sy'n gysylltiedig â gwasgedd isel

- Mae systemau gwasgedd isel, neu ddiwasgeddau (*depressions*), yn dod â thywydd cymylog, gwlyb a gwyntog. Maen nhw'n aml yn effeithio ar y DU, yn enwedig yn ystod misoedd y gaeaf.
- Mae diwasgeddau yn dechrau yng Nghefnfor Iwerydd, gan symud i'r dwyrain ar draws y DU.
- Fel arfer, mae'r gwasgedd isel yn cynnwys **ffrynt** lle mae un aergorff yn codi uwchben y llall.
- Wrth i aer godi ac oeri, mae anwedd dŵr yn cyddwyso i ffurfio cymylau a dyodiad.

Tywydd sy'n gysylltiedig â gwasgedd uchel

- Mae ardaloedd gwasgedd uchel neu antiseiclonau yn dod â gwyntoedd ysgafn ac amodau sefydlog heb gymylau.
- Yn yr haf, mae antiseiclonau fel arfer yn dod â thywydd sych a phoeth, sy'n gallu arwain at sychder. Gallai aer cynnes sy'n codi'n gyflym achosi **glawiad darfudol** (*convectional rainfall*) a mellt a tharanau.
- Yn y gaeaf, mae awyr glir yn dod â nosweithiau oer ac efallai rhew a niwl.

Dyodiad Dŵr ar unrhyw ffurf, sy'n syrthio o'r awyr

Hinsawdd arforol dymherus Ei phrif nodweddion yw diffyg amodau hinsoddol eithafol, gyda thymheredd mwyn yn y gaeaf a hafau cynnes; mae glawiad aml ond nid eithafol; i'w chael rhwng 23.5° a 66.5° o ledred

Drifft Gogledd Iwerydd Cerrynt cefnforol sy'n ymestyn o Gwlff México i ogledd-orllewin Ewrop (enw arall arno yw Llif y Gwlff)

Aergyrff Cyfaint mawr o aer o'r un tymheredd a lleithder

Ffrynt Y ffin lle mae dau aergorff yn cwrdd

Glawiad darfudol Pan fydd y tir yn cynhesu ac yn cynhesu'r aer uwch ei ben, gan achosi i'r aer ehangu a chodi. Wrth i'r aer godi, mae'n oeri ac yn cyddwyso, ac mae cymylau mawr cwmwlonimbws yn ffurfio gan arwain at lawiad trwm. Mae'r math hwn o lawiad yn gyffredin mewn ardaloedd trofannol

---

Microhinsawdd drefol

- Ynysoedd gwres trefol: mae'r rhain yn digwydd o ganlyniad i'r gwres sy'n cael ei ryddhau a'i adlewyrchu oddi ar adeiladau, a'r gwres sy'n cael ei amsugno gan goncrit, brics a tharmac yn ystod y dydd, a'i ryddhau yn y nos.
- Dyodiad trefol: yn ystod misoedd yr haf, gallai'r gwres ychwanegol sy'n cael ei gynhyrchu achosi i aer godi, sy'n arwain at stormydd glaw darfudol.
- Gwyntoedd trefol: mae ardaloedd trefol yn llai gwyntog na'r ardaloedd gwledig o'u cwmpas.

Ffactorau sy'n dylanwadu ar ficrohinsawdd

Microhinsawdd yw hinsawdd ardal fach, fel gardd, dyffryn neu ddinas.
Yn y DU, mae microhinsoddau nodedig yn cynnwys:

- uwchdiroedd
- arfordiroedd
- coedwigoedd
- ardaloedd trefol.

Gweithgaredd adolygu

Cwblhewch y tabl isod i esbonio glawiad ffrynt:

Rhif	Esboniad
1	Mae aer cynnes yn ysgafnach nag aer oer, ac mae'n codi uwchben yr aer oerach.
2	
3	

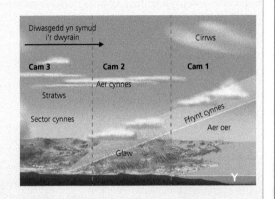

Ffigur 16 **Tywydd ffrynt cynnes.**

Profi eich hun

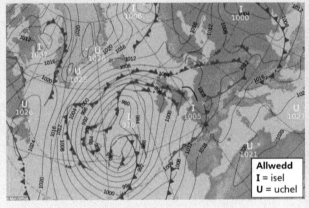

Ffigur 17 **Y tywydd ar 20 Hydref 2014.**

Defnyddiwch dystiolaeth o'r llun lloeren a'r map tywydd i ysgrifennu rhagolygon tywydd y DU ar gyfer 20 Hydref 2014.

Cwestiwn enghreifftiol

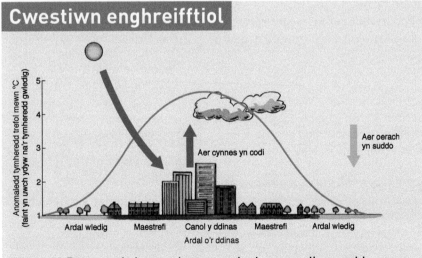

Ffigur 18 **Pam mae'n bwrw glaw yn amlach mewn dinasoedd.**

Anodwch y diagram i esbonio sut mae'r tymheredd a'r glawiad yn wahanol mewn ardaloedd trefol o'u cymharu ag ardaloedd gwledig. [4]

Cyngor

Ystyr labelu yw enwi rhywbeth, er enghraifft 'aer cynnes yn codi'. Ystyr anodi yw esbonio eich pwynt ymhellach, er enghraifft 'mae aer cynnes yn codi gan arwain at gynnydd mewn glawiad darfudol'.

Thema 5 Tywydd, Hinsawdd ac Ecosystemau

Allwedd
I = isel
U = uchel

Diwasgedd yn symud i'r dwyrain
Cirrws
Cam 3
Cam 2
Cam 1
Aer cynnes
Stratws
Sector cynnes
Ffrynt cynnes
Aer oer
Glaw

Anomaledd tymheredd trefol mewn °C (faint yn uwch ydyw na'r tymheredd gwledig)
Aer cynnes yn codi
Aer oerach yn suddo
Ardal wledig
Maestrefi
Canol y ddinas
Maestrefi
Ardal wledig
Ardal o'r ddinas

Prosesau a rhyngweithiadau o fewn ecosystemau

Ble ceir ecosystemau ar raddfa fawr?

ADOLYGU

Gall ecosystemau fodoli ar bob math o raddfeydd gwahanol, o bwll glan môr i systemau byd-eang fel coedwig law drofannol.

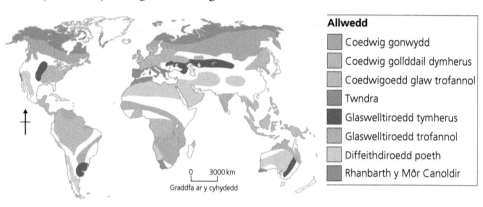

Allwedd

- Coedwig gonwydd
- Coedwig gollddail dymherus
- Coedwigoedd glaw trofannol
- Twndra
- Glaswelltiroedd tymherus
- Glaswelltiroedd trofannol
- Diffeithdiroedd poeth
- Rhanbarth y Môr Canoldir

0   3000 km

Graddfa ar y cyhydedd

Ffigur 19 Dosbarthiad byd-eang y biomau mwyaf.

Nodweddion ecosystemau graddfa fawr

Mae **bïom** neu **ecosystem** graddfa fawr yn datblygu dros gyfnod hir iawn o amser. Hinsawdd yw'r ffactor pwysicaf sy'n pennu ei ddosbarthiad:

- Glawiad: mae amlder y glawiad a'r patrymau tymhorol yn allweddol i ddosbarthiad pob bïom, er enghraifft mae man sy'n cael llai na 25 cm o law bob blwyddyn yn cael ei ddisgrifio fel diffeithdir.
- Tymheredd: pan fydd y glawiad yn ddibynadwy ac wedi'i ddosbarthu'n gyfartal drwy gydol y flwyddyn, yna y tymheredd yw'r ffactor pwysicaf, er enghraifft mae gan fynyddoedd ecosystem nodedig iawn gan fod y tymheredd yn gostwng 1 °C am bob 200 m o uchder.

Mae tirwedd, daeareg a phriddoedd yn ffactorau pwysig eraill yn nosbarthiad biomau. Ymhlith yr enghreifftiau mae:

- Coedwig law drofannol: wedi'i lleoli ar bob ochr i'r cyhydedd lle mae amodau poeth a gwlyb yn annog planhigion i dyfu'n barhaus.
- Coedwig gollddail dymherus: mae tymor poeth ac oer yn golygu bod coed yn colli eu dail yn ystod yr hydref i arbed egni.
- Coedwig gonwydd (taiga): gan ei bod hi mor oer yn y gaeaf mae'r coed wedi esblygu dail tebyg i nodwyddau er mwyn goroesi'r rhew a pheidio â cholli gormod o leithder.

> **Ecosystem** Y cysylltiadau rhwng planhigion, anifeiliaid a phethau anfyw o'u cwmpas, fel creigiau, pridd, dŵr a hinsawdd
>
> **Bïom** Ecosystem graddfa fawr lle mae'r hinsawdd, y llystyfiant a'r priddoedd yr un fath yn gyffredinol o fewn yr un ardal

Profi eich hun

Dychmygwch eich bod chi'n gynhyrchydd teledu sy'n gwneud rhaglen am blanhigion ac anifeiliaid y DU. Ysgrifennwch gyflwyniad ar gyfer cyflwynydd y rhaglen am ecosystem coedwig gollddail dymherus.

PROFI

Gweithgaredd adolygu

Lluniadwch dabl pedair colofn ar gerdyn A5, fel y tabl isod. Gwnewch ragor o waith ymchwil i gwblhau'r tabl, gan roi ffeithiau pwysig am bob un o'r biomau sydd wedi'u nodi ar y map uchod. Mae'r bïom cyntaf wedi'i gwblhau fel enghraifft:

Bïom	Dosbarthiad	Hinsawdd	Planhigion ac anifeiliaid
Coedwig gonwydd	I'w gweld rhwng 50° a 60° i'r gogledd o'r cyhydedd ac mewn ardaloedd mynyddig	Gaeafau hir, tymheredd yn gostwng yn is o lawer na'r rhewbwynt. Eira trwm	Coed conwydd fel pinwydd ac anifeiliaid fel ceirw

Cwestiynau enghreifftiol

1 Defnyddiwch y map uchod i ddisgrifio dosbarthiad bïom coedwig law drofannol.   [4]

2 Rhowch ddwy o nodweddion hinsawdd ecosystem coedwig law drofannol.   [4]

Beth yw prosesau allweddol ecosystemau?

Prosesau a pherthnasoedd sy'n cysylltu rhannau byw ac anfyw ecosystemau

Mae rhannau byw (biotig) ac anfyw (anfiotig) ecosystem yn gyd-ddibynnol. Os bydd un rhan o'r ecosystem yn newid, yna bydd yr ecosystem gyfan yn newid. Mae pobl yn cael mwy a mwy o effaith ar ecosystemau naturiol.

Olyniaeth

Mae ecosystemau yn datblygu dros gyfnod o amser drwy broses o'r enw olyniaeth:

- Bydd rhywogaethau arloesol (*pioneer species*) gwydn yn dechrau tyfu ar ddarn o dir noeth.
- Bydd creigiau sydd wedi'u hindreulio a phlanhigion sy'n pydru yn cynyddu'r cyflenwad o faetholion, gan alluogi planhigion newydd i dyfu, sy'n cynnal pryfed ac anifeiliaid.
- Bydd y pridd yn mynd yn ddyfnach, gan alluogi planhigion mwy i fyw yn yr ardal, a galluogi mwy o amrywiaeth o blanhigion.
- Dros amser, bydd rhywogaeth drechol, fel coed derw, yn tyfu ar y safle, a bydd yr olyniaeth yn gyflawn. Mae'r ecosystem wedi sicrhau rhyw fath o gydbwysedd ac er bod llawer o newidiadau pob dydd, mae'r gymysgedd gyffredinol o rywogaethau o blanhigion ac anifeiliaid yn aros yn sefydlog. Dyma'r gymuned uchafbwyntiol (*climax community*).

Mae prosesau pwysig mewn ecosystem yn cynnwys y gylchred garbon (gweler tudalen 76), **y gylchred ddŵr, y gylchred faetholion** a **gwe fwyd**. Y mwyaf o ddŵr, maetholion ac egni sydd ar gael, y mwyaf fydd nifer ac amrywiaeth y planhigion a'r anifeiliaid sy'n gallu cael eu cynnal.

Y gylchred ddŵr Symudiad dŵr rhwng y storfeydd dŵr yn yr hydrosffer, y lithosffer, yr atmosffer a'r biosffer

Y gylchred faetholion Symudiad maetholion yn yr ecosystem rhwng y storfeydd yn yr hydrosffer, y lithosffer, yr atmosffer a'r biosffer

Gwe fwyd Y system o gadwyni bwyd sy'n plethu i'w gilydd ac sy'n gyd-ddibynnol

Trwytholchi Y broses o olchi maetholion hydawdd o'r pridd

Cadwyn fwyd Y rhyng-gysylltiadau rhwng organebau gwahanol (planhigion ac anifeiliaid) sy'n dibynnu ar ei gilydd fel ffynonellau bwyd

Y gylchred ddŵr

Y gylchred ddŵr yw taith dŵr wrth iddo symud o'r tir i'r awyr ac yn ôl. Mae'n dilyn cylchred o anweddiad, cyddwysiad a dyodiad. Ar y daith hon, mae planhigion ac anifeiliaid yn ei ddefnyddio.

Y gylchred faetholion

Mae maetholion yn cael eu storio mewn dŵr, mewn creigiau ac yn yr atmosffer, ac maen nhw'n llifo drwy ecosystem mewn cylchred:

- mae craig sydd wedi'i hindreulio yn rhyddhau maetholion i'r pridd
- mae glawiad yn ychwanegu dŵr at y pridd
- mae planhigion yn amsugno'r maetholion drwy eu gwreiddiau a'u dail
- mae llysysyddion (*herbivores*) yn cael eu maetholion drwy fwyta planhigion
- mae planhigion ac anifeiliaid yn marw ac mae bacteria a ffyngau yn eu dadelfennu
- mae maetholion yn cael eu dychwelyd i'r pridd.

Mae'n bosibl y bydd **trwytholchi** (*leaching*) yn cael gwared ar faetholion o'r system, a gall maetholion gael eu golchi i ffwrdd mewn dŵr ffo arwyneb.

Gweoedd bwyd

- Yr Haul yw ffynhonnell yr holl egni ar gyfer bywyd ar y Ddaear. Mae'n rhoi egni gwres a golau.
- Mae planhigion (cynhyrchwyr) yn troi egni gan yr Haul yn fwyd drwy broses o'r enw ffotosynthesis.
- Mae llysysyddion (ysyddion cynradd) yn bwyta'r planhigion.
- Mae cigysyddion (*carnivores*) (ysyddion eilaidd) yn bwyta'r llysysyddion, felly mae egni yn symud drwy'r **gadwyn fwyd**.
- Mae cadwynau bwyd yn cysylltu i greu gwe fwyd.
- Mae nifer yr organebau byw yn lleihau ar bob cam o'r gadwyn fwyd wrth i egni gael ei golli, wrth iddo gael ei ddefnyddio i drydarthu, symud ac anadlu.

Enghraifft: bïom ecosystem coedwig law

Mae coedwigoedd glaw trofannol i'w cael ar hyd y cyhydedd mewn ardaloedd fel Brasil, Congo a De Ddwyrain Asia.

- Maen nhw'n gorchuddio tua 6 y cant o gyfanswm arwynebedd y tir.
- Maen nhw'n cynnwys yr amrywiaeth mwyaf eang a'r nifer mwyaf o blanhigion ac anifeiliaid ar y Ddaear.
- Mae'r tymor tyfu yn barhaus. Yn aml, mae glawiad yn fwy na 2000 mm bob blwyddyn, ac mae'r tymheredd yn uchel, 25 °C ar gyfartaledd.
- Mae'r llystyfiant wedi'i rannu yn haenau: coed ymwthiol, canopi, is-ganopi, llwyni a haen y ddaear.

Cylchred faetholion coedwig law

- Mae'r gylchred faetholion mewn coedwig yn fregus iawn: mae tua 80 y cant o faetholion coedwig law yn dod o goed a phlanhigion, a dim ond 20 y cant o'r maetholion sy'n cael eu storio yn y pridd.
- Mae'r amodau poeth a llaith yn golygu bod dail sy'n disgyn yn dadelfennu yn gyflym. Mae hyn yn darparu digonedd o faetholion sy'n cael eu hamsugno yn hawdd gan wreiddiau planhigion.
- Mae galw mawr am y maetholion gan blanhigion y goedwig law, sy'n tyfu yn gyflym. Dydyn nhw ddim yn aros yn y pridd yn hir, ac maen nhw'n aros yn agos at arwyneb y pridd.
- Mae ysyddion (*consumers*), sef llysysyddion, yn bwyta planhigion. Pan fyddan nhw'n marw, bydd dadelfenyddion yn dychwelyd y maetholion i'r pridd. Bydd y maetholion yn cael eu hailgylchu yn gyflym.

Cylchred ddŵr coedwig law

- Mae gwreiddiau planhigion yn mynd â dŵr o'r ddaear ac mae glaw yn cael ei atal wrth iddo ddisgyn, llawer ohono ar lefel y canopi.
- Wrth i'r goedwig law gynhesu, mae'r dŵr yn anweddu i'r atmosffer, ac ynghyd â thrydarthiad, yn ffurfio cymylau i greu glawiad darfudol y diwrnod nesaf.
- Mae'r goedwig yn storfa dda o ddŵr rhwng pob glawiad.

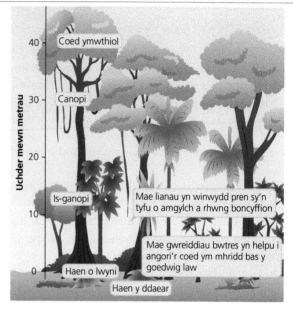

Ffigur 20 Strwythur coedwig law.

- Mae'r glawiad yn bwydo rhai o'r afonydd mawr sy'n gadael y coedwigoedd hyn, fel Afon Amazonas.

Cylchred garbon coedwig law

- Yn ystod ffotosynthesis, mae planhigion yn amsugno CO_2 o'r atmosffer.
- Mae systemau dail coedwigoedd glaw yn cyfrif am tua 70 y cant o gyfanswm arwynebedd arwyneb dail y byd, ac yn cyfrif am rhwng 30 a 50 y cant o gyfanswm cynhyrchedd cynradd y Ddaear. Mae coedwigoedd glaw yn storio mwy o garbon fesul arwynebedd uned nag unrhyw fath arall o ecosystem.
- Pan fydd planhigyn yn resbiradu neu'n marw, bydd y carbon yn y planhigyn yn cael ei ryddhau yn ôl i'r amgylchedd. Mae rhai planhigion yn cael eu bwyta gan lysysyddion, a allai yn eu tro, gael eu bwyta gan lysysyddion. Yna bydd carbon yn cael ei ryddhau pan fydd yr anifail yn resbiradu neu'n marw.
- Mae'r pridd yn dod yn storfa bwysig o garbon o'r planhigion a'r anifeiliaid marw.
- Mae coedwigoedd trofannol yn hollbwysig yng nghylchred garbon y blaned. Pan fydd coedwigoedd yn cael eu clirio a'u llosgi, collir 30–60 y cant o'r carbon i'r atmosffer.

Gweithgaredd adolygu

1 Cwblhewch set o 10 o gardiau fflach gyda chwestiynau ac atebion am y ffyrdd y mae planhigion ac anifeiliaid wedi addasu i fywyd mewn coedwig law. Nawr, gwnewch yr un peth ar gyfer bywyd mewn glaswelltir safana.

2 Defnyddiwch ddiagram swigen ddwbl fel yr un ar dudalen 32 i gymharu ecosystem coedwig law ag ecosystem glaswelltir safana. Cymharwch eu lleoliad, eu hinsawdd ac enghreifftiau o blanhigion ac anifeiliaid yn addasu.

Enghraifft: bïom glaswelltir safana

Mae glaswelltiroedd safana mewn band eang yn y trofannau tua 5–15° i'r gogledd ac i'r de o'r cyhydedd, rhwng y coedwigoedd glaw trofannol a diffeithdiroedd poeth yr isdrofannau, mewn gwledydd fel Brasil, Tanzania, India a gogledd Awstralia.

- Mae gan yr hinsawdd dymor gwlyb a sych pendant. Mae'r tymor gwlyb yn ystod 'yr haf' pan fydd glaw darfudol trwm. Mae'r tymheredd yn uchel drwy gydol y flwyddyn, gan amrywio o 23 i 28 °C.
- Mae'r llystyfiant yn cynnwys coed gwasgaredig, llwyni sy'n gwrthsefyll sychder a gwair/glaswellt sy'n gallu tyfu hyd at 4 m o uchder.
- Mae sychder a thân yn pennu pa rywogaethau sy'n goroesi; felly **seroffytau** a **pyroffytau** yw'r planhigion.
- Mae safana yn cynnwys amrywiaeth enfawr o blanhigion, pryfed, adar ac anifeiliaid. Mae'r **bioamrywiaeth** hwn yn gwneud tiroedd safana yn gyrchfan boblogaidd i dwristiaid.

Cylchred faetholion safana

- Mae'r storfa o faetholion yn y biomas yn llai na'r storfa mewn coedwig law oherwydd y tymor tyfu byrrach, ac am fod tân yn dychwelyd carbon i'r atmosffer.
- Mae maetholion yn cael eu storio ger arwyneb y pridd gan eu bod yn dod o ddefnydd organig sydd wedi pydru (llystyfiant) o'r tymor tyfu blaenorol. Mae'r defnydd organig hwn yn pydru yn gyflym oherwydd y tymheredd uchel.
- Mae tân yn chwarae rhan flaenllaw, boed yn dân naturiol neu wedi'i greu gan bobl, oherwydd mae'n helpu i gynnal safana fel cymuned laswellt. Mae'n rhoi mwynau yn yr haen o ddail marw, yn lladd chwyn ac yn atal coed rhag tyfu.
- Termitiaid yw'r ailgylchwyr maetholion pwysicaf, wrth iddyn nhw gasglu'r llystyfiant a'i brosesu mewn un man. Mae twmpathau'r termitiaid yn dod yn fan poeth i faetholion.

Cylchred ddŵr safana

- Mae safana yn cael cyfnodau aml o sychder sy'n para 4–8 mis bob blwyddyn.
- Yn ystod y cyfnod sych (*xeropause*), mae gweithgarwch planhigion (tyfu, marw, dadelfennu) yn parhau, ond mae'n digwydd yn llawer arafach.
- Mae'r gallu i wrthsefyll sychder yn fwy pwysig i lystyfiant safana na'r gallu i wrthsefyll tân.
- Mae dargyfeirio dŵr ar gyfer twristiaid yn ecsbloetio cronfeydd dŵr lleol, gan olygu bod dŵr yn brin i blanhigion ac anifeiliaid. Weithiau, mae gwestai i dwristiaid yn taflu gwastraff i afonydd.

Cylchred garbon safana

- Mae safanau trofannol yn gorchuddio tua 20 y cant o arwyneb tir y Ddaear, ac er bod gan safana lai o goed a storfeydd carbon na choedwig law neu goedwig dymherus, mae ehangder safanau yn golygu eu bod nhw'n arwyddocaol yn y gylchred garbon fyd-eang.
- Mae tanau gwylltir rheolaidd yn rhyddhau sawl tunnell fetrig o CO_2 i'r atmosffer.

Profi eich hun

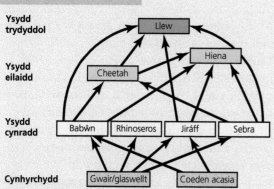

Ffigur 24 Gwe fwyd ar gyfer ecosystem glaswelltir lletgras yn Affrica.

1 Rhowch enghraifft o gadwyn fwyd ecosystem safana.

2 Cwblhewch y tabl:

Rhannau byw o'r ecosystem	Coedwig law	Safana
Ysydd trydyddol		
Ysydd eilaidd		
Ysydd cynradd		
Cynhyrchydd		

Seroffytau Planhigion sy'n gallu goroesi sychder

Pyroffytau Planhigion sydd wedi addasu i ddioddef tân

Bioamrywiaeth Mesur o'r amrywiaeth o blanhigion ac anifeiliaid sy'n byw mewn ecosystem

Beth yw bioamrywiaeth?

Mesur o'r amrywiaeth o blanhigion ac anifeiliaid sy'n byw mewn ecosystem yw bioamrywiaeth. Mae ardaloedd sydd â bioamrywiaeth gyfoethog yn cynnwys coedwigoedd glaw, er enghraifft, ond bydd bioamrywiaeth yn isel mewn diffeithdir poeth a sych.

Rhywogaethau **endemig** yw'r rheini sy'n unigryw i ranbarth neu leoliad penodol, sydd ddim i'w gweld yn unman arall yn y byd.

Mae'n bwysig iawn gwarchod y lleoedd hynny ar y Ddaear sydd â bioamrywiaeth gyfoethog a llawer iawn o rywogaethau endemig.

Y ffyrdd y mae ecosystemau yn darparu gwasanaethau allweddol

Mae llawer o bobl yn credu y dylid gwarchod pob ecosystem, nid yn unig oherwydd eu gwerth gwyddonol, ond am eu bod nhw'n darparu **gwasanaethau allweddol** neu hanfodol i bobl. Yn eu plith, mae:

- gwasanaethau darparu: coed at ddibenion adeiladu, bwyd a dŵr glân
- gwasanaethau rheoleiddio: rheoli llifogydd, atal erydiad pridd a darparu meddyginiaethau
- gwasanaethau diwylliannol: adnoddau ysbrydol a hamdden
- gwasanaethau cefnogi: cylchredau carbon sy'n cynnal yr amodau sy'n hanfodol i fywyd ar y Ddaear.

Enghreifftiau o wasanaethau allweddol sy'n cael eu darparu gan ecosystemau gwahanol

- Coedwigoedd conwydd (taiga): yn darparu ffynhonnell enfawr o goed.
- Glaswelltiroedd safana: yn darparu bwyd a defnyddiau adeiladu ar gyfer bobl nomadig fel y Maasai. Mae bywyd gwyllt yn denu twristiaid ac yn helpu gwledydd mwy tlawd i ddatblygu.
- Mawnogydd: yn storfeydd CO_2 enfawr, ac felly yn helpu i reoleiddio yr effaith tŷ gwydr.
- Twyni tywod: yn amddiffynfeydd arfordirol naturiol rhag ymchwyddiadau storm, gwyntoedd cryf a llifogydd arfordirol.

Endemig Rhywogaeth sydd i'w chael mewn rhanbarth neu leoliad penodol yn unig

Gwasanaethau allweddol Y prosesau lle mae'r amgylchedd yn cynhyrchu adnoddau sy'n cael eu defnyddio gan bobl, fel aer glân, dŵr, bwyd a defnyddiau

Brodorol Yn tarddu o ardal, rhanbarth neu genedl benodol; fel arfer yn cael ei ddefnyddio i ddisgrifio fflora, ffawna a phobl

---

Profi eich hun

Rhestrwch y gwasanaethau allweddol sy'n cael eu darparu gan ecosystem coedwig drofannol i'r bobl frodorol sy'n byw mewn coedwig a gweddill y boblogaeth fyd-eang.

PROFI

Enghraifft: gwasanaethau allweddol sy'n cael eu darparu gan goedwigoedd glaw

- Ailgylchu maetholion: mae coedwig law yn ailgylchu'r maetholion y mae wedi eu creu; heb ganopi'r coed, byddai'r maetholion hyn yn cael eu colli. Mae planhigion yn angori'r pridd, ac yn atal y pridd a'r maetholion yn y pridd, rhag cael eu golchi i ffwrdd gan lawiad trwm.
- Cynhyrchu glaw: mae rhai o wasanaethau coedwig law yn ymestyn ar draws ardaloedd eang, er enghraifft mae coedwig Amazonas yn cynhyrchu cymaint â 50 y cant o'i glawiad ei hun.
- Rheoleiddio hinsawdd ac ansawdd aer: mae coedwigoedd glaw yn ailgylchu llawer iawn o ddŵr yn barhaus, gan fwydo afonydd a llynnoedd. Mae miliynau o bobl yn byw i lawr yr afonydd sy'n gadael y coedwigoedd hyn.

Mae coedwigoedd glaw yn dal CO_2 a fyddai'n cyfrannu at gynhesu byd-eang fel arall.
- Darparu nwyddau: mae coed coedwigoedd glaw yn darparu pren a thanwydd. Maen nhw'n cynnal y cymunedau **brodorol** lleol sy'n byw ynddyn nhw. Maen nhw'n darparu dŵr ffres, bwyd gwyllt, defnyddiau ar gyfer celf a chrefft a meddyginiaethau naturiol. Mae 75 y cant o boblogaeth y byd yn dal i ddibynnu ar feddyginiaethau sydd wedi'u gwneud o rannau o blanhigion.
- Cynnal diwylliant: mae coedwigoedd glaw yn dod yn gyrchfannau mwy a mwy poblogaidd ar gyfer hamdden ac ecodwristiaeth, ac maen nhw'n werthfawr iawn o safbwynt addysgol a gwyddonol.

Enghraifft: ecosystem graddfa fach – twyni tywod

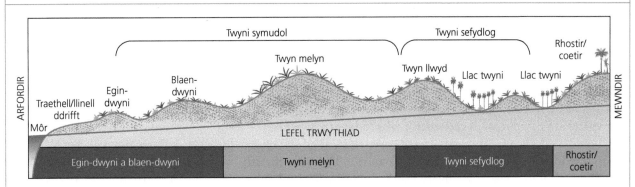

Ffigur 21 Ecosystem twyni tywod.

- Tywod sydd wedi cronni a'i sefydlogi gan lystyfiant yw twyni tywod.
- Er mwyn iddyn nhw ddatblygu, mae angen ffynhonnell o dywod a phrifwynt atraeth (*onshore prevailing wind*).
- Mae gronynnau o dywod yn dod i stop pan fyddan nhw'n taro yn erbyn gwrthrych fel gwymon neu ddarn o froc môr.
- Mae twyn bach yn ffurfio, sef **egin-dwyn**, ac yn nodweddiadol, mae rhywogaethau planhigion arloesol yn tyfu arnyn nhw, fel hegydd arfor (*sea rocket*).
- Wrth i'r planhigion arloesol dyfu, mae systemau gwreiddiau yn sefydlogi'r twyni bach. Mae'r twyn yn tyfu. Bydd planhigion yn marw ac yn dadelfennu, gan ychwanegu maetholion a defnydd organig. Gall planhigion newydd dyfu mewn proses o'r enw olyniaeth (*succession*).
- Mae twyni mwy o'r enw **blaen-dwyni** yn datblygu (mae twyni symudol a thwyni melyn yn enwau eraill ar y rhain). Mae rhywogaethau fel moresg yn amlwg iawn ar y blaen-dwyni.
- Dros amser, mae'r twyni yn rhoi'r gorau i dyfu, gan nad oes unrhyw dywod yn cael ei chwythu gan y gwynt. Yna, **twyni sefydlog neu twyni llwyd** fydd yr enw arnyn nhw, a bydd amrywiaeth eang o blanhigion fel tegeirianau, grug a mieri yn gorchuddio'r twyni.
- Yn y pen draw, mae cymuned uchafbwyntiol yn cael ei sefydlu, lle mae'r llystyfiant mewn cyflwr o gydbwysedd â'r amgylchedd a does dim rhywogaethau newydd eraill yn cael eu cyflwyno. Mae grug a choetir bedw neu dderw yn dominyddu'r gymuned uchafbwyntiol.

Mae'r gwasanaethau allweddol mewn ecosystem twyni tywod yn cynnwys:

- rhoi cyfle i ddatblygu twristiaeth
- gweithredu fel amddiffyniad arfordirol naturiol rhag ymchwyddiadau storm a llifogydd arfordirol
- darparu tywod at ddibenion adeiladu.

Sut mae gweithgareddau dynol yn effeithio ar fioamrywiaeth, llifoedd, cylchredau a phrosesau

Mae twyni tywod yn gynefinoedd bywyd gwyllt cyfoethog ar gyfer amrywiaeth eang iawn o blanhigion ac anifeiliaid arbenigol. Maen nhw'n fregus, ac felly yn agored i ymyrraeth ddynol:

- Hamdden: mae twyni tywod yn lle deniadol i gynnal llawer o weithgareddau hamdden, er enghraifft cerdded, merlota, beicio, gwylio adar a chael picnic. Mae pobl yn cerdded ar y moresg ac mae'n hawdd ei ladd. Yna, mae tywod noeth yn agored i'r gwynt, a heb wreiddiau'r moresg i'w ddal, mae'r tywod yn chwythu i ffwrdd gan adael pantiau hanner cylch mawr o'r enw chwythbantiau (*blow-outs*). Gall chwythbantiau aros am amser hir; bydd y cynefin cyfoethog yn cael ei ddinistrio a bydd llai o fioamrywiaeth. Mae adar cân fel llinosiaid ac ehedyddion yn nythu ar y ddaear a gall ymwelwyr darfu arnyn nhw yn hawdd.
- Economaidd: mae ffermwyr yn defnyddio twyni tywod i bori anifeiliaid, yn enwedig gwartheg. Mae tail gwartheg yn rhoi maeth i'r pridd ac yn effeithio ar brosesau naturiol a chylchredau maetholion. Mae ffermio dwys yn cyflwyno gwrtaith. Bydd llai o amrywiaeth o ran planhigion ac anifeiliaid gan fod y pridd yn cael ei gywasgu

Egin-dwyn Y dwyn ieuengaf ar flaen y twyni, agosaf at y môr

Blaen-dwyni Twyni hŷn ac ychydig yn uwch, sy'n agosach at y lan na'r egin-dwyni

Twyni sefydlog neu twyni llwyd Twyni sydd ymhellach i gyfeiriad y tir, lle mae'r amodau'n gwella i blanhigion dyfu

a gormod o faetholion yn mynd iddo. Mae galw am dwyni tywod hefyd gan dirfeddianwyr y mae arnyn nhw eisiau datblygu'r tir ar gyfer twristiaid, er enghraifft parciau carafanau a chyrsiau golff, neu ddatblygiadau tai. Mae symud tywod yn uniongyrchol o'r traeth neu'r twyni at ddibenion adeiladu yn lleihau faint o dywod sydd ar gael i greu ac ehangu twyni tywod presennol.

- Amgylcheddol: mewn rhai ardaloedd, mae coedwigo wedi atal tywod rhydd rhag symud. Mae hyn yn effeithio ar fioamrywiaeth, olyniaeth naturiol a phrosesau yn y twyni tywod. Mae arfer pobl o gyflwyno cwningod i'r twyni wedi cael effaith sylweddol ar sawl ardal o dwyni tywod hefyd, drwy atal llechfeddiant coed a llwyni ac atal olyniaeth i gyrraedd y llystyfiant uchafbwyntiol naturiol. Dyma enghraifft o **plagioclimacs**. Mae gweithgareddau sefydlogi arfordirol, fel ychwanegu argorau yn uwch i fyny'r traeth, yn effeithio ar lif gwaddod a defnyddiau sydd ar gael i ffurfio twyni tywod.

- Rheolaeth: mae dulliau sy'n cael eu defnyddio i warchod twyni tywod yn cynnwys codi ffensys amddiffynnol, adeiladu llwybrau pren (*boardwalks*), plannu moresg, gosod arwyddion a chreu trapiau tywod. Mae ffensys yn atal pobl rhag cerdded dros y twyni mwyaf ansefydlog. Mae llwybrau pren yn annog pobl i osgoi cerdded dros y twyni a chadw at y llwybrau. Mae arwyddion yn tynnu sylw'r cyhoedd at y difrod y maen nhw'n ei achosi wrth gerdded ar y twyni, gan eu hannog nhw i gadw draw. Mae plannu moresg ac adeiladu trapiau tywod yn lleihau yr effaith y mae pobl yn ei chael wrth gerdded dros y twyni.

> **Plagioclimacs** Y gymuned o blanhigion sy'n bodoli pan fydd gweithredoedd dynol yn atal llystyfiant rhag cyrraedd y gymuned uchafbwyntiol

Gweithgaredd adolygu

1 Gwnewch gopi o Ffigur 21 (ar dudalen 91). Anodwch eich diagram chi i esbonio sut mae ecosystem twyni tywod yn cael ei chreu.
2 Lluniadwch ddiagram corryn i grynhoi'r bygythiadau i ecosystem twyni tywod gan weithgareddau dynol.

> **Cyngor**
>
> Gwnewch yn siŵr eich bod chi'n deall ystyr termau allweddol fel dosbarthiad (*distribution*). Mae dosbarthiad yn cyfeirio at y ffordd y mae rhywbeth wedi cael ei wasgaru neu ei osod dros ardal ddaearyddol.

Profi eich hun

PROFI

1 Beth yw ystyr cymuned uchafbwyntiol?
2 Disgrifiwch effaith gweithgareddau hamdden ar fioamrywiaeth ecosystem twyni tywod.

Cwestiynau enghreifftiol

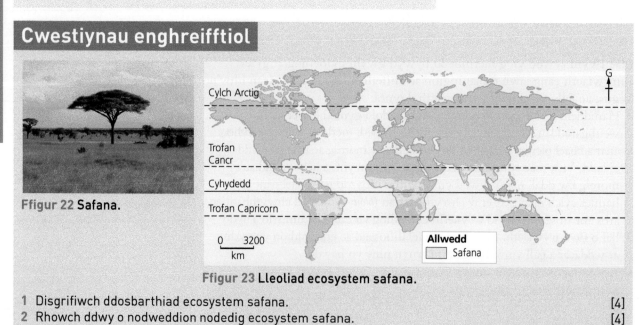

Ffigur 22 Safana.

Ffigur 23 Lleoliad ecosystem safana.

1 Disgrifiwch ddosbarthiad ecosystem safana. [4]
2 Rhowch ddwy o nodweddion nodedig ecosystem safana. [4]
3 Esboniwch pam mae hinsawdd yn bwysig i ddatblygiad safana. [6]

Gweithgareddau dynol a phrosesau ecosystemau

Sut mae pobl yn defnyddio ecosystemau ac amgylcheddau?

ADOLYGU

Sut mae pobl yn newid ecosystemau at ddibenion bwyd, egni a dŵr

Mae gweithgareddau dynol wedi cael effaith ar bob ecosystem:

- Yn y DU, mae llawer o'n coedwigoedd collddail tymherus wedi cael eu clirio at ddibenion ffermio, ac i wneud lle i ddinasoedd.
- Yn UDA, mae llawer o'r glaswelltiroedd tymherus wedi cael eu clirio er mwyn tyfu grawnfwydydd.
- Yn rhanbarth y Sahel yn Affrica, mae Llyn Tchad wedi crebachu yn sylweddol yn ystod y 50 mlynedd diwethaf oherwydd bod dŵr yn cael ei dynnu o'r afonydd sy'n cyflenwi'r llyn.
- Mae ecosystem ac amgylchedd y Môr Canoldir o dan bwysau gan dwristiaeth, sy'n defnyddio llawer iawn o'r adnoddau dŵr cyfyngedig.
- Mae ecosystem twndra yr Arctig o dan fygythiad oherwydd drilio am olew mewn lleoedd fel Alaska.

> **Adnewyddadwy** Adnoddau sydd naill ai'n ddiddiwedd neu sy'n ailgyflenwi'n ddigon cyflym fel nad yw'r defnydd ohonyn nhw'n arwain at eu disbyddu
>
> **Anadnewyddadwy** Adnoddau sy'n cael eu hystyried yn gyfyngedig am eu bod nhw'n cael eu defnyddio yn llawer cyflymach nag y maen nhw'n cael eu ffurfio

Enghraifft: amgylchedd sy'n cael ei ddefnyddio i gynhyrchu egni – fferm wynt alltraeth Gwynt y Môr

Gall egni gael ei gynhyrchu gan ffynonellau **adnewyddadwy** neu **anadnewyddadwy**. Mae ffynonellau anadnewyddadwy, fel olew a glo, yn dod i ben, ac mae gwyddonwyr yn ymchwilio i botensial ffynonellau adnewyddadwy, fel y llanw a'r gwynt. Mae fferm wynt alltraeth Gwynt y Môr, a gafodd ei hagor ym mis Mehefin 2015, 13 km oddi ar arfordir Gogledd Cymru ac 16 km o gyrchfan glan-môr Llandudno:

- dyma'r ail fferm wynt alltraeth weithredol fwyaf yn y byd
- mae ganddi 160 o dyrbinau gwynt, 150 m o uchder
- roedd yn costio £2 biliwn.

> Mae Npower, un o'r gweithredwyr, yn dweud y bydd y fferm yn cynhyrchu digon o bŵer i gyflenwi 400,000 o gartrefi preswyl bob blwyddyn.

> Yn ôl adroddiadau'r BBC, bydd hyd at 100 o swyddi yn cael eu creu yn nociau Mostyn, ger Treffynnon, Sir y Fflint, i wasanaethu'r tyrbinau.

> Mae'r Gymdeithas Frenhinol er Gwarchod Adar (*RSPB*) yn dweud bod ffermydd gwynt yn gallu niweidio adar drwy amharu arnyn nhw ac achosi gwrthdrawiadau. Mae'n bosibl y bydd miloedd o adar mudo yn hedfan drwy ardal fferm wynt Gwynt y Môr.

> Mae WWF Cymru yn cefnogi'r penderfyniad: 'Mae Gwynt-y-Môr yn rhoi cyfle go iawn i ni ddefnyddio yr adnodd pwerus oddi ar arfordir Conwy, i helpu ymdrechion byd-eang i frwydro yn erbyn newid hinsawdd.'

> Mae'r Ymddiriedolaeth Genedlaethol wedi codi pryderon am ei bod yn berchen ar dri-chwarter morlin Cymru. Mae'n poeni am y dyfodol. Byddai mwy o ffermydd gwynt yn difetha harddwch y morlin y mae'n ceisio ei gwarchod.

> Mae llawer o bobl leol yn Llandudno yn gwrthwynebu'r project am eu bod nhw'n disgrifio'r dref fel lle hanesyddol sydd â golygfeydd hardd naturiol. Maen nhw'n credu bod y project yn un hyll a fydd yn achosi i dwristiaid gadw draw.

> **Gweithgaredd adolygu**
>
> Ydych chi'n meddwl y dylai fferm wynt Gwynt y Môr fod wedi cael ei hadeiladu? Paratowch araith a fyddai'n gallu cael ei thrafod yn Llywodraeth Cynulliad Cymru.

> **Profi eich hun**
>
> Rhowch enghraifft o un ffordd y mae gweithgareddau dynol wedi newid ecosystem at ddibenion cynhyrchu bwyd.
>
> PROFI

Sut mae gweithgareddau dynol yn addasu prosesau a rhyngweithiadau o fewn ecosystemau?

ADOLYGU

Enghraifft: effeithiau gweithgareddau dynol ar ecosystem coedwig law Amazonas

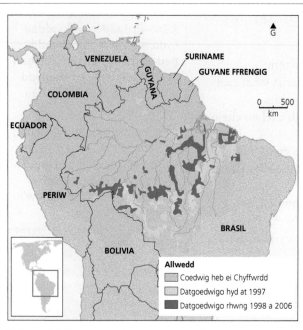

Ffigur 24 Datgoedwigo ym masn Amazonas.

Allwedd
Coedwig heb ei Chyffwrdd
Datgoedwigo hyd at 1997
Datgoedwigo rhwng 1998 a 2006

Mae gan goedwig law Amazonas arwynebedd o 5.5 miliwn km², ac mae wedi ei lleoli yn Ne America. Mae 50 y cant o goedwigoedd glaw trofannol wedi cael eu dinistrio yn ystod y 100 mlynedd diwethaf.

Rhesymau dros ddinistrio coedwigoedd glaw:
- Ffermio, er enghraifft ransiau gwartheg masnachol a thyfu cnydau fel ffa soia, olew palmwydd a bananas (**ffermio ungnwd**).
- Ffermio torri a llosgi (*slash and burn*), er enghraifft mae ffermwyr ymgynhaliol yn clirio'r goedwig drwy ei llosgi. Bydd y maetholion yn y pridd yn cael eu defnyddio yn gyflym, a bydd y ffermwyr yn gadael y tir cyn clirio ardal arall o'r goedwig.
- Mwyngloddio, er enghraifft mae'r mwynglawdd mwyn haearn fwyaf yn y byd yn Carajás yn Amazonas.
- Ffyrdd a rheilffyrdd, er enghraifft mae rheilffordd 900 km yn cysylltu Carajás â São Luís ar yr arfordir er mwyn allforio haearn.
- Torri coed, er enghraifft mae coed drud, fel mahogani, yn cael eu hallforio ar draws y byd.
- Cyflenwadau trydan, er enghraifft mae cynlluniau trydan dŵr yn golygu bod rhaid adeiladu argaeau enfawr fel Argae Tucuruí ym Mrasil.

Effeithiau – enillion:
- Mae elw o ddatblygiadau fel Carajás wedi helpu Brasil i ddod yn wlad fwy cyfoethog.
- Mae swyddi tymor hir wedi cael eu creu ym meysydd torri coed, ffermio, mwyngloddio a thwristiaeth.
- Mae'r **effaith luosydd** wedi annog diwydiannau eraill i symud i'r ardal.
- Mae ailgartrefu yn rhoi gwell ffordd o fyw i bobl a oedd yn byw mewn trefi sianti ac mae'n lleihau pwysau poblogaeth yn y dinasoedd.

Effeithiau – colledion:
- Mae Indiaid Brodorol fel yr Yanamami wedi colli eu tiroedd, eu diwylliant a'u ffordd o fyw.
- Mae anifeiliaid a phlanhigion wedi colli eu **cynefin**, gan arwain at ddiflaniad rhywogaethau (*extinction*). Mae rhai o'r rhywogaethau hyn yn cael eu defnyddio at ddibenion meddyginiaethol, er enghraifft mae'r berfagl rosliw (*rosy periwinkle*) yn cael ei defnyddio i drin lewcemia.
- Newidiadau mewn hinsawdd: mae llai o ataliad a thrydarthiad, a mwy o anweddiad, gan arwain at hinsawdd ranbarthol fwy sych. Mae dŵr a silt yn llifo i afonydd, gan achosi llifogydd.
- Pan fydd coed yn cael eu torri, mae'r gylchred faetholion yn cael ei thorri. Bydd glaw yn cael gwared ar faetholion o'r pridd drwy ddŵr ffo arwyneb a thrwytholchiad. Yn fuan iawn, bydd priddoedd yn anffrwythlon. Bydd pridd yn sychu yn yr haul. Bydd glaw yn golchi'r pridd i ffwrdd, gan achosi gylïau a lleidlifau (*mud slides*) ar lethrau serth. Fydd y goedwig law byth yn adfer yn llwyr, a bydd llai o fywyd gwyllt a phlanhigion.

Gweithgaredd adolygu

Cwblhewch grynodeb ar gerdyn A5 o dan y penawdau canlynol:
- teitl
- lleoliad yr enghraifft (gan gynnwys map fel yr un uchod)
- o leiaf tri rheswm pam mae coedwigoedd glaw yn cael eu dinistrio
- o leiaf chwe ffordd y mae pobl wedi 'ennill' neu 'golli' oherwydd y dinistr hwn.

Enghraifft: effeithiau gweithgareddau dynol ar ecosystem glaswelltir safana

Mewn glaswelltiroedd safana, mae pobl frodorol yn aml yn nomadig ac yn cadw preiddiau o ddefaid, gwartheg neu eifr. Mae rhai yn byw mewn pentrefi parhaol ac yn tyfu cnydau. Mae'r boblogaeth yn tyfu'n gyflym mewn sawl ardal. Mae poblogaeth rhanbarth y **Sahel** yn tyfu 3 y cant bob blwyddyn ac yn dyblu bob ugain mlynedd.

Mae **diffeithdiro** yn broblem enfawr mewn glaswelltiroedd safana. Gallai hyn fod yn rhannol oherwydd newid hinsawdd a llai o lawiad, ond mae hefyd o ganlyniad i orbori (*overgrazing*) a gordrin (*overcultivation*). Mae pridd yn colli ei ffrwythlondeb a naill ai'n cael ei chwythu i ffwrdd yn y tymor sych neu'n cael ei olchi i ffwrdd gan law trwm yn ystod y tymor gwlyb.

Mae coed ar wasgar mewn safana ond maen nhw'n amddiffyn y pridd:
● Mae coed yn ailgylchu dŵr i'r atmosffer drwy anweddiad a thrydarthiad.
● Mae amaethyddiaeth torri a llosgi yn cael gwared ar goed, yn lleihau anwedd-drydarthiad, yn amharu ar y gylchred ddŵr ac yn lleihau glawiad.
● Mae'r gylchred faetholion yn cael ei thorri gan nad yw dail marw bellach yn gallu disgyn i'r pridd. Mae priddoedd yn colli eu ffrwythlondeb a'u strwythur gan nad oes unrhyw ddefnydd organig yn cael ei ychwanegu atyn nhw.
● Mae'r pridd yn erydu gan nad oes unrhyw ataliad ac am fod systemau gwreiddiau wedi diflannu. Mae glawiad trwm yn llifo dros yr arwyneb ac yn codi gronynnau o bridd. Yna, mae'n defnyddio'r gronynnau hyn i erydu sianel ddofn yn y tir. Yr enw ar hyn yw **erydiad gylïau**.
● Mae amaethyddiaeth torri a llosgi yn golygu bod cnydau yn cael eu tyfu am un i dair blynedd, cyn gadael y tir, a bydd y pridd yn adennill y daioni yn ystod cyfnod **braenaru**. Mae gordrin y tir yn atal y pridd rhag adennill ei gynnwys organig; mae'n mynd yn llychlyd ac mae gwynt a glaw yn ei erydu.

Mae cynefinoedd yn cael eu dinistrio ac mae bioamrywiaeth glaswelltiroedd safana yn lleihau. Mae llawer o dwristiaid yn ymweld â safanau Affrica ar saffaris bywyd gwyllt, er enghraifft yn Kenya. Mae hyn yn aml yn amharu ar y bywyd gwyllt ac mae'r bobl a'r cerbydau yn achosi difrod i'r dirwedd.

Ffermio ungnwd Trin un cnwd mewn ardal benodol

Effaith luosydd Gweithgarwch economaidd yn tyfu fel 'pelen eira', er enghraifft os bydd swyddi newydd yn cael eu creu, bydd gan y bobl yn y swyddi hyn arian i'w wario mewn siopau, sy'n golygu y bydd angen mwy o weithwyr yn y siopau

Cynefin Cartref neu amgylchedd naturiol anifail, planhigyn neu organeb arall

Y Sahel Rhanbarth yng ngogledd-canolbarth Affrica, i'r de o Ddiffeithwch Sahara mewn ardal sy'n tueddu i ddioddef o sychder

Diffeithdiro Pan fydd diffeithdir, neu amodau diffeithdir, yn lledaenu o ardal benodol y diffeithdir i'r ardal o'i amgylch

Erydiad gylïau Sianeli sy'n cael eu ffurfio gan erydiad pridd ar ochr bryn sydd heb lawer o lystyfiant

Braenaru Proses o roi cyfle i gae adennill ei faetholion yn naturiol ar ôl tyfu cnydau am nifer o flynyddoedd

Cwestiwn enghreifftiol

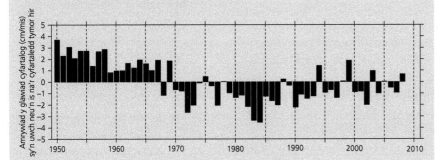

Ffigur 25 Glawiad newidiol yn rhanbarth y Sahel.

Disgrifiwch sut mae patrymau glawiad wedi newid yn rhanbarth y Sahel rhwng 1950 a 2010. [4]

Profi eich hun

1 Esboniwch beth yw ystyr yr effaith luosydd.
2 Esboniwch pam mae'r gylchred faetholion mewn coedwig law yn fregus.
3 Esboniwch pam mae gorbori a gordrin yn arwain at ddiffeithdiro mewn glaswelltiroedd safana.

PROFI

Sut gallai newidiadau effeithio ar fioamrywiaeth

Y prif fygythiad i fioamrywiaeth yw colli cynefinoedd drwy eu dinistrio, eu darnio neu eu diraddio. Pan fydd ecosystem yn cael ei newid yn sylweddol oherwydd gweithgareddau dynol, fel amaethyddiaeth, chwilio am olew neu ddargyfeirio dŵr, efallai na fydd bellach yn gallu darparu bwyd, dŵr, lloches a mannau i fagu rhai ifanc. Pob dydd, mae llai o leoedd ar ôl i fywyd gwyllt greu cartref.

Mae tri phrif fath o golli cynefin:

- Dinistrio cynefin, er enghraifft datgoedwigo, draenio gwlyptiroedd a chodi argaeau ar afonydd.
- Darnio cynefin, er enghraifft drwy ddatblygiadau trefol, codi argaeau a dargyfeirio dŵr. Mae cynefinoedd yn cael eu rhannu yn ddarnau llai, gan greu poblogaethau ynysig. Mae'r **ynysoedd ecolegol** hyn yn effeithio ar fioamrywiaeth drwy leihau nifer y cynefinoedd addas sydd ar gael, cyfyngu ar fudo rhwng cymunedau gwahanol, a thrwy hynny, cyfyngu ar gyfleoedd i fridio a bwydo.
- Diraddio cynefin, er enghraifft llygredd, cyflwyno rhywogaethau newydd ac amharu ar brosesau ecosystemau fel cylchredau maetholion.

Sut mae'n bosibl rheoli ecosystemau mewn ffordd gynaliadwy?

Mae ecosystemau yn darparu gwasanaethau allweddol sy'n cynnwys:
- dŵr glân mewn afonydd
- lleihau'r perygl o lifogydd
- darparu adnoddau naturiol fel coed ac aer i'w anadlu
- cynhyrchu bwydydd fel pysgod a mêl.

Byddai cadwraethwyr yn dadlau bod cynnal a chadw y gwasanaethau allweddol hyn yn fwy gwerthfawr yn y tymor hir na'r enillion tymor byr sydd i'w cael wrth ecsbloetio ecosystemau mewn ffordd anghynaliadwy.

Enghraifft: defnyddio coedwig law yn gynaliadwy

- Amaeth-goedwigaeth: tyfu coed a chnydau ar yr un pryd.
- Torri coed yn ddetholus: torri coed o rywogaeth neu oedran penodol yn unig. Mae'r Cyngor Stiwardiaeth Coedwigoedd rhyngwladol (*FSC*) yn rhoi sicrwydd bod pren sy'n cael ei werthu yn dod o ardaloedd lle mae coed yn cael eu torri mewn ffordd **gynaliadwy**.
- Gwarchodfeydd coedwigoedd: mae rhannau o goedwigoedd yn cael eu gwarchod rhag cael eu hecsbloetio ac yn cael eu cynnal fel amgylcheddau naturiol, fel Parc Cenedlaethol Alto Maués ym Mrasil. Yn aml, mae gan ardal y warchodfa graidd lle nad oes unrhyw weithgareddau dynol yn digwydd, wedi'i amgylchynu gan gylchfa byffer (*buffer zone*) lle mae pobl yn cael eu hannog i ddefnyddio'r goedwig yn gynaliadwy.
- Coridorau bywyd gwyllt: maen nhw'n cysylltu ardaloedd gwasgaredig o dir gyda choridorau o lystyfiant er mwyn i anifeiliaid ddod o hyd i fwyd a chymar er mwyn atgenhedlu.
- Annog **ecodwristiaeth**, sef math o dwristiaeth sy'n tyfu yn gyflym ac sy'n broffidiol iawn.
- Cyfnewidiadau dyled-am-natur: gall gwledydd tlawd 'gyfnewid' y ddyled sydd ganddyn nhw i wlad gyfoethog am warchod ardal o goedwig law.

Gweithgaredd adolygu

Darganfyddwch beth yw ystyr y term amaethyddiaeth torri a llosgi.

ADOLYGU

Ynys ecolegol Ardal o dir sydd wedi'i gwahanu oddi wrth y tir o'i hamgylch drwy ddulliau naturiol neu artiffisial

Cynaliadwy Defnyddio ecosystemau i fodloni anghenion y genhedlaeth bresennol heb beryglu anghenion cenedlaethau'r dyfodol

Ecodwristiaeth Twristiaeth sydd wedi'i hanelu at amgylcheddau naturiol egsotig, gyda'r nod o gynnal ymdrechion cadwraeth a gwylio bywyd gwyllt

Gweithgaredd adolygu

Cwblhewch gerdyn adolygu ar ddefnyddio ecosystemau yn gynaliadwy. Dylai'r cerdyn hwn gynnwys:
- diffiniad o'r term 'cynaliadwy'
- o leiaf pedair ffordd y gall coedwigoedd glaw gael eu rheoli yn gynaliadwy a phedair ffordd y gall glaswelltiroedd safana gael eu rheoli yn gynaliadwy.

Enghraifft: defnyddio glaswelltir safana yn gynaliadwy

Mae'r atebion a gafodd eu hawgrymu i ddatrys problem diraddio pridd a diffeithdiro yn cynnwys:

- Cylchdroi cnydau (*crop rotation*) a chyfnodau braenaru: tyfu cnydau gwahanol bob blwyddyn fel bod maetholion gwahanol yn cael eu defnyddio, a chaniatáu cyfnodau braenaru er mwyn i'r pridd adennill ei ffrwythlondeb.
- Lleiniau o gysgod: plannu lleiniau o gysgod, ardaloedd o goedwig neu wrychoedd, i warchod tir ffermio rhag effeithiau erydiad gwynt a dŵr.
- Coedwigo: lleihau erydiad gwynt a dŵr.
- Dyfrhau: dyfrio ardaloedd o dir sydd wedi mynd yn gras (*arid*) drwy ddargyfeirio afonydd

neu dyllu ffynhonnau. Ond, os fydd y dŵr ddim yn cael ei ddefnyddio yn gynaliadwy, gall hyn achosi prinder dŵr mewn mannau eraill.

- Lleihau y niferodd sy'n pori: gosod cyfyngiadau ar nifer yr anifeiliaid, a'r math o anifeiliaid, sy'n cael pori'r tir, gan leihau'r dinistr i'r llystyfiant a diffeithdiro yn y pen draw.
- Rheoli poblogaeth: os yw'n bosibl rheoli twf poblogaeth, bydd angen llai o dir amaethyddol, a bydd prosesau ffermio yn llai dwys.
- Cnydau sy'n gwrthsefyll sychder: gall cnydau a'u **genynnau wedi'u haddasu** gael eu creu i wrthsefyll pridd gwael a phrinder dŵr, fel mathau newydd o india-corn.

Enghraifft: y Wal Fawr Las

Yn 2010, cafodd cytundeb ei lofnodi gan 11 o wledydd i blannu Wal Fawr Las, 15 km o led ac 8000 km o hyd, ar draws Affrica, i'r de o'r Sahara. Ei nodau yw:

- annog cymunedau lleol i blannu coed brodorol er mwyn creu wal fyw o goed a llwyni. Byddai'r coed yn cynnwys coed cnau a ffrwythau ac yn darparu bwyd gwyllt. Mae'n bosibl plannu cnydau bwyd a chnydau i'w gwerthu mewn caeau bach rhwng y coed – math o ffermio o'r enw **amaeth-goedwigaeth** yw hyn
- atal diffeithdiro ac erydiad pridd
- gwarchod ffynonellau dŵr, fel Llyn Tchad
- adfer neu greu cynefinoedd ar gyfer planhigion ac anifeiliaid.

Mae Niger a Sénégal wedi gwneud cynnydd da wrth adeiladu'r wal. Mae'r manteision wedi cynnwys y canlynol:

- cynnyrch cnydau wedi cynyddu
- da byw yn cael eu bwydo'n well
- coed yn darparu meddyginiaethau a choed tân.

Mae'r cynnydd wedi bod yn araf yn y naw gwlad arall.

> **Genynnau wedi'u haddasu**
> Rhoi genyn un organeb mewn organeb arall er mwyn i'r organeb honno fabwysiadu un o rinweddau yr organeb gyntaf, na fyddai ganddi fel arall
>
> **Amaeth-goedwigaeth**
> System rheoli defnydd tir lle mae coed neu lwyni'n cael eu tyfu o amgylch neu ymhlith cnydau neu dir pori

Cwestiwn enghreifftiol

Rhowch ddwy ffordd gynaliadwy o ddefnyddio coedwig law. [4]

Cyngor Mae cwestiynau sydd werth 6 marc yn cael eu marcio yn ôl cynllun marcio seiliedig ar fandiau, yn debyg i arddull yr isod:

Band	Marc	Disgrifiad
3	5–6	Disgrifiad manwl a phenodol o'r ffyrdd y mae hinsawdd yn bwysig i ddatblygiad ecosystemau safana
2	3–4	Disgrifiad o'r ffyrdd y mae hinsawdd yn bwysig i ddatblygiad ecosystem. Dim mwy na band 2 os does dim enghreifftiau wedi'u henwi
1	1–2	Disgrifiad dilys ond syml neu restr o bwyntiau
	0	Mae'r ateb yn anghywir neu'n amherthnasol

Mae'n bwysig cynllunio ateb ar gyfer cwestiynau o'r fath, gan ganolbwyntio ar y geiriau allweddol mewn cwestiwn a sicrhau bod enghreifftiau penodol yn cael eu defnyddio i ennill marc band 3.

Mesur anghydraddoldebau byd-eang

Beth yw'r patrymau datblygiad byd-eang?

Beth yw datblygiad?

Datblygiad yw'r broses o newid sy'n gwella cyfoeth ac ansawdd bywyd pobl:

● Datblygiad economaidd sy'n digwydd o ganlyniad i gyfraddau cyflogaeth uwch ac incwm sy'n cynyddu.
● Datblygiad cymdeithasol sy'n digwydd pan fydd disgwyliad oes yn cynyddu ac mae cyfleoedd addysg, gofal iechyd, dŵr glân a thai ar gael i fwy o bobl, yn enwedig menywod a grwpiau lleiafrifol.
● Mae datblygiad gwleidyddol yn golygu ffurfio llywodraeth sefydlog a chaniatáu mwy o ryddid barn.

Bwlch datblygiad

Cafodd y **bwlch datblygiad** sy'n bodoli rhwng y gwledydd mwyaf cyfoethog a mwyaf tlawd ei ddisgrifio am y tro cyntaf gan Willy Brandt, gwleidydd o'r Almaen. Cafodd Adroddiad Brandt ei gyhoeddi yn 1980, ac roedd yn rhannu'r byd yn wledydd llai datblygedig 'y de global' a gwledydd mwy datblygedig 'y gogledd global'. Cafodd y llinell sy'n rhannu'r gwledydd mwyaf cyfoethog a mwyaf tlawd ei galw yn 'rhaniad gogledd-de' neu linell Brandt.

> **Bwlch datblygiad**
> Y gwahaniaeth cynyddol rhwng lefelau datblygiad gwledydd mwyaf cyfoethog a mwyaf tlawd y byd

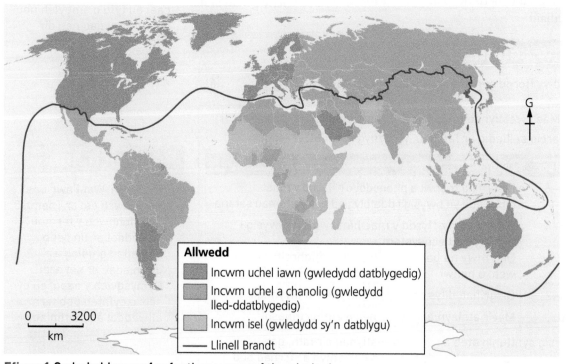

Allwedd

▨ Incwm uchel iawn (gwledydd datblygedig)
▨ Incwm uchel a chanolig (gwledydd lled-ddatblygedig)
▨ Incwm isel (gwledydd sy'n datblygu)
— Llinell Brandt

0 3200
km

Ffigur 1 Gwledydd mwyaf cyfoethog a mwyaf tlawd y byd.

Continwwm datblygiad

Mae'n rhy syml rhannu'r byd yn wledydd cyfoethog a thlawd. Mewn gwirionedd, mae **continwwm datblygiad**, sef graddfa symudol o'r gwledydd hynod dlawd i'r gwledydd hynod gyfoethog. Gall gwledydd symud i fyny ac i lawr y continwwm hwn. Mae **Banc y Byd** yn rhannu gwledydd yn bedwar categori o ran cyfoeth, yn ôl **incwm gwladol crynswth (IGC/GNI: gross national income) y pen**:

- gwledydd incwm uchel (*HICs: high-income countries*); IGC o $12,736 neu fwy
- gwledydd incwm canolig uwch; IGC rhwng $4126 a $12,735
- gwledydd incwm canolig is; IGC rhwng $1046 a $4125
- gwledydd incwm isel (*LICs: low-income countries*); IGC o llai na $1045.

Patrymau datblygiad byd-eang

Yn 2016, cyhoeddodd Oxfam adroddiad ar anghydraddoleb byd-eang. Mae'r adroddiad yn tynnu sylw at y bwlch datblygiad rhwng pobl gyfoethog a thlawd, yn hytrach na gwledydd. Mae'n disgrifio sut mae pobl gyfoethog yn byw mewn gwledydd tlawd a phobl dlawd yn byw mewn gwledydd cyfoethog. Dywedodd Oxfam hefyd fod 62 o bobl yn y byd yn berchen ar yr un faint o gyfoeth â 3.5 biliwn o'r bobl fwyaf tlawd. Byddai llawer o bobl yn dadlau nad yw cyfoeth yn unig yn rhoi darlun cywir o ddatblygiad dynol. Mae Bhutan, gwlad yn Ne Asia, yn mesur datblygiad ar sail hapusrwydd, gan fesur hapusrwydd gwladol crynswth (*GNH: gross national happiness*) y boblogaeth.

Profi eich hun

PROFI

Rhowch ddau o gyfyngiadau defnyddio incwm gwladol crynswth y pen i fesur datblygiad.

Continwwm datblygiad
Graddfa linol o'r gwledydd mwyaf datblygedig i'r rhai sydd â lefel isel o ddatblygiad

Banc y Byd Sefydliad ariannol rhyngwladol sy'n rhoi benthyciadau i wledydd sy'n datblygu ar gyfer rhaglenni cyfalaf

Incwm gwladol crynswth (IGC) y pen Mesur o gyfanswm cynnyrch economaidd gwlad, gan gynnwys incwm o fuddsoddiadau tramor, wedi'i rannu â nifer y boblogaeth

Gweithgaredd adolygu

1 Pa gyfandir sydd â'r nifer mwyaf o wledydd incwm isel?
2 Disgrifiwch sut mae patrymau datblygiad wedi newid ers tynnu llinell Brandt yn 1980.

Sut mae datblygiad economaidd yn cael ei fesur?

ADOLYGU

Er mwyn cymharu lefelau datblygiad lleoedd gwahanol, mae daearyddwyr yn defnyddio nifer o ddangosyddion. Mae dangosyddion datblygiad economaidd yn cynnwys:

- **Cynnyrch mewnwladol crynswth (CMC)** (*GDP: gross domestic product*): cyfanswm gwerth yr holl nwyddau a gwasanaethau sy'n cael eu cynhyrchu yn y wlad mewn blwyddyn.
- Incwm gwladol crynswth (IGC) y pen: cyflog cyfartalog poblogaeth y wlad.
- Strwythur cyflogaeth: y math o waith y mae pobl yn ei wneud, er enghraifft ffermio, gweithgynhyrchu neu wasanaethau.
- Tlodi: canran y boblogaeth sy'n ennill llai na $1.90 y diwrnod (mesur Banc y Byd, 2015).

Cyfyngiadau ar y dystiolaeth o ddatblygiad

Mae'r cyfyngiadau sydd ynghlwm wrth ddefnyddio'r dulliau hyn o fesur datblygiad yn cynnwys y canlynol:

- maen nhw'n mesur cyfoeth yn unig, heb gynnwys ffactorau cymdeithasol
- dydyn nhw ddim yn cydnabod anghydraddoldeb o fewn gwlad
- dydyn nhw ddim yn ystyried y gost o fyw mewn gwlad, nac felly faint o nwyddau y gall pobl eu prynu gyda swm penodol o arian.

Mae'r Cenhedloedd Unedig yn defnyddio'r mynegrif datblygiad dynol (MDD/*HDI: human development index*) i fesur datblygiad. Mae'r ystadegyn hwn yn cyfuno ffigurau ar gyfer disgwyliad oes, addysg ac incwm y pen. Cafodd yr MDD ei greu er mwyn pwysleisio mai ansawdd bywyd ddylai fod y mesur eithaf o ddatblygiad gwlad, nid twf economaidd yn unig.

Cynnyrch mewnwladol crynswth (CMC) Cyfanswm gwerth y nwyddau a'r gwasanaethau sy'n cael eu cynhyrchu mewn gwlad mewn blwyddyn

Gweithgaredd adolygu

1 Awgrymwch resymau i esbonio pam mae'n bwysig gallu mesur datblygiad.
2 Esboniwch pam mae'r Cenhedloedd Unedig yn defnyddio'r mynegrif datblygiad dynol (MDD) i fesur datblygiad.

Enghraifft: gwlad incwm isel – Malaŵi

Mae gan Malaŵi, yng nghanolbarth de Affrica, boblogaeth o 16.8 miliwn:

- Mae'r farchnad nwyddau leol yn gyfyngedig gan fod 90 y cant o'r boblogaeth yn ennill llai na $2 y diwrnod.
- Mae pobl yn tueddu i fyw mewn ardaloedd gwledig anghysbell a does dim llawer o ffyrdd na dulliau o gludo nwyddau.
- Mae darnau o dir ffermio yn fach, mae'r priddoedd yn anffrwythlon, mae'r tywydd yn anffafriol a does dim llawer o ddefnydd o wrtaith. Dydy cynhyrchedd ddim wedi gwella ers yr 1970au.
- Mae teuluoedd yn fawr ac mae 2.8 miliwn o bobl yn dioddef o ddiffyg maeth difrifol.

- Mae safonau addysg yn wael, er enghraifft mae bron 30 y cant o blant yn peidio â mynd i'r ysgol gynradd, er bod addysg am ddim.
- Mae'r epidemig AIDS wedi effeithio ar 12 y cant o'r boblogaeth. Mae salwch neu anafiadau yn gyffredin.
- Mae Malaŵi yn wlad dirgaeedig, felly mae'n anodd iddi fasnachu gyda gweddill y byd.
- Mae'r economi yn dibynnu ar allforio nwyddau cynradd isel eu gwerth fel tybaco, te, cotwm a siwgr. Mae'r wlad yn mewnforio cynhyrchion uchel eu gwerth, fel olew a pheiriannau, yn bennaf.

Profi eich hun

PROFI

'Mae'r bwlch datblygiad yn rhoi darlun statig o'r gwahaniaeth rhwng datblygiad gwledydd gwahanol.' Esboniwch ystyr y gosodiad hwn. Esboniwch pam mae'r bwlch datblygiad yn ddynamig.

Cwestiynau enghreifftiol

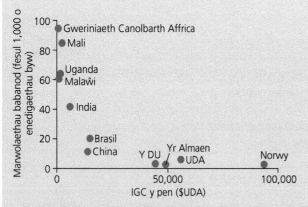

Ffigur 2 IGC/cyfradd marwolaethau babanod fesul gwlad.

1 Disgrifiwch y berthynas rhwng marwolaethau babanod ac IGC y pen. [3]
2 Awgrymwch ddau reswm i esbonio'r berthynas hon. [4]

Gweithgaredd adolygu

1 Rhowch dri rheswm i esbonio pam mae Malaŵi yn dal i fod yn wlad incwm isel.
2 Darllenwch y blwch enghraifft am Malaŵi ar dudalen 102. Ewch ati i baratoi cyflwyniad PowerPoint chwe sleid i'w ddefnyddio mewn araith i gynhadledd ryngwladol lle byddech chi'n esbonio sut mae masnach Malaŵi yn atal ei chynnydd economaidd.

Cyngor

Mae graff gwasgariad yn cael ei ddefnyddio i weld a oes perthynas rhwng dau newidyn. Mae llinell ffit orau yn cael ei thynnu drwy ganol y pwyntiau i ddangos natur y cysylltiad:

- Os yw'r pwyntiau'n clystyru mewn band sy'n mynd o waelod yr ochr chwith i frig yr ochr dde, mae **cydberthyniad** cadarnhaol.
- Os yw'r pwyntiau'n clystyru mewn band sy'n mynd o frig yr ochr chwith i waelod yr ochr dde, mae cydberthyniad negyddol.
- Os yw'n anodd i chi weld lle byddech chi'n tynnu llinell, ac os dyw'r pwyntiau ddim yn dangos unrhyw glystyru arwyddocaol, mae'n debyg nad oes cydberthyniad.

Cydberthyniad Y graddau y mae dwy set o ddata yn gysylltiedig: gall fod yn gadarnhaol (wrth i un gynyddu bydd y llall yn cynyddu hefyd) neu'n negyddol (wrth i un gynyddu bydd y llall yn gostwng)

Achosion a chanlyniadau datblygiad anghyson ar raddfa fyd-eang

Beth yw achosion a chanlyniadau datblygiad anghyson? ADOLYGU ☐

Sut mae masnach fyd-eang wedi arwain at batrymau datblygiad anghyson?

Masnach yw pan fydd gwledydd yn prynu ac yn gwerthu nwyddau a gwasanaethau ei gilydd:

- Yn gyffredinol, mae gwledydd incwm uchel (*HICs*) yn **allforio** gweithgynhyrchion a gwasanaethau gwerthfawr fel nwyddau electronig, ceir a gwasanaethau ariannol. Maen nhw'n **mewnforio** cynnyrch cynradd rhatach fel siwgr, blodau, te a choffi.
- Mae'r gwrthwyneb yn wir am wledydd incwm isel (*LICs*). Mae hyn yn golygu mai ychydig iawn o arian y maen nhw'n ei ennill, ac maen nhw'n aros yn dlawd. Rhaid iddyn nhw gael benthyg arian i dalu am eu mewnforion, ac maen nhw'n mynd i ddyled.

Mae pris cynnyrch cynradd yn amrywio ym marchnad y byd. Mae'r prisiau'n cael eu gosod mewn *HICs*, ac mae cynhyrchwyr yr *LICs* ar eu colled pan fydd y pris yn gostwng. Mae *LICs* yn ddibynnol ar system fasnach y byd, ond does ganddyn nhw ddim llawer o reolaeth drosti.

Mae cynyddu masnach a lleihau'r diffyg masnachol sy'n weddill ganddyn nhw yn hanfodol i ddatblygiad *LICs*. Weithiau, mae *HICs* yn gosod **tollau** a **cwotâu** ar nwyddau wedi'u mewnforio, ac yn rhoi **cymorthdaliadau** i'w ffermwyr eu hunain.

Mewnforion, allforion a blociau masnachu

Mae masnach rydd yn caniatáu i wledydd fewnforio ac allforio nwyddau heb dollau na rhwystrau eraill. Mae'n arwain at fwy o allforion, mwy o swyddi, mwy o ddewis o nwyddau a phrisiau is i ddefnyddwyr.

Grwpiau o wledydd sy'n gweithio gyda'i gilydd i hyrwyddo masnach rydd rhwng eu haelod-wladwriaethau yw blociau masnachu, fel yr Undeb Ewropeaidd. Dyma gyfundrefnau eraill sy'n ddylanwadol:

- Cyfundrefn Masnach y Byd (*WTO: World Trade Organization*): mae'n annog masnach rydd, yn plismona cytundebau masnach rydd, yn datrys anghydfodau ac yn trefnu trafodaethau masnach.
- Y Gronfa Ariannol Ryngwladol (*IMF: International Monetary Fund*): mae'n darparu cymorth ariannol ac yn hyrwyddo masnach.
- Banc y Byd: mae'n lleihau tlodi dros y byd drwy roi cymorth ariannol a thechnegol i wledydd sy'n datblygu.

Cydberthnasoedd geowleidyddol a phatrymau datblygiad newidiol

Mae patrymau datblygiad wedi newid yn sylweddol ers 1980. Mae mwy o gydweithio gwleidyddol yn golygu bod y byd wedi dod yn fwy **cyd-ddibynnol** o ganlyniad i'r cynnydd enfawr mewn cyfnewidiadau masnach a diwylliant. Twf gwledydd newydd eu diwydianeiddio (*NICs: newly industrialised countries*) yw un o nodweddion mwyaf amlwg y newid hwn. Dyma nodweddion y gwledydd hyn:

- twf economaidd cyflym ar sail allforio nwyddau neu wasanaethau
- diwydianeiddio a threfoli cyflym
- llywodraethau sefydlog ac arweinwyr gwleidyddol cryf
- llawer iawn o fuddsoddiad uniongyrchol o dramor gan gorfforaethau amlwladol (*MNCs: multinational corporations*)
- marchnad gartref sy'n tyfu
- isadeiledd wedi ei ddatblygu'n dda o'i gymharu â gwledydd mwy tlawd
- datblygiad eu corfforaethau amlwladol eu hunain.

Allforion Nwyddau a gwasanaethau sy'n cael eu cynhyrchu mewn un wlad a'u cludo i wlad arall

Mewnforion Nwyddau a gwasanaethau sy'n dod i mewn i un wlad o wlad arall

Tollau Trethi sy'n cael eu codi ar fewnforion

Cwotâu Cyfyngiadau ar gyfanswm y nwyddau sy'n cael eu mewnforio

Cymorthdaliadau Budd-daliadau sy'n cael eu rhoi gan y llywodraeth, fel arfer ar ffurf taliad ariannol neu ostyngiad treth

Cyd-ddibynnol Lle mae gwledydd wedi'u cysylltu â'i gilydd mewn gwe gymhleth, yn economaidd, yn gymdeithasol, yn ddiwylliannol ac yn wleidyddol, fel eu bod nhw'n ddibynnol ar ei gilydd

Enghraifft: gwlad incwm isel – Malaŵi

Ffigur 3 Gweithiwr yn casglu dail te yn Malaŵi.

Yn Malaŵi, mae amaethyddiaeth yn cyflogi 84 y cant o'r gweithlu ac yn cyfrif am 85 y cant o'r enillion allforio:

- Mae'r diwydiant te yn unig yn cyflogi 50,000 o weithwyr tymhorol. Ar ddiwedd y tymor, bydd y gweithwyr sy'n casglu dail te yn ddi-waith.
- Mae te yn cael ei dyfu ar 44 stad sy'n eiddo i 11 cwmni rhyngwladol.

- Hefyd, mae 10,000 o dyddynnod te yn eiddo i ffermwyr lleol yn Malaŵi.
- Mae 90 y cant o de Malaŵi yn cael ei allforio i'r DU a De Affrica.
- Mae te yn cael ei brosesu mewn 21 ffatri; cwmnïau yn y DU sy'n berchen ar 16 o'r rhain.
- Mae sefyllfa anwadal masnach y byd, tollau, cwotâu a thrychinebau amgylcheddol fel sychder, yn effeithio ar Malaŵi, am ei bod yn ddibynnol ar allforio nwyddau amaethyddol.
- Cynnyrch tanwydd sy'n cyfrif am 30 y cant o fil mewnforio Malaŵi.
- Mae'r economi yn dibynnu'n helaeth ar gymorth gan y Gronfa Ariannol Ryngwladol a Banc y Byd.

Enghraifft: gwlad newydd ei diwydianeiddio – India

Mae India wedi gweld twf economaidd cyflym am y rhesymau canlynol:

- Mae ganddi weithlu medrus o ganlyniad i fuddsoddiad mewn addysg.
- Mae buddsoddiad gan gorfforaethau amlwladol fel IKEA a Samsung wedi creu swyddi ym maes gweithgynhyrchu.
- Llywodraeth sefydlog. India yw gwlad ddemocrataidd fwyaf y byd.
- Ail weithlu Saesneg ei iaith fwyaf y byd.
- Isadeiledd datblygedig iawn o ran egni a chludiant.
- Costau cyflog isel o'u cymharu â chystadleuwyr fel China a México.
- Gweithlu ifanc, arferion gwaith hyblyg a dim llawer o undebau.
- Ail boblogaeth fwyaf y byd. Mae gan y bobl hyn allu prynu, felly mae marchnad India yn fawr ac yn ddeniadol.

- Mae cyrff fel Cyfundrefn Masnach y Byd yn annog masnach rydd rhwng gwledydd, sy'n helpu i gael gwared ar dollau a chwotâu.

Ffigur 4 Parc Technolegol Bagmane, Bengaluru (*Bangalore*).

Yn wahanol i'r arfer, y sector gwasanaethau, yn enwedig gwasanaethau meddalwedd a TGCh, ynghyd â'r cyfryngau, hysbysebu, adwerthu, adloniant a thwristiaeth sydd wedi arwain y broses o weddnewid economi India.

Gweithgaredd adolygu

1 Brasluniwch fap amlinell o India ar gerdyn A5. Anodwch eich map â rhesymau dros dwf India fel gwlad newydd ei diwydianeiddio.

2 Dangoswch leoliad Bengaluru (*Bangalore*) a Mumbai gan roi labeli ar eich map amlinell.

3 Ar eich map amlinell, nodwch y ffyrdd rydych chi'n meddwl y bydd twf cyflym yr economi yn effeithio ar fywydau pobl India. Ychwanegwch eich cerdyn at eich set o gardiau adolygu.

4 Gwnewch eich gwaith ymchwil eich hun a chwblhewch gerdyn adolygu naill ai ar gyfer Parc Technolegol Bagmane neu'r diwydiant ffilmiau Hindi.

Profi eich hun

PROFI

1 Cwblhewch y paragraff canlynol: Mae masnach yn golygu … a mewnforio nwyddau a gwasanaethau rhwng gwledydd gwahanol. Mae gwledydd incwm uchel fel arfer yn gwerthu gweithgynhyrchion a gwasanaethau, ond mae gwledydd incwm isel yn gwerthu nwyddau … fel … . Mae … yn enghraifft o wlad incwm isel.

2 Enwch wlad newydd ei diwydianeiddio a rhowch ddau reswm i esbonio pam mae'r wlad hon wedi datblygu'n gyflym dros y blynyddoedd diwethaf.

Natur newidiol diwydiant byd-eang

Mae'r byd yn dod yn llawer mwy rhyng-gysylltiedig. Rydyn ni'n cyfathrebu ac yn rhannu diwylliannau ein gilydd drwy deithio a masnachu, gan gludo nwyddau i bedwar ban y byd mewn oriau neu ddyddiau mewn economi byd-eang anferth. **Globaleiddio** yw enw'r broses sy'n golygu bod nwyddau, pobl, syniadau ac arian yn llifo'n rhwydd ar raddfa fyd-eang, fel ein bod ni'n byw fwyfwy mewn 'pentref byd-eang'. Dyma rai o'r datblygiadau allweddol sy'n achosi globaleiddio:

- gwell technoleg, er enghraifft mae'r rhyngrwyd yn galluogi e-fasnach
- gwelliannau ym maes cyfathrebu, er enghraifft twf technoleg lloeren
- datblygiadau ym maes cludiant, er enghraifft taliadau cludo nwyddau is oherwydd amlwythiant (*containerisation*)
- dileu rhwystrau masnach, er enghraifft datblygiad blociau masnachu
- twf corfforaethau amlwladol.

O ganlyniad i globaleiddio, mae gennym ni we fyd-eang gymhleth o gyd-ddibyniaeth.

Rhesymau pam mae corfforaethau amlwladol yn lleoli ffatrïoedd mewn sawl gwlad wahanol

Corfforaethau amlwladol yw cwmnïau sy'n gweithredu mewn sawl gwlad. Mae pencadlys corfforaeth amlwladol fel arfer mewn 'dinas global' fel Llundain. Pan fydd arian (cyfalaf) un wlad yn cael ei fuddsoddi mewn gwlad arall, yr enw ar hyn yw buddsoddiad uniongyrchol o dramor (*FDI: foreign direct investment*). Mae'r ffactorau sy'n denu corfforaeth amlwladol i fuddsoddi mewn gwlad yn cynnwys:

- cymhellion gan y llywodraeth
- y defnyddiau crai sydd ar gael
- costau llafur is
- pa mor agos yw'r marchnadoedd sy'n gwerthu nwyddau
- y gallu i werthu y tu mewn i'r rhwystrau masnach
- costau is o ran adeiladau a thir
- deddfwriaeth wannach o ran diogelwch a lles staff, amddiffyn yr amgylchedd a chynllunio.

Effaith lleoli corfforaethau amlwladol mewn gwlad benodol

Manteision	Anfanteision
Mae buddsoddiad yn dod â swyddi newydd a sgiliau i bobl leol	Mae'r elw yn aml yn dychwelyd i'r wlad incwm uchel lle mae pencadlys y gorfforaeth amlwladol
Mae buddsoddiad uniongyrchol o dramor yn dod ag arian tramor i economïau lleol pan fyddan nhw'n prynu adnoddau, cynnyrch a gwasanaethau lleol	Gyda'u darbodion maint enfawr, gallai corfforaethau amlwladol roi cwmnïau lleol allan o fusnes
Mae'r effaith luosydd yn lledaenu'r cyfoeth ymysg y gymdeithas	Os bydd yn rhatach i gorfforaeth amlwladol weithredu mewn gwlad arall, mae'n bosibl y bydd y ffatri yn cau a bydd pobl leol yn colli eu swyddi
	Oherwydd diffyg cyfreithiau rhyngwladol, gallai corfforaethau amlwladol weithredu mewn ffordd fyddai ddim yn cael ei chaniatáu mewn gwlad incwm uchel, er enghraifft llygru'r amgylchedd neu osod amodau gwaith gwael a chyflogau isel ar gyfer gweithwyr lleol, a defnyddio llafur plant efallai

---

Globaleiddio Y broses sydd wedi arwain at integreiddio economïau, cymdeithasau a diwylliannau'r byd drwy rwydweithiau cyfathrebu, cludiant a masnach

---

Gweithgaredd adolygu

1 Esboniwch pam mae corfforaethau amlwladol yn agor ffatrïoedd mewn sawl gwlad wahanol ledled y byd.

2 Cwblhewch grynodeb o *Nike* yn Viet Nam (gweler tudalen 104) ar gerdyn A5. Dylech gynnwys:
   - y rhesymau pam mae *Nike* wedi dewis lleoli yn Viet Nam
   - y manteision a'r anfanteision i'r bobl sy'n byw yn Viet Nam (defnyddiwch liwiau gwahanol)
   - defnyddiwch y rhyngrwyd i argraffu ffotograffau o gynhyrchion *Nike* i'w hychwanegu at eich cerdyn adolygu.

Enghraifft: *Tata Steel* yn y DU

Corfforaeth amlwladol o India yw grŵp *Tata*. Mae pencadlys y cwmni yn Mumbai. Mae *Tata* yn berchen ar 38 cwmni, gan gynnwys *Jaguar Land Rover* a *Tetley Tea*, ac mae'n cyflogi 50,000 o bobl yn y DU.

Yn 2006, fe wnaeth *Tata* brynu *Corus*, cwmni dur mawr a oedd yn berchen ar ffatrïoedd yn y DU. Drwy brynu ffatrïoedd yn Ewrop, roedd yn haws i *Tata* werthu dur i gwsmeriaid Ewropeaidd, gan osgoi tollau. Mae cystadleuaeth gan ddur rhad o China wedi golygu bod *Tata* wedi ystyried cau ei ffatrïoedd yn y DU, a fyddai'n arwain at golli 15,000 o swyddi uniongyrchol a 25,000 yn ychwanegol o swyddi anuniongyrchol mewn cwmnïau sy'n cyflenwi rhannau a gwasanaethau i *Tata*. Gallai hyn, o bosibl, arwain at weld rhannau o Dde Cymru a Swydd Efrog yn wynebu sbiral o ddirywiad economaidd – effaith luosydd negyddol.

Enghraifft: corfforaeth amlwladol *Nike*

Cafodd *Nike* ei sefydlu yn Oregon, UDA, ym mis Ionawr 1964:

- Mae gan y cwmni ffatrïoedd gweithgynhyrchu offer chwaraeon mewn 41 o wledydd gwahanol, ac mae'n gwerthu nwyddau mewn dros 700 o siopau ledled y byd.
- Mae'r gwaith cynhyrchu yn cael ei **roi yn allanol** i wledydd fel Indonesia, China, Taiwan, India, Gwlad Thai a Viet Nam.
- Cyfanswm gwerthiant byd-eang *Nike* yn 2014 oedd $28 biliwn.

Ffigur 5 Ffatri esgidiau chwaraeon yn Viet Nam.

Nike yn Viet Nam, gwlad newydd ei diwydianeiddio

Mae Viet Nam yn **wlad newydd ei diwydianeiddio (*NIC*)** yn Ne Ddwyrain Asia. Mae dros 75 miliwn pâr o esgidiau yn cael eu gwneud ar gyfer *Nike* yn Viet Nam bob blwyddyn. Fe wnaeth *Nike* ddewis lleoli yn Viet Nam oherwydd:

- costau llafur is
- ffatrïoedd a thir rhatach
- cyfraddau treth isel
- biliau egni isel
- llai o gyfreithiau a chyfyngiadau, er enghraifft mewn perthynas â hawliau gweithwyr.

Effeithiau lleoli *Nike* yn Viet Nam:

> **Rhoi gwaith yn allanol** Trosglwyddo gwaith i gyflenwyr allanol yn hytrach na'i wneud yn fewnol
>
> **Gwlad newydd ei diwydianeiddio (*NIC*)** Gwlad sydd wedi datblygu yn gyflym yn ystod ei hanes diweddar. Mae ei datblygiad yn aml yn tyfu dros 7 y cant bob blwyddyn

Manteision	Anfanteision
Wedi creu 40,000 o swyddi a gwella sylfaen sgiliau'r boblogaeth leol	Gallai delwedd y cwmni, a'i hysbysebion, danseilio'r diwylliant cenedlaethol
Yn talu cyflogau uwch na'r rhan fwyaf o gwmnïau lleol	Mae pryderon am ddylanwad gwleidyddol *Nike* yn Viet Nam
Wedi helpu i ddenu mwy o gorfforaethau amlwladol	Gallai buddsoddiad gael ei drosglwyddo yn gyflym o Viet Nam i rywle arall, gan adael pobl yn ddi-waith
Mae'n cyfrannu at drethi, sy'n helpu i dalu am addysg ac isadeiledd	Roedd enw drwg gan y ffatrïoedd oherwydd bod yr amodau gwaith fel siopau chwys. Roedd sôn bod gweithwyr yn cael eu cam-drin
Mae allforio cynnyrch *Nike* yn dod ag arian i'r wlad	Mae *Nike* yn defnyddio llawer o egni a dŵr

Cwestiynau enghreifftiol

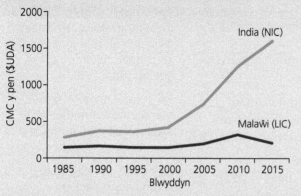

Ffigur 6 CMC y pen yn Malaŵi ac India.

1 Awgrymwch un ffordd arall o gyflwyno'r wybodaeth yn y graff uchod. Rhaid i chi gyfiawnhau eich dewis. [2]
2 Cymharwch y newid rhwng CMC y pen Malaŵi ac India. [2]
3 Awgrymwch ffyrdd y gallai'r graff fod yn gamarweiniol. [4]

Cyngor

Bydd 25 y cant o farciau'r arholiad yn profi sgiliau. Ymchwiliwch ar wefan CBAC, astudiwch dudalennau 33 a 34 y fanyleb TGAU Daearyddiaeth. Gwnewch restr o'r sgiliau y mae angen i chi wybod amdanyn nhw. Cwblhewch ymarfer goleuadau traffig i roi prawf ar eich gwybodaeth a'ch dealltwriaeth.

Cyfraniad cynyddol twristiaeth at yr economi byd-eang

Mae **twristiaeth** yn cyfrif am un swydd o bob 11 dros y byd. Tan yn ddiweddar, roedd yn weithgaredd poblogaidd yng ngwledydd mwyaf cyfoethog y byd, ond mae'n dod yn ffynhonnell incwm fwyfwy pwysig i wledydd incwm isel ac incwm canolig.

Datblygiadau allweddol sy'n gyrru'r diwydiant twristiaeth byd-eang

Rhanbarth	Nifer y twristiaid fesul blwyddyn (miliynau)		
	1995	2014	2030
Affrica	18.7	55.7	134
Y Dwyrain Canol	12.7	51.0	149
Gogledd, Canolbarth a De America a'r Caribî	109.1	181.0	249
Asia a'r Pasiffig	82.1	263.3	535
Ewrop	304.7	581.8	744
Cyfanswm	527.3	1132.8	1810

Ffigur 7 Twf y diwydiant twristiaeth byd-eang – nifer y twristiaid yn 1995 a 2014, a'r nifer disgwyliedig yn 2030.

Dechreuodd oes fodern twristiaeth dorfol yn yr 1960au. Mae'r ffactorau sydd wedi cyfrannu at dwf cyflym twristiaeth yn cynnwys y canlynol:

● Disgwyliad oes cynyddol ac ymddeoliad cynnar, sy'n golygu bod mwy o bobl hŷn yn teithio.
● Cyflogau uwch a chynilion, sy'n golygu bod gan bobl fwy o arian i'w wario.
● Awyrennau modern, sy'n golygu ei bod bellach yn haws teithio, ac mae hedfan yn fwy fforddiadwy erbyn hyn.
● Twf cwmnïau gwyliau, sy'n golygu ei bod yn haws archebu gwyliau, a bod gwyliau bellach yn fwy fforddiadwy. Mae twristiaid yn aml yn prynu pecyn sy'n cynnwys taith awyren, gwesty a phrydau bwyd.
● Y rhyngrwyd, sy'n ei gwneud yn bosibl i bobl gael gwybodaeth am gyrchfannau gwyliau a gwneud eu trefniadau teithio a llety eu hunain.
● Llywodraethau mwy sefydlog o amgylch y byd, sydd wedi ei gwneud yn haws teithio, ac sydd wedi arwain at deithio mwy diogel.

Profi eich hun

1 Disgrifiwch un newid sydd wedi'i enwi ym maes technoleg, sydd wedi caniatáu i weithgareddau dynol gael eu globaleiddio'n gynyddol.
2 'Mae buddsoddiad corfforaethau amlwladol mewn gwlad sy'n datblygu bob amser yn beth da.' I ba raddau rydych chi'n cytuno â'r gosodiad hwn mewn perthynas ag un o'r corfforaethau amlwladol rydych chi wedi eu hastudio?
3 Esboniwch sut mae buddsoddiad cwmnïau fel *Nike* mewn gwledydd sy'n datblygu yn newid patrymau datblygiad byd-eang.

PROFI

Twristiaeth Unrhyw weithgaredd lle mae unigolyn yn ymweld yn wirfoddol â rhywle oddi cartref ac yn aros yno am o leiaf un noson

Twristiaeth clofan a'r economi anffurfiol

Mae nodweddion datblygiadau diweddar yn cynnwys:

● **Twristiaeth clofan** (*enclave tourism*): mae twristiaid yn talu un pris ac yn cael eu holl anghenion teithio, llety, bwyd, diod ac adloniant mewn un lle.

● **Gwyliau mordaith** (*cruise holidays*): mae llongau mordeithio yn gwerthu pecynnau 'hollgynhwysol'.

Ar wyliau o'r fath, mae llai o'r arian sy'n cael ei wario gan dwristiaid yn mynd i'r economi lleol ac mae'r **elw coll** yn mynd i'r corfforaethau amlwladol sy'n berchen ar y cwmnïau awyrennau, y cadwyni o westai a'r llongau mordeithio.

Mae llawer o waith i wasanaethu twristiaid, er enghraifft tylino'r corff ar y traeth a gwerthu ffrwythau ac anrhegion, yn rhan o'r sector anffurfiol. Dydy'r llywodraeth ddim yn ennill unrhyw incwm uniongyrchol o'r sector hwn. Mae'n cael ei ddisgrifio fel y farchnad ddu neu'r **economi anffurfiol**.

Wrth i gyflogau godi mewn gwledydd newydd eu diwydianeiddio, felly hefyd y galw am dwristiaeth gan y poblogaethau brodorol. Er enghraifft, teithiodd tua 100 miliwn o dwristiaid dramor o China yn 2014, gan roi hwb ychwanegol i dwf twristiaeth byd-eang.

Effaith twf twristiaeth ar strwythurau cyflogaeth

Mewn llawer o wledydd, mae hyrwyddo twristiaeth yn cael ei ystyried yn strategaeth ddatblygu. Mae twristiaeth yn creu twf yn y sector trydyddol, ond gall hefyd gael effaith luosydd gadarnhaol ac achosi twf yn y sectorau cynradd ac eilaidd hefyd. Mae'r arian sy'n cael ei wario mewn gwesty yn helpu i greu swyddi uniongyrchol yn y gwesty, ond mae hefyd yn creu swyddi anuniongyrchol mewn rhannau eraill o'r economi. Er enghraifft, bydd y gwesty yn prynu bwyd gan ffermwyr lleol, ac efallai y bydd y ffermwyr hynny yn gwario rhywfaint o'r arian hwnnw ar wrtaith neu ddillad. Bydd y galw am gynhyrchion lleol yn cynyddu wrth i dwristiaid brynu anrhegion, sy'n cynyddu cyflogaeth eilaidd.

Mae effeithiau twf y diwydiant twristiaeth yn cynnwys y canlynol:

Manteision	Anfanteision
Creu swyddi	Mae swyddi yn aml yn talu cyflogau isel ac yn rhai dros dro
Yn dod â chyfnewidfeydd tramor (*foreign exchange*)	Yn dinistrio'r diwylliant lleol
Gall cyfoeth gael ei fuddsoddi mewn gwasanaethau fel iechyd ac addysg	Ecosystemau bregus, er enghraifft twyni tywod, yn cael eu dinistrio
Gall bobl leol ddefnyddio'r cyfleusterau newydd sy'n cael eu darparu ar gyfer twristiaid	Mwy o lygredd oherwydd traffig ar y ffyrdd ac yn yr awyr

Profi eich hun

PROFI

1 Disgrifiwch sut mae gwelliannau technoleg a chludiant wedi helpu twf y diwydiant twristiaeth byd-eang.
2 Esboniwch pam dydy economïau lleol ddim yn elwa llawer ar 'dwristiaeth clofan'.

Twristiaeth clofan Pan fydd gweithgareddau twristiaeth wedi'u cynllunio ac yn cael eu cynnal mewn un ardal ddaearyddol fach

Gwyliau mordaith Taith bleser ar long neu gwch sydd fel arfer yn ymweld â sawl lle

Elw coll Y ffordd y mae refeniw sy'n cael ei gynhyrchu gan dwristiaeth yn cael ei golli i economïau gwledydd eraill

Economi anffurfiol Y swyddi sy'n cael eu gwneud gan bobl hunangyflogedig nad yw'r awdurdodau yn eu rheoleiddio, nac yn cael gwybod amdanyn nhw

Gweithgaredd adolygu

1 Lluniadwch ddiagram corryn yn crynhoi'r rhesymau dros y twf mewn twristiaeth ers yr 1960au.
2 Defnyddiwch Ffigur 7 i ddisgrifio a chymharu twf twristiaeth yn rhanbarthau gwahanol y byd. Allwch chi awgrymu rheswm pam mae twristiaeth yn tyfu'n gyflymach mewn rhai rhanbarthau?

Thema 6 Materion Datblygiad ac Adnoddau

Enghraifft: twristiaeth mewn gwlad newydd ei diwydianeiddio – Viet Nam

Aeth dros 6 miliwn o dwristiaid i Viet Nam yn 2015. Mae'r rhesymau dros y cynnydd yn nifer y twristiaid yn cynnwys y canlynol:

- Gwell cludiant, yn enwedig mewn awyrennau.
- Llywodraeth Gomiwnyddol sydd wedi dadreoleiddio'r economi i ganiatáu mwy o berchenogaeth breifat, ac sydd hefyd wedi llacio rheolau fisa er mwyn ei gwneud yn haws ymweld â'r wlad.
- Gwell delwedd – daeth Rhyfel Viet Nam i ben dros 40 mlynedd yn ôl.
- Cyfraddau cyfnewid atyniadol sy'n gwneud Viet Nam yn wlad eithaf rhad i ymweld â hi.
- Atyniadau dynol a ffisegol unigryw i dwristiaid.

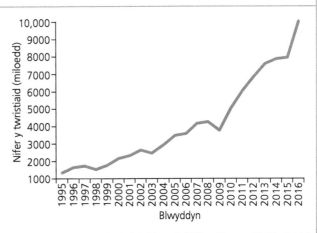

Ffigur 8 Nifer y twristiaid ddaeth i Viet Nam, 1995–2016.

Mae'r atyniadau i dwristiaid yn Viet Nam yn cynnwys:

- Twnelau Cu Chi: cafodd y rhain eu defnyddio gan y Vietcong yn ystod Rhyfel Viet Nam.
- Temlau: mae llawer o grefyddau yn cael eu harfer yn Viet Nam, gan gynnwys Bwdhaeth a Cao Dai, sy'n unigryw i'r wlad.
- Bwyd: mae gan Viet Nam amrywiaeth eang o fwydydd gwahanol.

- Bae Halong: golygfeydd ysblennydd a miloedd o garstiau calchfaen.
- Traeth Lang Co: tafod hardd sydd â lagŵn llonydd y tu ôl iddo.
- Bywyd gwyllt: amrywiol a diddorol.

Mae effeithiau twristiaeth yn Viet Nam yn cynnwys y canlynol:

Manteision	Anfanteision
Mae'n cyflogi tua 250,000 yn uniongyrchol a 500,000 yn anuniongyrchol, gan ddod â $16.4 biliwn i'r economi yn 2015	Mae llawer o ddatblygiadau twristiaeth yn berchen yn rhannol i gwmnïau tramor. Mae rhywfaint o'r elw yn cael ei golli dramor
Mae twristiaeth yn annog mwy o entrepreneuriaeth ac yn gwella sgiliau iaith, er enghraifft arweinwyr teithiau a gyrwyr tacsi	Mae swyddi yn dymhorol, mae llawer o bobl yn ddi-waith yn ystod y tymor gwlyb pan fydd llai o ymwelwyr yn dod
Mae gwasanaethau newydd yn cael eu hadeiladu a'u datblygu, sydd o fudd i dwristiaid a phreswylwyr lleol, er enghraifft ysbytai	Un broblem ddifrifol yw twf twristiaeth rhyw, yn enwedig recriwtio bechgyn a merched ifanc
Mae parciau cenedlaethol newydd yn cael eu creu i warchod bywyd gwyllt	Gall dyfodiad twristiaid arwain at ddirywiad diwylliannau lleol, er enghraifft colli iaith

Profi eich hun

PROFI

'Mae twf twristiaeth o fudd i ddatblygiad gwledydd incwm is.' I ba raddau rydych chi'n cytuno â'r gosodiad hwn?

Cwestiynau enghreifftiol

1 Lluniadwch graff addas i ddangos y wybodaeth yn y tabl isod. Rhaid i chi gyfiawnhau eich dewis o graff. [4]

Teithwyr mordaith – dros y byd (miliynau)	4.0	5.5	8.0	11.5	16.5	25.0
Blwyddyn	1990	1995	2000	2005	2010	2015

2 Disgrifiwch y duedd sy'n cael ei dangos ar eich graff. [2]
3 Rhowch ddau reswm i esbonio'r duedd hon. [4]

Gweithgaredd adolygu

1 Disgrifiwch dwf twristiaeth yn Viet Nam.
2 Ymchwiliwch ar y rhyngrwyd i ddod o hyd i ffotograffau o'r atyniadau i dwristiaid, a'u hargraffu. Nawr argraffwch fap amlinell o Viet Nam. Nodwch leoliad yr atyniadau ar eich map ac ychwanegwch eich ffotograffau o'r atyniadau.
3 Anodwch eich map â rhesymau dros dwf twristiaeth yn Viet Nam.

Beth yw'r ymatebion i ddatblygiad anghyson ar raddfa fyd-eang?

Sut gall cymorth rhyngwladol leihau anghydraddoldeb

Ystyr cymorth yw trosglwyddo adnoddau o wlad fwy cyfoethog i wlad fwy tlawd. Mae hyn yn cynnwys arian, offer, hyfforddiant a benthyciadau. Mae mathau gwahanol o gymorth yn cynnwys:

● Cymorth dwyochrog (*bilateral aid*): rhwng dwy wlad, mae'n aml yn gymorth clwm, sy'n golygu bod rhaid i'r wlad sy'n cael cymorth wario arian ar nwyddau a gwasanaethau o'r wlad sy'n rhoi cymorth.

● Cymorth amlochrog (*multilateral aid*): arian sy'n cael ei roi gan wledydd mwy cyfoethog drwy gyrff fel y Gronfa Ariannol Ryngwladol, y **Cenhedloedd Unedig** a Banc y Byd.

● Cymorth brys tymor byr: mae'n rhoi cymorth yn ystod neu yn syth ar ôl trychineb naturiol fel sychder; mae'n cynnwys bwyd, meddyginiaethau a phebyll.

● Cymorth datblygiad tymor hir: rhaglen gymorth tymor hir sy'n ceisio gwella safonau byw, er enghraifft addysg i bobl ifanc.

● Dileu dyled: pan fydd gwledydd mwy cyfoethog yn fodlon i wledydd mwy tlawd beidio ag ad-dalu'r arian sy'n ddyledus ganddyn nhw.

● Cymorth gan sefydliadau anllywodraethol (*NGOs: non-governmental organisations*): mae'n cael ei roi drwy elusennau fel Oxfam ac Achub y Plant.

> **Cenhedloedd Unedig**
> Corff rhynglywodraethol sy'n hyrwyddo cydweithio rhyngwladol
>
> **Technoleg ganolradd**
> Technoleg cost isel, sy'n aml yn ddwys o ran llafur, ac yn seiliedig ar adnoddau lleol. Mae'n addas i wledydd llai economaidd ddatblygedig

Enghraifft: cymorth sy'n helpu i leihau anghydraddoldeb yn Malaŵi, sy'n wlad incwm isel

Mae'r rhan fwyaf o bobl Malaŵi yn ffermwyr ymgynhaliol. Mae erydiad pridd yn effeithio ar ardal Middle Shire yn ystod y tymor gwlyb. Mae'r rhesymau dros hyn yn cynnwys:

● poblogaeth sy'n tyfu'n gyflym, sy'n golygu bod y ffermwyr wedi torri coedwigoedd i lawr i ddarparu tir i dyfu bwyd ac ar gyfer coed tân

● prisiau tybaco, sef y prif gnwd, yn gostwng, sy'n golygu bod rhaid tyfu mwy er mwyn cael yr un enillion. Mae hyn yn arwain at drin y tir yn fwy dwys.

Project 10 mlynedd sy'n cael ei ariannu gan lywodraeth Japan yw *Community Vitalization and Afforestation in Middle Shire* (*COVAMS*). Nod y project yw atal erydiad pridd drwy wneud y canlynol:

● addysgu am achosion erydiad pridd

● hyfforddi ffermwyr i aredig o amgylch y bryniau, gan ddilyn y cyfuchliniau (*contours*) ac arafu'r dŵr ffo arwyneb

● adeiladu rhwystrau o graig, pren a bambŵ ar draws nentydd i arafu llif y dŵr

● adeiladu terasau ar ochrau'r bryniau i leihau dŵr ffo arwyneb

● cyflenwi rhywogaethau o goed sy'n tyfu'n gyflym o blanhigfeydd lleol, er mwyn cyflymu'r broses o ailgoedwigo.

Mae'r dulliau hyn yn defnyddio **technoleg ganolradd**, sgiliau lleol a defnyddiau lleol i ddatrys y broblem heb wario llawer o arian.

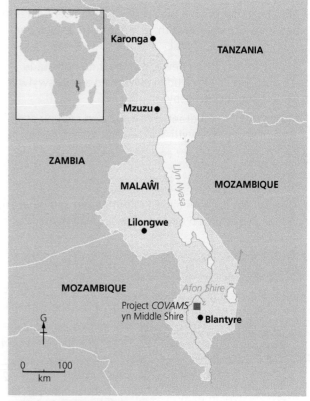

Ffigur 9 Lleoliad Malaŵi.

Mae projectau ar raddfa fawr yn rhoi hwb i'r broses ddatblygu. Dyma ddull gweithredu o'r top i lawr, sy'n aml yn cael ei ariannu gan gyrff fel Banc y Byd, er enghraifft adeiladu argae i ddarparu pŵer trydan dŵr. Mae projectau ar raddfa fach yn gweithio gyda phobl leol ac yn defnyddio sgiliau lleol. Gallwn ni ddisgrifio hyn fel datblygiad o'r gwaelod i fyny sy'n aml yn cael ei gefnogi gan sefydliadau anllywodraethol, er enghraifft tyllu ffynhonnau i ddarparu dŵr glân.

Targedau datblygiad

Mae 192 o wledydd yn cefnogi'r Cenhedloedd Unedig. Un o nodau'r corff hwn yw annog datblygiad pobl. Er mwyn helpu i gyrraedd y nod, cafodd 17 o Gyrchnodau Datblygiad Cynaliadwy eu gosod gan y Cenhedloedd Unedig yn 2015, i'w cyflawni erbyn 2030. Mae'r rhain yn ategu gwaith Cyrchnodau Datblygiad y Mileniwm (*MDGs: Millenium Development Goals*), a oedd yn weithredol rhwng 2000 a 2015. Mae rhagor o wybodaeth am waith y Cenhedloedd Unedig ar gael ar y wefan hon: **https://sustainabledevelopment.un.org/?menu=1300**

Manteision masnach deg

Mae masnach deg yn golygu bod y cynhyrchydd yn cael pris teg, sydd wedi'i warantu, am ei gynnyrch. Y nod yw:
- darparu isafswm cyflog ac amodau gwaith diogel
- cyfyngu ar lafur plant
- gwarchod yr amgylchedd
- gwella ysgolion a gofal iechyd.

Mae cynnyrch masnach deg weithiau'n costio ychydig yn fwy, ond i lawer o ddefnyddwyr, mae'r manteision yn gwneud iawn am y pris. Mae cynnyrch masnach deg yn cynnwys te, coffi, siwgr, siocled a dillad wedi'u gwneud o gotwm masnach deg.

Gweithgaredd adolygu

Ar gerdyn A5 lluniadwch linfap i ddangos lleoliad project *COVAMS* yn Middle Shire. Anodwch eich map i ddangos sut mae cymorth yn helpu ffermwyr Malaŵi.

Nwyddau (*commodities*) Defnyddiau crai neu gynnyrch amaethyddol cynradd sy'n gallu cael eu prynu a'u gwerthu, fel te neu gopr

Enghraifft: masnach deg – masnach coco Ghana

Gwlad yng ngorllewin Affrica yw Ghana. Yn ystod y blynyddoedd diweddar, mae Ghana wedi datblygu drwy fasnachu aur, olew a choco:
- Mae 2.5 miliwn o ffermwyr yn tyfu coco fel eu prif gnwd.
- Ar dyddynnod, sef ffermydd bach iawn llai na 3 ha o faint, y mae 90 y cant yn cael ei dyfu.
- Mae'r rhan fwyaf o'r coco yn cael ei werthu ar gyfer ei allforio; dim ond tua 5 y cant o'r cnwd coco sy'n cael ei brosesu i wneud siocled yn Ghana.
- Mae 75 y cant yn cael ei allforio i'r UE, lle mae'n cael ei ddefnyddio i wneud siocled mewn gwledydd fel Gwlad Belg, yr Almaen a'r DU.
- Mae cynhyrchiant yn amrywio o flwyddyn i flwyddyn, gan ddibynnu ar y tywydd, plâu a chlefydau.
- Ar gyfartaledd, dim ond tua £160 y flwyddyn y mae ffermwr coco yn ei gael.

Mae coco a chnydau fel te a siwgr yn enghreifftiau o **nwyddau**. Mae masnachwyr yn Ewrop yn prynu ffa coco mewn marchnad blaendrafodion (*futures market*) yn Llundain. Gall y pris fynd i fyny neu i lawr o un diwrnod i'r llall, yn dibynnu ar gyflenwad a galw. Mae'r prisiau amrywiol yn golygu ei bod yn anodd iawn i ffermwyr Ghana ennill cyflog teg.

Mae masnach deg yn helpu ffermwyr graddfa fach yn Ghana:
- Cafodd *Day Chocolate Company* ei sefydlu yn 1997 gan Kuapa Kokoo fel cwmni cydweithredol i ffermwyr. Sefydlwyd y cwmni gyda chymorth *The Body Shop* a *Comic Relief*, i gynhyrchu bar o siocled lleol.
- Cafodd siocled llaeth masnach deg *Divine* ei lansio ym mis Hydref 1998. Mae'r ffermwyr coco yn derbyn cyfran o'r elw o werthiant *Divine*, yn ogystal â phris teg am eu ffa coco.

Profi eich hun

PROFI

1 Beth yw nwyddau (*commodities*)?
2 Amlinellwch ddwy o fanteision masnach deg i bobl sy'n tyfu coco.

Dadleuon o blaid ac yn erbyn cymorth

O blaid	Yn erbyn
Mae cymorth brys yn achub bywydau ac yn lleihau dioddefaint	Gall cymorth wneud y wlad sy'n ei gael yn fwy dibynnol ar y wlad sy'n ei roi
Mae projectau datblygu yn arwain at welliannau tymor hir mewn safonau byw	Gall yr elw o brojectau mawr fynd i gorfforaethau amlwladol a'r gwledydd sy'n rhoi cymorth
Mae rhoi cymorth i ddatblygu adnoddau naturiol o fudd i'r economi byd-eang	Dydy cymorth ddim bob amser yn cyrraedd y bobl sydd ei angen, a gall swyddogion llwgr ei gadw
Mae cymorth ar gyfer datblygiadau diwydiannol yn creu swyddi, ac mae cymorth ar gyfer amaethyddiaeth yn helpu i gynyddu'r cyflenwad bwyd	Gall cymorth gael ei wario ar brojectau mawr eu bri neu mewn ardaloedd trefol yn hytrach nag yn yr ardaloedd gwledig lle mae wir ei angen
Mae darparu hyfforddiant a chyflenwadau meddygol yn gwella iechyd	Gall cymorth gael ei ddefnyddio fel arf i roi pwysau gwleidyddol ar y wlad sy'n ei gael

Gweithgaredd adolygu

1 Rhowch y rhesymau o blaid a'r rhesymau yn erbyn rhoi cymorth ar bob ochr i glorian. Beth yw eich barn chi? A yw cymorth yn gwneud gwahaniaeth i fywydau pobl mewn gwledydd mwy tlawd?

2 Rhestrwch rai o'r manteision i'r wlad sy'n rhoi cymorth.

Cwestiwn enghreifftiol

Trafodwch sut gallai cael cymorth rhyngwladol wella bywydau'r bobl sy'n byw yn y gwledydd lleiaf datblygedig.

Bydd cywirdeb eich ysgrifennu yn cael ei asesu yn eich ateb i'r cwestiwn hwn. [8] + [3]

Cyngor

Bydd y gallu i ysgrifennu'n gywir yn cael ei asesu mewn rhai cwestiynau sy'n gofyn am waith ysgrifennu estynedig. Mae ysgrifennu'n gywir yn cynnwys defnyddio iaith ddaearyddol arbenigol a sillafu, atalnodi a gramadeg cywir.

Mae cwestiynau fel yr un uchod yn werth cyfanswm o 11 marc o'r 80 ar gyfer y papur cyfan. Mae'n bwysig, felly, eich bod chi'n rhoi sylw arbennig i'r cwestiynau hyn.

Atebion i'r cwestiynau enghreifftiol a'r cwestiynau Profi eich hun: **www.hoddereducation.co.uk/fynodiadauadolygu**

Adnoddau dŵr a'u rheolaeth

Sut a pham mae'r galw am ddŵr yn newid?

Tueddiadau byd-eang o ran y defnydd o ddŵr

Mae'r dŵr sy'n cael ei ddefnyddio'n fyd-eang wedi bod yn cynyddu dros amser. Dyma'r ddau brif reswm dros hyn:

- Twf yn y boblogaeth: mae pobl yn defnyddio dŵr i yfed, ymolchi, coginio a glanhau. Mae angen dŵr hefyd i gynhyrchu'r bwyd rydyn ni'n ei fwyta ac i gynhyrchu'r nwyddau rydyn ni'n eu defnyddio.
- Datblygiad economaidd: mae **ôl troed dŵr** gwledydd incwm uchel yn llawer mwy na gwledydd incwm isel. Wrth i fwy o wledydd ddatblygu, bydd y galw byd-eang am ddŵr yn cynyddu.

Mae faint o ddŵr sy'n cael ei ddefnyddio yn amrywio o fewn gwledydd, ac o wlad i wlad hefyd. Yn Affrica is-Sahara, mae pobl sy'n byw mewn ardaloedd trefol ddwywaith yn fwy tebygol o gael dŵr diogel drwy bibell na phobl sy'n byw mewn ardaloedd gwledig. Mewn ardaloedd gwledig, mae merched yn treulio oriau yn cerdded i gasglu dŵr yn hytrach na mynd i'r ysgol. Mewn ardaloedd trefol, mae pobl sy'n byw mewn trefi sianti yn aml yn gorfod prynu dŵr gan werthwyr stryd, ac maen nhw weithiau'n talu hyd at 50 gwaith yn fwy am y dŵr na'r hyn y mae pobl sy'n byw yn ninasoedd Ewrop yn ei dalu.

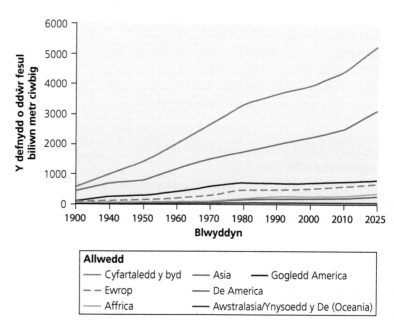

Allwedd

—— Cyfartaledd y byd	—— Asia	—— Gogledd America
– – Ewrop	—— De America	
—— Affrica	—— Awstralasia/Ynysoedd y De (Oceania)	

Ffigur 10 Y dŵr sy'n cael ei ddefnyddio'n fyd-eang, 1900–2025.

Gweithgaredd adolygu

1. Defnyddiwch Ffigur 10 i ddisgrifio sut mae'r defnydd byd-eang o ddŵr wedi newid ers 1900.
2. Awgrymwch resymau i esbonio pam mae rhywun yn America yn defnyddio 1300 litr o ddŵr y dydd ar gyfartaledd, o'i gymharu â rhywun yn Affrica sy'n defnyddio dim ond 22 litr y dydd ar gyfartaledd.
3. Defnyddiwch dystiolaeth o'r ffotograff isod i awgrymu sut byddai adeiladu ffynnon yn annog datblygiad o'r gwaelod i fyny yn y Sahel.

Ffigur 11 Mae menywod y Sahel yn Affrica yn treulio llawer o amser yn gwneud gwaith sydd ddim yn cyfrannu'n uniongyrchol at incwm y teulu nac incwm y wladwriaeth.

Ôl troed dŵr Cyfaint y dŵr croyw sy'n cael ei ddefnyddio a'i lygru gan bobl. Mae'n cael ei gyfrifo drwy gyfrif faint o ddŵr mae pobl yn ei ddefnyddio yn uniongyrchol ac yn anuniongyrchol

Profi eich hun

Awgrymwch resymau fyddai'n esbonio pam mae'r defnydd o ddŵr wedi cynyddu mwy yn Asia nag yn unrhyw ranbarth arall o'r byd.

PROFI

Olion traed dŵr

Mae ôl troed dŵr unigolyn yn mesur y dŵr y mae'n ei ddefnyddio pob dydd i yfed, coginio ac ymolchi, yn ogystal â'r dŵr sy'n cael ei ddefnyddio i dyfu bwyd ac i gynhyrchu nwyddau a gwasanaethau. Mae ôl troed dŵr yn dangos i ni faint o ddŵr sy'n cael ei ddefnyddio gan unigolyn, gan wlad benodol neu yn fyd-eang:

- Mae 70 y cant o'r dŵr rydyn ni'n ei ddefnyddio yn mynd i gynhyrchu ein bwyd, mae 20 y cant yn cael ei ddefnyddio gan ddiwydiant ac ae 10 y cant yn cael ei ddefnyddio yn y cartref.
- Ym maes amaethyddiaeth, mae'r rhan fwyaf o'r dŵr yn cael ei ddefnyddio at ddibenion dyfrhau.
- Mae diwydiant yn defnyddio llawer iawn o ddŵr mewn prosesau gweithgynhyrchu ac oeri.

- Yn y cartref, mae'r rhan fwyaf o'r dŵr yn cael ei ddefnyddio mewn toiledau, peiriannau golchi ac yn y gawod neu'r baddon.
- Mae llawer iawn o ddŵr yn cael ei golli drwy anweddiad a phan fydd cronfeydd dŵr yn gollwng.

Yr enw ar y dŵr sy'n cael ei ddefnyddio i gynhyrchu ein bwyd ni a'r nwyddau rydyn ni'n eu prynu yw dŵr cynwysedig (neu rhith-ddŵr). Er enghraifft, mae angen tua 15,000 litr o ddŵr i gynhyrchu 1 kg o gig eidion. Mae'r dŵr yn cael ei ddefnyddio i dyfu gwair/glaswellt ac fel dŵr yfed.

Sicrwydd dŵr

Mae **sicrwydd dŵr** yn golygu:

- bod digon o ddŵr diogel a fforddiadwy gan bobl i gadw'n iach
- bod digon o ddŵr ar gael ar gyfer amaethyddiaeth a diwydiant
- bod y cyflenwad yn gynaliadwy a bod yr ecosystemau sy'n cyflenwi dŵr yn cael eu gwarchod
- bod pobl yn cael eu hamddiffyn rhag peryglon sy'n gysylltiedig â dŵr, er enghraifft sychder.

Pan fydd prinder dŵr economaidd, bydd dŵr ar gael ond am ryw reswm dydy hi ddim yn bosibl cael gafael arno, neu ei ddefnyddio. Efallai fod hyn am ei fod yn ddŵr daear sy'n rhy ddrud ei echdynnu, neu am fod y gost o'i gludo yn rhy ddrud, neu am fod y cyflenwad dŵr wedi'i lygru.

Pan fydd prinder dŵr ffisegol, does dim digon o unrhyw fath o ddŵr ar gael. Y rheswm mwyaf cyffredin dros hyn yw cyfraddau dyodiad isel.

Rhesymau dros y galw cynyddol am ddŵr

- Twf y boblogaeth: yn 1900, 1.6 biliwn oedd poblogaeth y byd. Heddiw, mae poblogaeth o dros 7 biliwn, ac mae disgwyl y bydd dros 10 biliwn erbyn diwedd y ganrif.
- Newid amaethyddol: mewn gwledydd mwy cyfoethog, mae'r broses ddyfrhau yn aml wedi'i mecaneiddio, ac yn cynnwys ysgeintellau (*sprinklers*) sy'n defnyddio llawer iawn o ddŵr.
- Twf diwydiannol: mewn gwledydd mwy cyfoethog, mae'r twf hwn yn aml ar raddfa fawr, ac mae gan ddiwydiannau fel y diwydiant dur alw anferth am ddŵr. Ar y cyfan, mae gan wledydd tlotach ddiwydiannau cartref ar raddfa lai, sydd â llai o alw am ddŵr. Wrth i ragor o gorfforaethau amlwladol fuddsoddi mewn gwledydd newydd eu diwydianeiddio a gwledydd incwm isel, bydd mwy o alw am ddŵr. Er enghraifft, yn India mae cynhyrchwyr diodydd yn defnyddio dros filiwn o litrau o ddŵr pob dydd.
- Twf **prynwriaeth**: mewn gwledydd mwy cyfoethog, mae llawer o gyfleusterau sy'n defnyddio dŵr, er enghraifft cawodydd, peiriannau golchi llestri a pheiriannau golchi dillad. Mae dŵr yn cael ei ddefnyddio yn y diwydiant hamdden hefyd, er enghraifft mewn pwll nofio, sba neu gwrs golff. Mewn gwledydd tlotach, does gan lawer o bobl ddim mynediad at ddŵr pibell, felly maen nhw'n fwy gofalus wrth ei ddefnyddio.

Sicrwydd dŵr Pan fydd poblogaeth gwlad yn gallu cael gafael ar ddigon o ddŵr glân mewn ffordd gynaliadwy

Prynwriaeth Ideoleg sy'n annog caffael mwy a mwy o nwyddau a gwasanaethau

---

Gweithgaredd adolygu

Ceisiwch amcangyfrif eich ôl troed dŵr dyddiol. Efallai y gallwch chi ddod o hyd i wefannau fydd yn eich helpu chi i wneud hyn.

Profi eich hun

Diffiniwch 'sicrwydd dŵr', 'ôl troed dŵr' a 'phrynwriaeth'.

PROFI

Cwestiwn enghreifftiol

Rhowch ddau reswm i esbonio pam mae cynnydd wedi bod yn y dŵr sy'n cael ei ddefnyddio'n fyd-eang. [4]

A yw adnoddau dŵr yn cael eu rheoli mewn ffordd gynaliadwy?

ADOLYGU

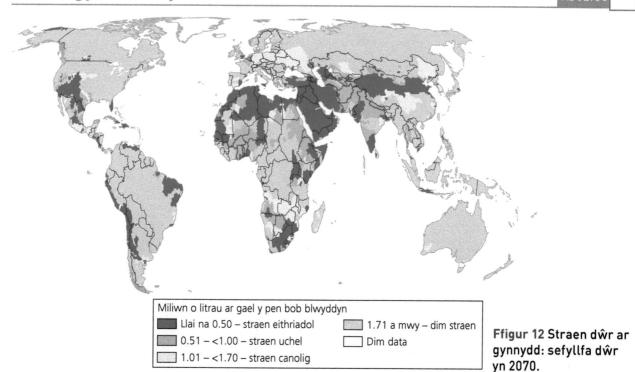

Miliwn o litrau ar gael y pen bob blwyddyn

- Llai na 0.50 – straen eithriadol
- 0.51 – <1.00 – straen uchel
- 1.01 – <1.70 – straen canolig
- 1.71 a mwy – dim straen
- Dim data

Ffigur 12 Straen dŵr ar gynnydd: sefyllfa dŵr yn 2070.

Mae'r map uchod yn dangos rhagamcan o'r dŵr fydd ar gael y pen yn y flwyddyn 2070. Mae rhai rhannau o'r byd yn fwy tebygol o wynebu prinder dŵr nag eraill. Wrth i boblogaethau gynyddu ac wrth i wledydd ddatblygu, mae'n debygol y bydd cynnydd yn nifer y lleoedd sy'n dioddef o **straen dŵr**. Mae dŵr diogel a glân yn rhywbeth nad ydy dros 748 miliwn o bobl ar draws y byd yn gallu ei gymryd yn ganiataol. Mae newid hinsawdd yn debygol o gael effaith ar nifer a dosbarthiad y lleoedd fydd yn dioddef o straen dŵr yn y dyfodol.

Strategaethau i reoli cyflenwad dŵr

- Adeiladu argaeau a chronfeydd dŵr: mae hyn yn darparu cyflenwadau mawr o ddŵr drwy gydol y flwyddyn ar gyfer y cartref ac at ddibenion dyfrhau.
- Cynlluniau trosglwyddo dŵr: pan fydd gan wlad ddŵr dros ben mewn un ardal a phrinder dŵr mewn ardal arall, gall y cyflenwadau gael eu trosglwyddo ar hyd camlesi a phibellau.
- Gweithfeydd dihalwyno: tynnu halen o ddŵr môr i'w wneud yn ddiogel ei yfed. Mae'r broses yn ddrud ac yn defnyddio llawer iawn o egni.
- Echdynnu dŵr daear: dŵr o dan y ddaear yn y craciau a'r gwagleoedd mewn pridd, tywod a chreigiau. Mae'n cael ei storio mewn ffurfiannau creigiau o'r enw dyfrhaenau (*aquifers*).
- Arbed dŵr: mae enghreifftiau yn cynnwys toiledau 'fflysio-deuol' a mesuryddion dŵr. Ar lefel genedlaethol, mae cwmnïau dŵr yn ceisio arbed dŵr drwy drwsio pibellau sy'n gollwng.
- Defnyddio dŵr llwyd: dŵr sydd naill ai wedi cael ei ddefnyddio o'r blaen, neu sy'n ddŵr glaw heb ei drin. Does dim rhaid defnyddio dŵr sydd wedi'i buro bob tro, er enghraifft i fflysio'r toiled.

Straen dŵr Pan fydd y galw am ddŵr yn fwy na'r cyflenwad sydd ar gael neu pan fydd ansawdd dŵr gwael yn cyfyngu ar y defnydd ohono

Gweithgaredd adolygu

Defnyddiwch Ffigur 12 i ddisgrifio pa ardaloedd o'r byd sy'n debygol o wynebu straen dŵr eithriadol yn 2070.

Profi eich hun

1 Disgrifiwch ddwy ffordd y gallwn ni reoli'r cyflenwad dŵr i fodloni'r galw cynyddol.
2 Beth yw 'casglu dŵr glaw' a sut gallai hyn leihau'r galw am ddŵr yn y cartref?

PROFI

Canlyniadau rheoli dŵr ar raddfa ryngwladol

Math o wleidyddiaeth y mae'r adnoddau dŵr sydd ar gael yn effeithio arni yw gwleidyddiaeth dŵr (**hydro-wleidyddiaeth**). Mae sawl afon yn llifo ar draws ffiniau rhyngwladol, ac weithiau yr afon yw'r ffin honno. Mae gweithgareddau un wlad yn debygol o effeithio ar wledydd eraill ar hyd yr afon, er enghraifft os yw'r dŵr yn cael ei lygru mewn un wlad, yna bydd hyn yn cael effaith ar yr holl wledydd eraill i lawr yr afon.

Hydro-wleidyddiaeth
Gwleidyddiaeth y mae'r dŵr a'r adnoddau dŵr sydd ar gael yn effeithio arni

Enghraifft: gwleidyddiaeth dŵr Afon Mekong, Viet Nam

Mae dau draean o adnoddau dŵr Viet Nam yn tarddu o'r tu allan i'r wlad, gan olygu bod penderfyniadau sy'n cael eu gwneud gan wledydd i fyny yr afon yn cael effaith ar Viet Nam:

- Y ddwy brif afon yn Viet Nam yw Afon Sông Hồng (*Red River*) yn y gogledd ac Afon Mekong yn y de.
- Mae Afon Mekong yn llifo o Lwyfandir Tibet drwy China, Myanmar, Laos, Gwlad Thai a Cambodia, cyn cyrraedd y môr drwy Delta Afon Mekong.
- Mae Delta Afon Mekong wedi'i ddisgrifio fel trysorfa fiolegol, ac fel powlen reis Viet Nam – mae'n cynhyrchu dros hanner prif gynnyrch bwyd y wlad, sef reis.
- Yn 1995, sefydlwyd Comisiwn Afon Mekong gan Laos, Gwlad Thai, Cambodia a Viet Nam.
- Yn 1996, ymunodd China a Myanmar â'r trafodaethau i reoli adnoddau Afon Mekong.

Mae nodau Comisiwn Afon Mekong yn cynnwys:

- Sicrhau mwy o gydweithrediad â China, gan drafod materion fel effaith adeiladu argaeau yn China, cynnal llif yn ystod y tymor sych a rhoi rhybuddion cynnar am lifogydd.
- Ehangu ardaloedd ffermio dyfredig (*irrigated farming*).
- Datblygu strategaethau sychder i sicrhau cyflenwad dŵr mwy dibynadwy.
- Gwarchod ecosystemau.

Allwedd
~ Afon Mekong
Dalgylch yr afon

Ffigur 13 Lleoliad Afon Mekong.

Canlyniadau rheoli dŵr ar raddfa fach

Mae projectau rheoli dŵr ar raddfa fach yn aml yn cael eu hariannu gan **sefydliadau anllywodraethol**. Maen nhw fel arfer:

- yn brojectau o'r gwaelod i fyny sy'n cael eu rheoli gan y gymuned leol
- yn gymharol rhad ac yn hawdd eu sefydlu
- yn hawdd eu cynnal gan ddefnyddio technoleg syml neu ganolradd
- yn mynd i'r afael â materion lleol.

Sefydliad anllywodraethol
Mae sefydliad anllywodraethol (*NGO*) yn sefydliad nid-er-elw sy'n annibynnol ar sefydliadau llywodraethau gwladwriaethol a rhyngwladol

Enghraifft: project ar raddfa fach – WaterAid yn Malaŵi

Yn Malaŵi, mae nifer y bobl sy'n gallu cael gafael ar gyflenwad dibynadwy o ddŵr glân yn llawer is na'r ffigur swyddogol, sef 90 y cant. Mae llawer o bympiau llaw wedi torri ac mewn ardaloedd gwledig, mae'n bosibl mai dim ond dau o bob deg sydd â mynediad at doiled.

Mae WaterAid yn cefnogi cymunedau i drwsio pympiau llaw sydd wedi torri, gwella arferion hylendid a hyfforddi pobl i gynnal a chadw eu hadnoddau eu hunain.

Mewn pentrefi heb doiled, mae WaterAid yn helpu i adeiladu toiledau compost syml sy'n cadw ffynonellau dŵr yn lân ac sydd hefyd yn darparu gwrtaith ar gyfer cnydau.

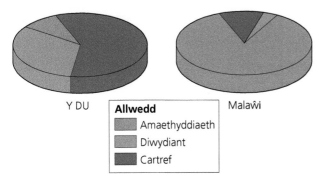

Allwedd
- Amaethyddiaeth
- Diwydiant
- Cartref

Y DU | Malaŵi

Ffigur 14 Sut mae dŵr yn cael ei ddefnyddio yn Malaŵi ac yn y DU.

Gweithgaredd adolygu

1 Gwnewch restr o'r gwledydd y mae Afon Mekong yn llifo drwyddyn nhw.
2 Pam ei bod yn bwysig rheoli Afon Mekong a'i llednentydd yn rhyngwladol?

Thema 6 Materion Datblygiad ac Adnoddau

Profi eich hun

PROFI

1 Cymharwch y ffyrdd y mae dŵr yn cael ei ddefnyddio yn Malaŵi ac yn y DU.
2 Esboniwch pam mae Malaŵi yn defnyddio canran llawer uwch o'i dŵr ar amaethyddiaeth.
3 Awgrymwch resymau i esbonio pam ei bod yn aml yn anodd cael cytundeb rhyngwladol.

Enghraifft: gordynnu dŵr daear yn India

Yn India, mae dŵr daear yn darparu 65 y cant o'r holl ddŵr sy'n cael ei ddefnyddio ym maes amaethyddiaeth, ac 85 y cant o'r dŵr sy'n cael ei ddefnyddio yn y cartref. Mae'r dŵr hwn yn cael ei storio mewn craig fandyllog o'r enw **dyfrhaen**. Mewn rhai ardaloedd, mae dŵr yn cael ei ordynnu o'r ddaear. Hynny yw, mae'n cael ei echdynnu yn gyflymach nag y gall y glawiad sy'n trylifo i'r ddaear ei ailgyflenwi. Mewn sawl lle, mae'r **lefel trwythiad** 4 m yn is nag yn 2000.

Dyma rai rhesymau dros ddefnyddio dŵr daear:
- Mae'r tymor sych yn hir mewn rhai taleithiau, fel Gujarat. Mae afonydd a llynnoedd yn sychu a dŵr daear yw'r unig ffynhonnell o ddŵr.
- Mae'r storfeydd ar yr arwyneb yn aml wedi'u llygru; mae dŵr daear yn cael ei ystyried yn lanach.
- Mae trydan rhad wedi annog ffermwyr i ddrilio ffynhonnau dwfn a gosod pympiau i echdynnu dŵr.
- O ganlyniad i'r Chwyldro Gwyrdd, mae ffermwyr bellach yn tyfu cnydau sy'n defnyddio mwy o ddŵr na chnydau traddodiadol.

Yn y dyfodol, bydd rhaid i lywodraeth India ddod o hyd i ffyrdd eraill o gyflenwi'r galw cynyddol am ddŵr:
- Gallai'r llywodraeth adeiladu mwy o argaeau. Mae gan India 3200 o argaeau mawr a chanolig yn barod, a byddai adeiladu mwy yn amhoblogaidd iawn oherwydd byddai mwy o bentrefi a thir ffermio yn cael eu boddi. Dyma enghraifft o ddull o'r top i lawr o fynd i'r afael â'r broblem.
- Dull gweithredu o'r gwaelod i fyny fyddai annog ffermwyr i fabwysiadu mesurau arbed dŵr. Un enghraifft yw **casglu dŵr glaw** lle gallai ffermwyr adeiladu argaeau pridd i greu pyllau bach o ddŵr sy'n llenwi yn ystod y tymor gwlyb. Dros y misoedd canlynol, gall y dŵr hwn gael ei ddefnyddio, a bydd yn suddo'n araf i'r ddaear, gan ailgyflenwi'r ddyfrhaen.

Cwestiwn enghreifftiol

Esboniwch pam mae'r galw am ddŵr yn uwch mewn gwledydd incwm uchel na gwledydd incwm isel. [6]

Cyngor

Ceisiwch roi enghreifftiau penodol yn eich ateb bob amser. Mewn ymateb i'r cwestiwn hwn, byddai'r arholwr yn disgwyl i chi gyfeirio at wledydd incwm uchel a gwledydd incwm isel penodol i gael marciau llawn.

Dyfrhaen Craig athraidd sy'n storio ac yn trosglwyddo dŵr

Lefel trwythiad Ffin uchaf rhan danddaearol ddirlawn y pridd neu'r graig

Casglu dŵr glaw Casglu dŵr o arwynebau lle mae glaw yn disgyn, a storio'r dŵr hwn i'w ddefnyddio rywbryd eto

Datblygiad economaidd rhanbarthol

Beth yw achosion a chanlyniadau patrymau datblygiad economaidd rhanbarthol yn India?

ADOLYGU

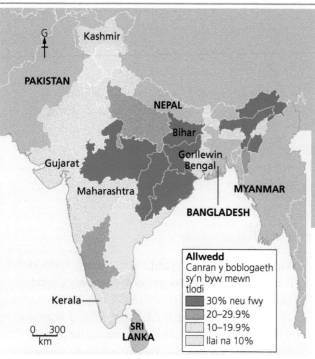

Ffigur 15 Canran poblogaeth India sy'n byw mewn tlodi, 2013.

Mae India yn enghraifft dda o sut mae gwahaniaethau rhanbarthol o ran datblygiad i'w cael o fewn un wlad. Mae anghydraddoldebau enfawr rhwng aelodau mwyaf cyfoethog a mwyaf tlawd y gymdeithas yn India. Dyma rai patrymau:

● Yn Kerala mae llywodraeth y dalaith bob amser wedi ariannu addysg ac iechyd y cyhoedd. O ganlyniad, mae'r gyfradd genedigaethau yn isel, mae disgwyliad oes yn hir ac mae ansawdd bywyd yn gymharol dda.

● Yn Kashmir, mae lefelau incwm y pen yn is na'r cyfartaledd. Un rheswm dros hyn yw'r gwrthdaro yn y rhanbarth rhwng India a Pakistan.

● Maharashtra a Gujarat yw prif ganolfannau diwydiant trwm India, yn cynhyrchu 39 y cant o allbwn diwydiannol y wlad a 67 y cant o'i phetrocemegion.

● Mae rhanbarth gogledd y canolbarth yn dlawd, ond mae Gorllewin Bengal yn eithriad gan fod ei lefelau incwm yn gymharol uchel. Mae'n nodedig am ei ddiwydiannau trwm, a dyma un o brif ganolfannau deallusol India ers tro.

Mae gwahaniaethau yn hinsawdd India hefyd, yn amrywio o ddiffeithdir cras yn y gogledd-orllewin, twndra yn yr Himalaya i'r gogledd, a rhanbarthau trofannol llaith sy'n cynnal coedwigoedd glaw yn y de-orllewin. Mae'r gwahaniaethau hyn yn cael llawer o effaith ar ffermio yn arbennig.

Ers yr 1950au, mae wedi bod yn anghyfreithlon gwahaniaethu yn erbyn pobl eraill yn India ar sail cast. Ond, mae'r gyfundrefn gast yn parhau i effeithio ar y gymdeithas o safbwynt anghydraddoldeb economaidd a hyd yn oed wrth ethol gwleidyddion.

Mae gwahaniaethu yn erbyn merched a menywod yn gyffredin iawn yn India. Mae'r system gwaddol (pan fydd teulu priodferch yn talu arian neu nwyddau) yn golygu bod merched yn faich ariannol, ac mae hyn yn arwain at fwy o anghydraddoldeb rhwng y ddau ryw.

Enghraifft: anghydraddoldebau cymdeithasol ac economaidd rhanbarthol – Bihar a Maharashtra

Yn 2010, £251 y flwyddyn oedd incwm y pen ar gyfartaledd yn Bihar, ond yn Maharashtra roedd yn £1011. Mae gan Maharashtra fanteision cychwynnol sy'n cynnwys pridd ffrwythlon, hinsawdd dda ar gyfer ffermio, cyflenwad dŵr da ac arfordir sy'n ei gwneud yn haws masnachu a chludo.

Bihar	Maharashtra
Mae 80 y cant o'r boblogaeth yn byw mewn ardaloedd gwledig; mae'n rhan o **ymylon gwledig** India	Mae'r rhanbarth yn cynnwys tair o ddinasoedd mwyaf India, sef Mumbai, Pune a Nagpur; mae'n rhan o **graidd trefol** India
Mae addysg yn wael ac mae'r gyfradd genedigaethau yn uchel	Mae'n ganolfan ar gyfer bancio, yswiriant a chanolfannau galwadau
Mae llawer o bobl yn gweithio fel labrwyr fferm heb dir	Mae diwydiannau gweithgynhyrchu yn y rhanbarth, er enghraifft dur a thecstilau
Mae'r ffermydd yn fach, a dydyn nhw ddim yn cynhyrchu llawer mwy na'r hyn sydd ei angen ar deulu i oroesi	Mumbai yw canolfan y diwydiant ffilmiau Bollywood yn India
Mae'r llywodraeth yn fwy llwgr na mewn rhannau eraill o India	Mae swyddi yn y llywodraeth yn y rhanbarth hwn yn talu'n dda

Mae anghydraddoldeb wedi arwain at brotestiadau, twf mudiadau eithafol, galw am annibyniaeth ranbarthol ac allgáu pobl 'anfrodorol'. Mae mwy o droseddu mewn rhai ardaloedd, ac mae'r cyhoedd yn gyffredinol yn teimlo'n flin iawn ynglŷn â llygredd gwleidyddol, yn ogystal â'r ffyrdd y mae polisïau taleithiau wedi ffafrio'r bobl gyfoethog. Mae'r grymoedd hyn yn creu ansefydlogrwydd a allai niweidio'r broses ddatblygu yn India yn y dyfodol.

> **Ymylon gwledig** Ar y cyrion; ardaloedd sydd â statws economaidd isel ac sydd felly'n dioddef o'r amodau cymdeithasol cysylltiedig
>
> **Craidd trefol** Ardal sy'n mwynhau statws economaidd, cymdeithasol a gwleidyddol uwch o'i chymharu â'r ardal o'i hamgylch

Profi eich hun

PROFI

1 Esboniwch beth yw ystyr y term 'craidd trefol' a pham mae gan y bobl sy'n byw yno safon byw well yn aml.
2 Cwblhewch ddiagram llif i ddangos yr effaith luosydd bosibl pe bai llywodraeth yn buddsoddi mewn addysg ac iechyd, fel yn Kerala.

> **Gweithgaredd adolygu**
>
> 1 Defnyddiwch Ffigur 15 i ddisgrifio dosbarthiad ardaloedd lle mae mwy na 30 y cant o'r boblogaeth yn byw mewn tlodi.
> 2 Nodwch un rheswm cymdeithasol, un rheswm economaidd, un rheswm diwylliannol, un rheswm gwleidyddol ac un rheswm amgylcheddol dros wahaniaethau rhanbarthol yn India.

Cwestiynau enghreifftiol

Talaith	Canran y boblogaeth sy'n byw mewn tlodi
Bihar	34
Kerala	7
Maharashtra	17

1 Dangoswch y wybodaeth hon ar graff addas. [4]
2 Awgrymwch ddau reswm i esbonio pam mae canran fawr o boblogaeth Bihar yn India yn byw mewn tlodi. [4]

Beth yw achosion a chanlyniadau patrymau datblygiad economaidd rhanbarthol yn y DU?

Y rhaniad gogledd-de

Mae wedi cael ei gydnabod ers tro bod rhaniad gogledd-de yn y DU. Mae hyn yn cyfeirio at y gwahaniaethau cymdeithasol ac economaidd rhwng De Lloegr a gweddill y DU. Dyma rai rhesymau dros y gwahaniaethau hyn:

- Mae'r ardal ar hyd coridor traffordd yr M4/M11 rhwng Bryste, Llundain a Chaergrawnt wedi denu diwydiannau gweithgynhyrchu technoleg uwch modern.

Ffigur 16 Rhaniad gogledd-de y DU.

- Cafodd £3.6 biliwn ei wario ar ymchwil a datblygu yn Ne Ddwyrain Lloegr yn 2010 o'i gymharu â £0.3 biliwn yn y Gogledd Ddwyrain.
- Mae'r gweithlu yn Ne Lloegr wedi cael mwy o addysg, ac mae swyddi cyflog uwch ym maes gwyddoniaeth, technoleg a chyllid i'w cael yno.
- Mae Llundain yn ganolfan fyd-eang ar gyfer bancio a chyllid.
- Mae llawer o rwydweithiau traffordd yn Ne Ddwyrain Lloegr, felly mae'n haws i gwmnïau ddosbarthu eu cynnyrch o amgylch y wlad neu i bedwar ban y byd.
- Mae prif feysydd awyr y DU yn Ne Lloegr: Heathrow, Gatwick, Stansted, Luton a Bryste.
- Ar un adeg, roedd Gogledd Lloegr yn lle diwydiannol iawn, ond mae'r diwydiannau gweithgynhyrchu hyn wedi dirywio oherwydd **dad-ddiwydianeiddio**, er enghraifft mae dros 200,000 o swyddi wedi'u colli yn y diwydiant dur ers 1967.
- O ran gwleidyddiaeth, mae De Lloegr yn tueddu i gefnogi'r Blaid Geidwadol, ond mae Gogledd Lloegr yn tueddu i gefnogi'r Blaid Lafur.

Canlyniadau cymdeithasol ac economaidd anghydraddoldebau rhanbarthol

Mae'r canlyniadau yn cynnwys:
- Cyflyrau iechyd sy'n waeth ar y cyfan yng Ngogledd Lloegr.
- Disgwyliad oes sy'n hirach yn Ne Lloegr.
- Prisiau tai sy'n uwch yn Ne Lloegr, yn enwedig yn Ne Ddwyrain Lloegr.
- Incwm uwch yn Ne Lloegr.
- Pobl ifanc broffesiynol yn mudo o'r Gogledd i weithio yn Ne Lloegr, yn Llundain yn benodol.

Dad-ddiwydianeiddio
Gostyngiad yng nghanran cyfraniad diwydiant eilaidd at economi, yn nhermau ei werth a'i bwysigrwydd fel sector cyflogaeth

Profi eich hun

Rhowch dri rheswm i esbonio pam mae rhaniad gogledd-de yn y Du.

PROFI

Cwestiwn enghreifftiol

Enwch y broses sy'n arwain at amrywiaeth ehangach o weithgareddau economaidd. Tanlinellwch yr ateb cywir o'r geiriau canlynol: dad-ddiwydianeiddio, adfywio, arallgyfeirio. [1]

Enghraifft: Sheffield – dinas yng Ngogledd Lloegr

Ar un adeg, roedd Sheffield yn ganolfan bwysig i ddiwydiant dur y DU. Yn yr 1980au, gwelwyd dirywiad dramatig yn y diwydiant: collodd 120,000 o bobl eu swyddi rhwng 1971 a 2008.

O ganlyniad i'r dad-ddiwydianeiddio yn Sheffield, gwelwyd **amrywiaethu** economaidd a thwf swyddi ym meysydd adwerthu, datblygu meddalwedd a gwasanaethau busnes. Mae dad-ddiwydianeiddio wedi arwain at nifer o fanteision amgylcheddol a chymdeithasol, ond ar draul yr economi:

Effeithiau cadarnhaol	Effeithiau negyddol
Ansawdd dŵr: yn ystod y cyfnod diwydiannol, roedd afonydd a nentydd yn cael eu llygru â gwastraff diwydiannol. Mae ansawdd dŵr afonydd fel Afon Don bellach yn llawer gwell, ac maen nhw'n cael eu hailgyflenwi â physgod	**Tir diffaith:** cafodd tua 900 ha o dir diffaith ac adeiladau eu gadael. Mae llawer o'r tir wedi'i lygru â metelau trwm a gwastraff diwydiannol arall
Ansawdd aer: mae ansawdd aer y ddinas wedi gwella	**Safleoedd tir glas:** gan nad yw pobl yn gallu dod o hyd i waith yn ardal fewnol Sheffield, mae hyn yn rhoi pwysau ar y safleoedd tir glas ar ymylon Sheffield wrth i dai gael eu hadeiladu arnyn nhw
Adfywio: mae rhai o'r hen safleoedd diwydiannol bellach ar gael i'w hadfywio, er enghraifft mae canolfan siopa Meadowhall ar safle gwaith dur Hadfield	**Traffig:** wrth i swyddi yn Sheffield ddod yn fwyfwy prin, mae pobl yn gorfod cymudo i gyrraedd eu gwaith, gan gynyddu tagfeydd

Sut gallwn ni leihau anghydraddoldebau rhanbarthol yn y DU?

ADOLYGU

Sut mae buddsoddiad yn creu twf mewn ardaloedd difreintiedig

Mae llywodraethau olynol wedi datblygu polisïau rhanbarthol i geisio lleihau anghydraddoldebau yn y DU:

- Cafodd y Gronfa Twf Rhanbarthol (*RGF: Regional Growth Fund*) ei chreu ym mis Mehefin 2010 gyda'r nod o hyrwyddo'r sector preifat yn yr ardaloedd yn Lloegr sy'n fwyaf tebygol o wynebu toriadau yn y sector cyhoeddus. Roedd y Gronfa werth dros £3.2 biliwn ac roedd yn weithredol tan fis Mawrth 2017.
- Ardaloedd dynodedig ledled Lloegr sy'n cynnig manteision treth a chefnogaeth gan y llywodraeth yw Ardaloedd Menter. Cafodd yr Ardal Fenter gyntaf ei sefydlu yn 2012, ac erbyn mis Ebrill 2017, roedd 48 ohonyn nhw ar waith.
- Mae Ardaloedd Menter yng Nghymru yn cynnig cymhellion i ddenu busnesau newydd i leoliadau amlwg. Eu nod yw tyfu'r economi lleol, darparu swyddi newydd a gweithredu fel catalydd i dwf.

Amrywiaethu Y broses sy'n arwain at amrywiaeth ehangach o weithgareddau economaidd

Enghraifft: Ardal Fenter Rhanbarth Dinas Sheffield

Mae'r Ardal Fenter hon ar draws chwe safle ar hyd coridor traffordd yr M1, yng nghanol y DU, ac mae Llundain 90 munud i ffwrdd ar y trên. Mae'r Ardal yn gartref i Ganolfan Ymchwil Gweithgynhyrchu Uwch (*AMRC: Advanced Manufacturing Research Centre*) Prifysgol Sheffield, sef canolfan o'r radd flaenaf ar gyfer ymchwil i uwch dechnolegau gweithgynhyrchu sy'n cael eu defnyddio yn y sectorau awyrofod, cerbydau modur a meddygaeth a sectorau gweithgynhyrchu eraill uchel eu gwerth.

Lluosyddion cadarnhaol a negyddol

Un ffordd o fynd i'r afael ag anghydraddoldeb rhanbarthol yw drwy fuddsoddi mewn projectau **isadeiledd** mawr, er enghraifft cynlluniau ffyrdd a rheilffyrdd. Bydd gwell cysylltiadau trafnidiaeth yn denu diwydiannau newydd gan arwain at luosydd economaidd cadarnhaol.

> **Isadeiledd** Yr enw ar yr holl gysylltiadau cyfathrebu a chysylltiadau gwasanaethau sylfaenol sy'n cael eu hadeiladu ar draws gwlad er mwyn hwyluso symudiad

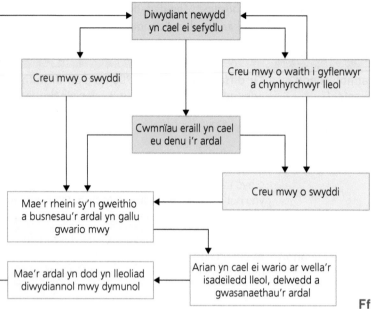

Ffigur 17 Lluosydd economaidd cadarnhaol.

Enghraifft: ffordd liniaru o amgylch Casnewydd

Traffordd yr M4 yw'r prif lwybr trafnidiaeth drwy De Ddwyrain Cymru, sy'n cysylltu'r rhanbarth â Llundain a De Ddwyrain Lloegr. Fodd bynnag, mae'r drafffordd yn culhau i ddwy lôn rhwng Casnewydd a Chaerdydd wrth iddi groesi Afon Wysg a mynd drwy dwnelau Brynglas. Mae hyn yn achosi tagfeydd a rhwystrau difrifol i draffig. Yn 2014, cadarnhaodd Llywodraeth Cymru ei bod yn bwriadu adeiladu ffordd liniaru gwerth £1 biliwn. Dyma'r rhaglen buddsoddi cyfalaf fwyaf y mae Llywodraeth Cymru wedi'i chyhoeddi erioed.

Mae llawer o ddinasoedd yng Ngogledd Lloegr, fel Sheffield, wedi dioddef oherwydd effaith luosydd negyddol. Pan fydd diwydiannau yn cau, bydd pobl yn colli eu swyddi. Byddan nhw'n ddi-waith, felly fydd ganddyn nhw ddim arian i'w wario mewn siopau lleol.

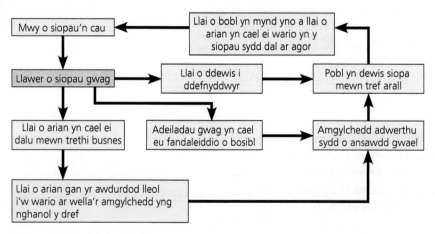

Ffigur 18 Effaith luosydd economaidd negyddol.

Sut mae polisïau cenedlaethol yn lleihau anghydraddoldeb rhanbarthol

Mae polisïau cenedlaethol yn cynnwys y canlynol:

- Datganoli pwerau i gynghorau lleol yng Ngogledd Lloegr, er enghraifft ethol maer Manceinion Fwyaf ym mis Mai 2017.
- Creu 'Pwerdy Gogledd Lloegr' (*Northern Powerhouse*), sef ymgais i annog twf economaidd, yn enwedig mewn dinasoedd craidd fel Manceinion, Lerpwl, Leeds, Sheffield a Newcastle. Byddai hyn yn ymgais i droi poblogaeth Gogledd Lloegr o 15 miliwn yn rym ar y cyd, i ddenu buddsoddiad i ddinasoedd a threfi'r rhanbarth.
- Gwella cysylltiadau cludiant fel y trên cyflym *High Speed 2* a fydd yn cysylltu Llundain â Birmingham, ac yn ddiweddarach, â dinasoedd yng Ngogledd Lloegr gan gynnwys Manceinion, Sheffield a Leeds. Bydd gwell cysylltiadau cludiant yn denu buddsoddiad newydd ac yn creu lluosydd economaidd.
- Symud rhai busnesau a chyfundrefnau, er enghraifft mae'r BBC wedi adeiladu *MediaCityUK* ger Manceinion, gan symud llawer o'i swyddfeydd yno yn 2011. Ers hynny, mae'r effaith luosydd wedi arwain at weld cwmnïau eraill yn symud gerllaw, er enghraifft y gadwyn gwestai *Holiday Inn*.

Profi eich hun

PROFI

Esboniwch sut gall dad-ddiwydianeiddio mewn ardaloedd fel Sheffield a chymoedd De Cymru arwain at luosydd negyddol.

Cwestiynau enghreifftiol

Astudiwch y map Arolwg Ordnans isod:

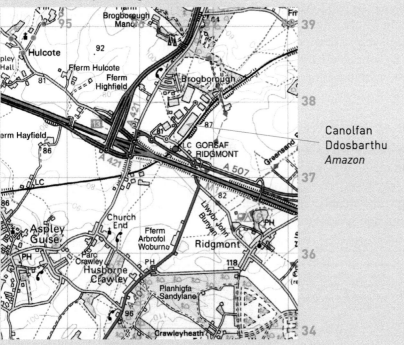

Canolfan Ddosbarthu *Amazon*

Ffigur 19 Map Arolwg Ordnans yn dangos lleoliad Canolfan Ddosbarthu *Amazon*. Graddfa 1:50,000.

1 Rhowch gyfeirnod grid pedwar ffigur ar gyfer lleoliad Canolfan Ddosbarthu *Amazon*. [1]
2 Rhowch ddau reswm i esbonio pam cafodd y safle hwn ei ddewis gan *Amazon* ar gyfer y Ganolfan Ddosbarthu. [4]

Gweithgaredd adolygu

Lluniwch ddiagram llif i ddangos effaith luosydd economaidd gadarnhaol posibl yn dilyn adeiladu ffordd liniaru'r M4 o amgylch Casnewydd.

Cyngor

Mae mapiau yn adnodd hanfodol i ddaearyddwyr. Yn eich arholiad TGAU, byddwch chi'n sicr o gael o leiaf un cwestiwn fydd yn cynnwys map Arolwg Ordnans, ac mae'n debygol y bydd cwestiynau eraill yn cynnwys mapiau syml a llinfapiau. Mae'n hanfodol felly bod gennych chi sgiliau darllen map sylfaenol, a'ch bod chi'n gallu:

- darllen symbolau, rhoi cyfeirnodau grid a chyfeiriadau, mesur pellter, defnyddio graddfeydd a deall cyfuchlinau
- disgrifio arweddion daearyddol sydd wedi'u dangos ar fap.

Mesur datblygiad cymdeithasol

Sut mae datblygiad cymdeithasol yn cael ei fesur?

ADOLYGU

Rydyn ni'n aml yn defnyddio dangosydd economaidd wrth ystyried sut i fesur datblygiad mewn gwlad. Gan nad yw hyn bob amser yn adlewyrchu safon byw y bobl mewn gwlad benodol, mae angen i ni edrych ar **ddatblygiad cymdeithasol.**

Dyma rai o'r dangosyddion sy'n mesur datblygiad cymdeithasol:

- **disgwyliad oes**
- **cyfradd llythrennedd**
- nifer y bobl i bob meddyg
- cymeriant bwyd (*food consumption*) ar gyfartaledd
- nifer y bobl ddigartref
- marwolaethau oherwydd dŵr anniogel ac iechydaeth wael
- **cyfradd marwolaethau babanod.**

Dau faes sy'n aml yn cael eu defnyddio i fesur datblygiad cymdeithasol yw cydraddoldeb ar sail rhywedd ac iechyd dinasyddion.

Rhywedd

Mae dangosyddion datblygiad ar sail rhywedd yn mesur cynnydd y wlad honno o ran hawliau cyfartal i ddynion a menywod. Mae problemau cydraddoldeb rhywedd yn dal i fodoli mewn gwledydd incwm uchel. Dyma rai o'r dangosyddion cymdeithasol ar gyfer cydraddoldeb rhywedd:

- cyfradd llythrenneddd
- **cyfradd ffrwythlondeb**
- disgwyliad oes
- cymeriant bwyd
- math o gyflogaeth.

Mynegrif anghydraddoldeb rhywedd (*GII*)

Mae'r **mynegrif anghydraddoldeb rhywedd** (*GII: gender inequality index*) yn mesur anghydraddoldebau rhywedd mewn tair agwedd allweddol ar ddatblygiad dynol: iechyd atgenhedlu, grymuso a statws economaidd. Ei nod yw dangos gwahaniaethau rhwng cyrhaeddiad dynion a menywod. Mae Ffigur 1 yn dangos y dangosyddion dan sylw.

Datblygiad cymdeithasol Mesur o'r graddau y mae cymdeithas yn newid er gwell, neu sut mae safonau byw yn codi

Disgwyliad oes Yr oed cyfartalog y mae disgwyl i unigolyn ei gyrraedd mewn poblogaeth

Cyfradd llythrennedd Canran y bobl mewn poblogaeth sy'n gallu darllen neu ysgrifennu

Cyfradd marwolaethau babanod Nifer y babanod fesul 1,000 o enedigaethau byw sy'n marw cyn troi'n flwydd oed

Cyfradd ffrwythlondeb Y nifer o weithiau y mae menyw yn rhoi genedigaeth yn ystod ei hoes, ar gyfartaledd

Mynegrif Anghydraddoleb Rhywedd (*GII*) Mesur o'r gwahaniaeth rhwng y ddau ryw

---

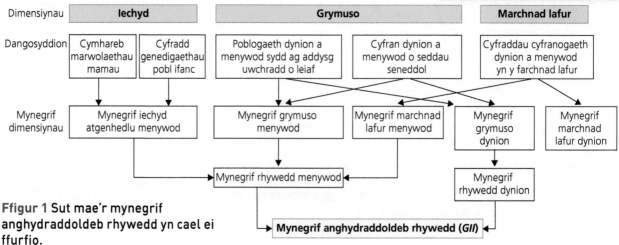

Ffigur 1 Sut mae'r mynegrif anghydraddoldeb rhywedd yn cael ei ffurfio.

Iechyd

Mae materion datblygiad sy'n ymwneud ag iechyd yn mesur y cynnydd y mae gwlad yn ei wneud wrth sicrhau bod ei holl ddinasyddion yn cael bywyd iach. Mae sawl math o ddangosydd yn cael ei ddefnyddio i fesur iechyd y dinasyddion, yn ogystal â chyflwr y prif wasanaeth iechyd sy'n cael ei ddarparu yn y wlad honno. Gall y dangosyddion hyn gynnwys:

- disgwyliad oes ar gyfartaledd
- cyfradd marwolaethau babanod
- canran y **cynnyrch mewnwladol crynswth (CMC)** sy'n cael ei gwario ar ofal iechyd
- hyd amseroedd aros a rhestri aros ysbytai
- cyfradd marwolaethau o gyflyrau iechyd penodol fel canser a chlefyd y galon.

Continwwm datblygiad cymdeithasol

Mae llawer o'r dangosyddion hyn yn gyd-ddibynnol. Er enghraifft, gallai hyd amseroedd aros ysbytai ddibynnu ar ganran y CMC sy'n cael ei gwario ar ofal iechyd, a fydd dros amser yn cael dylanwad ar ddisgwyliad oes. Mater rhy syml yw disgrifio gwlad yn un 'iach' neu 'ddim yn iach' gan fod llawer o **newidynnau** yn gysylltiedig â hyn. Yn hytrach, rhaid i ni feddwl am gynnydd graddol neu'r **continwwm datblygiad cymdeithasol**. Er enghraifft, yn 2015 y wlad â'r disgwyliad oes hiraf oedd Japan, gyda disgwyliad oes cyfartalog o 83.7 oed. Y byrraf oedd Sierra Leone, sef 50.1 oed. Rhwng y ddwy wlad hyn, mae 181 o wledydd eraill sydd â disgwyliad oes gwahanol. Mae'r continwwm yn ein galluogi ni i werthfawrogi'r amrediad o ddisgwyliadau oes cyfartalog rhwng yr hiraf a'r byrraf.

Dydy'r continwwm hwn ddim yn aros yn ei unfan (yn statig) gan fod disgwyliad oes yn newid bob blwyddyn yn y mwyafrif o wledydd, oherwydd datblygiadau meddygol neu fuddsoddiadau pellach. O ganlyniad, mae'n ddefnyddiol edrych ar y **bwlch datblygiad** rhwng gwledydd i gael darlun dynamig (bob amser yn newid). Wrth i raglenni brechu gael eu rhoi ar waith mewn gwledydd tlotach, gall cyfraddau marwolaethau gael eu gostwng yn gymharol gyflym, ac felly mae'r bwlch rhwng y gwledydd hyn a gwledydd mwy cyfoethog yn lleihau.

Mynegrif datblygiad dynol (MDD)

Mae'r **mynegrif datblygiad dynol (MDD)** yn cael ei gyfrifo drwy fesur pedwar dangosydd datblygiad, ac mae'n mesur cynnydd gwlad ar draws amrywiaeth o ffactorau:

- nifer y blynyddoedd mewn addysg ysgol ar gyfartaledd
- cyfradd llythrennedd
- **incwm gwladol crynswth (IGC) y pen**
- disgwyliad oes.

Mae'r MDD yn dod â ffactorau cymdeithasol ac economaidd ynghyd, felly gallai fod yn ddangosydd mwy dibynadwy i fesur datblygiad cyffredinol.

Cynnyrch mewnwladol crynswth (CMC) Cyfanswm gwerth y nwyddau a'r gwasanaethau sy'n cael eu cynhyrchu gan wlad mewn blwyddyn

Newidynnau Ffactorau sy'n gallu newid a chael dylanwad ar ganlyniadau

Continwwm datblygiad cymdeithasol Ffordd o feddwl am ddatblygiad cymdeithasol fel proses barhaus ddi-ddiwedd

Bwlch datblygiad Y bwlch sy'n bodoli yn y mesur o ddatblygiad rhwng gwledydd mwyaf tlawd a gwledydd mwyaf cyfoethog y byd

Mynegrif datblygiad dynol (MDD) Mesur o ddatblygiad gwlad gan roi ystyriaeth i gyfoeth, addysg a disgwyliad oes cyfartalog

Incwm gwladol crynswth (IGC) y pen Yr incwm y pen ar gyfartaledd mewn gwlad

Cyngor

Pan fydd gofyn i chi ateb cwestiwn am ddangosyddion rhywedd neu iechyd, dylech chi gynnwys sawl enghraifft o bob un, ac esbonio sut mae'r mesurau hyn o fudd.

Cwestiynau enghreifftiol

1 Mae cyfradd llythrennedd oedolion yn ddangosydd datblygiad cymdeithasol. Disgrifiwch beth sy'n cael ei fesur gan y dangosydd hwn. [2]
2 Esboniwch pam mae pobl yn defnyddio'r term 'continwwm datblygiad cymdeithasol'. [4]
3 Gwerthuswch fanteision ac anfanteision defnyddio'r MDD i fesur datblygiad cymdeithasol. [8]

Datblygiad cymdeithasol anghyson

Pa sialensiau sy'n wynebu datblygiad cymdeithasol yn Affrica is-Sahara a De Asia?

ADOLYGU

Cyfraddau genedigaethau a marwolaethau

Mae twf poblogaeth yn dibynnu ar y cydbwysedd rhwng **cyfradd genedigaethau** a **chyfradd marwolaethau**. Mae ffactorau cymdeithasol (C), economaidd (E) a gwleidyddol (G) yn dylanwadu ar y cyfraddau hyn.

Cyfradd genedigaethau
Nifer y genedigaethau fesul 1000 o bobl bob blwyddyn

Cyfradd marwolaethau
Nifer y marwolaethau fesul 1000 o bobl bob blwyddyn

Pyramid poblogaeth Graff sy'n dangos dosbarthiad oedran a rhywedd y boblogaeth

Ffactorau sy'n arwain at gyfradd genedigaethau uwch	Ffactorau sy'n arwain at gyfradd genedigaethau is
Mae plant yn darparu llafur ar ffermydd a sicrwydd ar gyfer henaint (E)	Mae pobl yn tueddu i briodi yn hwyrach, felly bydd ganddyn nhw lai o flynyddoedd i roi genedigaeth i blant (C)
Mae teuluoedd mawr yn cael eu gweld fel arwydd o wrywdod (C)	Mae menywod yn cael addysg ac yn aml yn cael gyrfaoedd sy'n golygu eu bod nhw'n cael plant yn hwyrach neu ddim yn cael plant o gwbl (G)
Efallai y bydd merched yn priodi'n ifanc, felly bydd ganddyn nhw fwy o flynyddoedd i roi genedigaeth i blant (C)	Oherwydd costau byw uchel, mae magu plant yn ddrud (E)
Efallai na fydd menywod yn cael addysg, felly maen nhw'n aros adref i fagu teulu yn hytrach na gweithio (C)	Mae'n well gan gyplau wario arian ar bethau materol fel gwyliau a cheir (E)
Mae cyfradd marwolaethau babanod uwch yn annog teuluoedd mwy i sicrhau bod rhai plant yn goroesi (C)	Mae dulliau atal cenhedlu ar gael yn eang (G)

Ffactorau sy'n arwain at gyfradd marwolaethau uwch	Ffactorau sy'n arwain at gyfradd marwolaethau is
Mae HIV, Ebola a chlefydau eraill sy'n anodd eu trin yn cael effaith ar gyfradd marwolaethau gwledydd incwm isel (C)	Mae gwell gofal iechyd a rhaglenni brechu ar gael i fwy o bobl (G)
Mewn gwledydd incwm uchel, mae'r gyfran fwy o bobl hŷn mewn cymdeithasau sy'n heneiddio yn arwain at gynnydd yn y gyfradd marwolaethau (C)	Mae llai o swyddi sy'n rhoi straen corfforol ar bobl (C)
	Mae pobl yn cael eu haddysgu am iechyd a hylendid (G)
	Mae cyflenwadau dŵr yn fwy dibynadwy ac yn fwy glân (G)
	Mae gwastraff yn cael ei waredu mewn ffordd lanach (G)

Pyramidiau poblogaeth

Bydd dylanwad pob un o'r ffactorau uchod ar boblogaeth gwlad yn amrywio, ond gallwn ni weld sut mae strwythur y boblogaeth yn newid drwy ddefnyddio **pyramid poblogaeth**. Mae graffiau o'r fath yn rhannu'r boblogaeth yn grwpiau oedran fesul 5 mlynedd, sy'n cael eu dangos fel barrau llorweddol. Yna, mae'r graff yn cael ei rannu yn ddau i ddangos dynion a menywod. Mae dwy enghraifft o byramid poblogaeth i'w gweld yn y tabl canlynol, ynghyd â ffactorau a allai effeithio ar eu strwythur (data 2014).

Affrica is-Sahara: Nigeria (cyfradd genedigaethau 38 a chyfradd marwolaethau 13)	De Asia: India (cyfradd genedigaethau 19.8 a chyfradd marwolaethau 7.3)
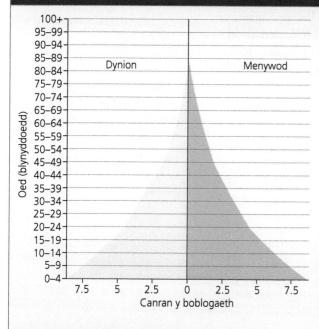	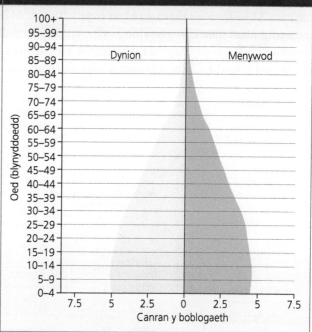
Cyfradd marwolaethau babanod uchel o 74 marwolaeth/1000 genedigaeth byw	Cyfradd marwolaethau babanod o 43 marwolaeth/1000 genedigaeth byw
Disgwyliad oes cyfartalog o 52 oed	Disgwyliad oes cyfartalog o 67.8 oed
Teuluoedd mawr: cyfradd ffrwythlondeb 5.25	Maint teuluoedd yn lleihau: cyfradd ffrwythlondeb 2.5
Dim llawer o ddulliau atal cenhedlu yn cael eu defnyddio	Rhywfaint o ddulliau atal cenhedlu yn cael eu defnyddio
Yn 2012, roedd gan 3 y cant o'r boblogaeth HIV/AIDS	Yn 2012, roedd gan 0.3 y cant o'r boblogaeth HIV/AIDS
Iechydaeth a dŵr yfed gwael	Iechydaeth a dŵr yfed gwael
Risg uchel o ddal clefyd heintus difrifol	Risg uchel o ddal clefyd heintus difrifol
Yn 2010, dim ond 61.3 y cant oedd y gyfradd llythrennedd	Yn 2010, dim ond 62.8 y cant oedd y gyfradd llythrennedd
0.4 meddyg i bob 1000 o bobl	0.65 meddyg i bob 1000 o bobl
Aflonyddwch sifil ers 2002 gan Boko Haram	Yn 2015, roedd economi India yn cael ei ystyried y seithfed fwyaf yn y byd, ond mae'n parhau i wynebu problemau yn ymwneud â thlodi a llygredd
Mae gan lywodraeth Nigeria ddyled dramor fawr iawn	
Yn 2014, roedd Nigeria yn rhif 181 o 191 o wledydd y byd a gafodd eu hasesu ar sail eu sefydlogrwydd gwleidyddol – siawns uchel o aflonyddwch sifil, terfysgaeth neu chwyldro	Yn 2014, roedd India yn rhif 165 o 191 o wledydd y byd a gafodd eu hasesu ar sail eu sefydlogrwydd gwleidyddol – siawns canolig o aflonyddwch sifil, terfysgaeth neu chwyldro
Mae'r gwariant ar iechyd yn 5.3 y cant o'r CMC (2011)	Mae'r gwariant ar iechyd yn 3.9 y cant o'r CMC (2011)

Gweithgaredd adolygu

1 Lluniadwch amlinell y ddau byramid poblogaeth. Ychwanegwch labeli i ddangos prif nodweddion pob pyramid.
2 Ar gyfer pob gwlad, lluniadwch dabl tebyg i'r un isod i ddangos y ffactorau cymdeithasol, economaidd a gwleidyddol sydd wedi creu'r strwythur poblogaeth presennol.

Ffactorau cymdeithasol	Ffactorau economaidd	Ffactorau gwleidyddol

Cyngor

Mae'r fanyleb yn gofyn i chi edrych ar enghraifft o wlad yn Ne Asia a gwlad yn Affrica is-Sahara, felly rhaid i chi ddysgu enghraifft fanwl ar gyfer pob un.

Rhesymau dros lafur plant

Yn ôl amcangyfrifon, mae 168 miliwn o blant yn gweithio ar hyn o bryd, ac mae 73 miliwn o'r rhain yn blant o dan 10 oed. Mae llawer o blant, yn enwedig plant ifanc, yn gweithio ar ffermydd sy'n cynhyrchu pethau fel cotwm, coffi a coco. Affrica is-Sahara yw'r ardal sydd â'r gyfran uchaf o blant sy'n gweithio. Mae achosion a chanlyniadau **llafur plant** yn cynnwys:

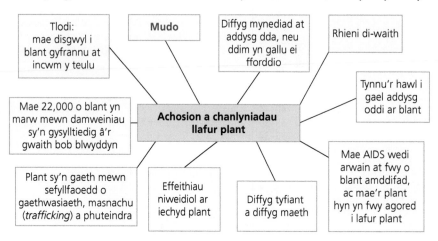

> **Llafur plant** Gwaith sy'n amddifadu plant o'u plentyndod, eu potensial a'u hurddas
>
> **Mudo** Pobl yn symud o un lle i'r llall

Cyrff rhyngwladol sy'n mynd i'r afael â llafur plant

Beth sy'n anodd wrth geisio mynd i'r afael â llafur plant yw'r ffaith ei fod yn effeithio ar gynifer o wledydd gwahanol, ac mae ffactorau amrywiol yn arwain at lafur plant ym mhob lleoliad. Mae nifer o gyrff gwahanol yn gweithio yn rhyngwladol i geisio dod â llafur plant i ben. Yn eu plith, mae:

- Y Sefydliad Llafur Rhyngwladol (*ILO: International Labour Organization*). Mae'n casglu data gan wledydd gwahanol ac yn defnyddio'r data hyn i osod targedau i'w defnyddio fel meincnod i fonitro cynnydd. Yna mae'r *ILO* yn gwneud argymhellion i lywodraethau unigol ynglŷn â sut i gyflawni hyn yn eu gwledydd eu hunain. Mae'r rhain yn aml yn cynnwys:
  - gwella mynediad at addysg i bob plentyn er mwyn iddyn nhw ddod yn eu blaenau a llwyddo mewn bywyd
  - creu mwy o undebau llafur er mwyn iddyn nhw atal llafur plant ac amddiffyn yn ei erbyn
  - gwella systemau nawdd cymdeithasol i sicrhau bod aelodau mwyaf tlawd y gymdeithas yn cael eu cefnogi, yn hytrach na dibynnu ar eu plant
  - codi ymwybyddiaeth y cyhoedd am y mater, a newid agweddau pobl.
- Mae'r Cenhedloedd Unedig wedi pasio nifer o gonfensiynau sy'n ceisio sicrhau cytundeb rhyngwladol ar lafur plant. Mae'r rhain yn cynnwys Confensiwn 138 ar yr Isafswm Oedran i Ddechrau Gweithio, a Chonfensiwn 182 ar y Mathau Gwaethaf o Lafur Plant.
- Mae Diwrnod Rhyngwladol y Byd yn erbyn Llafur Plant yn ceisio codi proffil yr amrywiol agweddau ar lafur plant.
- Mae elusennau fel *Child Hope* ac *SOS Children's Villages* yn ceisio codi ymwybyddiaeth yn ogystal â gweithio gyda'r cymunedau dan sylw.

Profi eich hun

1 Beth mae'r term 'llafur plant' yn ei olygu i chi? Allwch chi roi rhai enghreifftiau?
2 Yn eich barn chi, beth yw'r tri phrif beth sy'n achosi llafur plant? Allwch chi esbonio pam mae pob un yn arwain at gynnydd yn nifer y plant sy'n gweithio?

Sialensiau ym maes addysg gynradd

Roedd Cyrchnod Datblygiad y Mileniwm rhif 2 y Cenhedloedd Unedig yn gosod y targedau canlynol:

- cynyddu canran y plant sy'n cofrestru ar gyfer yr ysgol gynradd o 83 y cant yn 2000 i 91 y cant yn 2015 mewn gwledydd sy'n datblygu
- haneru nifer y plant ledled y byd sydd ddim yn mynd i'r ysgol.

Er bod cynnydd wedi bod yn y maes hwn, dydy'r cynnydd ddim bob amser yn gyfartal ar draws y boblogaeth gyfan mewn rhai gwledydd.

Enghraifft: sialensiau wrth leihau llafur plant ac ehangu addysg gynradd yn India

Yn India, mae llafur plant yn dal i fod yn broblem sylweddol, er ei bod yn lleihau. Yn 2010, roedd 4.98 miliwn o blant yn gweithio, ond erbyn 2011, 4.35 miliwn o blant oedd yn gweithio. Yn ogystal â thlodi, diffyg addysg yw un o brif achosion llafur plant. Mae mwy o ddynion na menywod yn cael addysg ac o'r 62 y cant o blant sydd ddim yn mynd i'r ysgol, mae 62 y cant yn ferched. Mae merched yn aml yn treulio llai o amser yn yr ysgol na bechgyn. Mae'r rhesymau dros hyn yn cynnwys y canlynol:

- ansawdd gwael yr adeiladau, y cyfleusterau a'r addysgu mewn llawer o ysgolion. I blant eraill, mae'r ysgolion yn rhy bell i ffwrdd neu'n rhy ddrud i'w teuluoedd eu hanfon nhw yno
- agwedd at fenywod yn y gymdeithas: mae gan lawer o deuluoedd sy'n dilyn **y gyfundrefn gast** agwedd ormesol at fenywod o hyd, a dydyn nhw ddim yn ystyried bod unrhyw werth eu haddysgu
- mae disgwyl i lawer o ferched briodi'n ifanc drwy briodasau wedi'u trefnu
- mae ar bobl ofn y bydd merched yn profi aflonyddu rhywiol, a bydd hyn yn dwyn gwarth ar y teulu.

Dyma ganlyniadau'r diffyg addysg hwn i ferched:

- mae'n annhebygol y bydd menywod yn gallu byw yn annibynnol
- bydd y gyfradd marwolaethau babanod yn uwch i famau sydd heb gael addysg
- bydd teuluoedd mwy yn cadw menywod yn y cartref i fagu plant.

Mae'r strategaethau sy'n ceisio rhoi mwy o gyfleoedd i ferched gael addysg, a lleihau'r llafur plant sy'n cael ei achosi gan addysg wael, yn cynnwys:

- grymuso cymunedau: mae elusennau'n gweithio gyda chymunedau gwledig ac yn addysgu rhieni er mwyn eu helpu nhw i weld gwerth rhoi addysg i ferched
- lleoli ysgolion newydd lle gall yr holl ddisgyblion eu cyrraedd, a darparu'r isadeiledd angenrheidiol er mwyn i ddisgyblion eu cyrraedd
- sefydlu Bal Sabhas (Cynghorau Merched) ym mhob ysgol gynradd i roi llais i ferched yn yr ysgol
- Deddf Llafur Plant a Phobl Ifanc (Gwahardd a Rheoleiddio) 1986: mae'n drosedd cyflogi plant mewn 64 o ddiwydiannau sy'n cael eu hystyried yn beryglus. Felly, yn sgil colli 'gwerth' anfon plant i weithio, y gobaith yw y bydd teuluoedd yn gweld gwerth eu haddysgu
- Deddf Hawl Plant i gael Addysg Orfodol am Ddim 2009: nod y Ddeddf hon yw sicrhau bod addysg orfodol ar gael am ddim i blant hyd at 14 oed
- mentrau lleol sy'n gweithio gydag arweinwyr lleol ac undebau llafur i greu amgylchedd gwaith heb lafur plant.

Gweithgaredd adolygu

Lluniadwch fap meddwl i grynhoi'r holl wybodaeth sydd gennych chi am faterion sy'n ymwneud ag addysg gynradd. Dechreuwch gan roi 'addysg gynradd' yng nghanol y dudalen ac yna ychwanegwch dair braich: un yr un ar gyfer yr achosion, y canlyniadau a'r atebion. Cofiwch gynnwys gwybodaeth am astudiaeth achos.

Y gyfundrefn gast System dosbarth cymdeithasol yn India. Mae'n golygu eich bod chi'n perthyn i'r dosbarth cymdeithasol rydych chi wedi eich geni iddo

Y rhesymau dros ffoaduriaid rhyngwladol a cheiswyr lloches

Mae pobl yn mudo am nifer o resymau gwahanol. **Mudwyr economaidd** yw rhai pobl, sy'n dewis symud (oherwydd **ffactorau tynnu**), ond mae pobl eraill yn cael eu gorfodi i symud (oherwydd **ffactorau gwthio**). Ffoaduriaid neu **ceiswyr lloches** yw'r rhain. Mae ffoaduriaid yn aml yn **ffoaduriaid rhyngwladol** gan eu bod nhw'n ffoi rhag gwrthdaro, erledigaeth neu drychineb naturiol yn eu gwlad eu hunain (ffactorau gwthio) ac yn chwilio am fywyd mwy diogel mewn gwlad arall.

Ers 2000, mae nifer cynyddol o ffoaduriaid wedi ceisio dod i Ewrop o wledydd yn Affrica, y Dwyrain Canol a De Asia, yn bennaf o Syria, Afghanistan, Iraq, Eritrea a Somalia. Dyma'r symudiad mwyaf o bobl ers yr Ail Ryfel Byd. Wrth i gynifer o bobl gael eu dadleoli a theithio pellteroedd hir, mae hyn yn cael effaith ar lawer o wledydd. Er enghraifft, mae Libanus yn wlad o 4.4 miliwn o bobl, ac mae'r argyfwng ffoaduriaid wedi cael effaith fawr arni. Erbyn mis Mai 2016, roedd y wlad yn gofalu am tua 1.1 miliwn o ffoaduriaid o Syria (wedi'u cofrestru a heb eu cofrestru), 42,000 o ffoaduriaid Palesteinaidd o Syria, 6,000 o ffoaduriaid o Iraq a bron i 450,000 o ffoaduriaid o Balesteina.

Enghraifft: gwlad sy'n mynd i'r afael ag effeithiau ffoaduriaid – Libanus

Mae Libanus yn wlad fach o 4.4 miliwn o bobl sy'n ffinio â'r Môr Canoldir, Israel a Syria. Oherwydd ei lleoliad, mae'n cael llawer o fudwyr sy'n ffoi rhag y rhyfel cartref yn Syria a gwledydd eraill, fel rydyn ni wedi ei weld uchod. Dyma rai o'r ffyrdd y mae hyn yn effeithio ar y wlad:

- mae'r boblogaeth wedi tyfu 25 y cant
- dyma lle mae'r nifer mwyaf o ffoaduriaid y pen yn y byd
- mwy o bwysau ar isadeiledd, iechyd y cyhoedd, llafur, addysg, tai a diogelwch
- mae llywodraeth Libanus wedi gofyn i'r gymuned ryngwladol am $449 miliwn i helpu'r wlad i ofalu am y ffoaduriaid
- mae celloedd diogelwch wedi cael eu sefydlu mewn cymunedau lleol i gofnodi digwyddiadau treisgar, busnes anghyfreithlon ac ati
- mae dinasoedd pebyll ac aneddiadau sgwatwyr i'w cael dros ardaloedd mawr yn Libanus
- dydy hi ddim yn hawdd cael gafael ar ddŵr glân ac iechydaeth, ac mae hyn yn arwain at ledaenu clefydau
- mae llawer o blant ffoaduriaid yn methu mynd i'r ysgol.

Mynd i'r afael â'r argyfwng ffoaduriaid

Mae llywodraethau cenedlaethol Ewrop wedi ymateb i fudo torfol ffoaduriaid mewn amrywiaeth o ffyrdd mewn ymgais i reoli'r mewnlifiad o bobl:

- Mae'r Almaen a Sweden yn ystyried y ffoaduriaid fel dioddefwyr ac maen nhw wedi eu croesawu i'w gwledydd a'u helpu nhw i integreiddio i'w cymdeithasau.
- Mae Awstria yn ceisio cyfyngu ar nifer y ffoaduriaid i 80 y diwrnod.
- Mae'r DU wedi cytuno i dderbyn 20,000 o ffoaduriaid o Syria erbyn 2020, a bydd yn derbyn mwy o blant sydd ar eu pennau eu hunain, sy'n ffoaduriaid o Syria.

Mudwyr economaidd Pobl sy'n symud yn y gobaith o ennill mwy o arian yn rhywle arall

Ffactorau tynnu Ffactorau sy'n denu pobl i le arbennig

Ffactorau gwthio Ffactorau sy'n gwneud i bobl fod eisiau gadael lle arbennig

Ceiswyr lloches Pobl sydd wedi gwneud cais i gael eu cydnabod yn gyfreithiol fel ffoaduriaid mewn gwlad arall ac sy'n aros am benderfyniad

Ffoaduriaid rhyngwladol Pobl sy'n cael eu gorfodi i adael y fan lle maen nhw'n byw a symud i wlad arall

---

Profi eich hun

1. Esboniwch y gwahaniaeth rhwng ffoadur a mudwr economaidd.
2. Rhowch achosion yr argyfwng mudwyr yn Ewrop mewn grwpiau o achosion cymdeithasol, gwleidyddol ac economaidd.
3. Esboniwch pam mae'r argyfwng ffoaduriaid yn arbennig o ddifrifol yn Libanus.

PROFI

Cytundebau rhyngwladol

Yn Ewrop, mae cytundebau rhyngwladol ar waith mewn perthynas
â symudiad pobl ar draws gwledydd. Enw un o'r cytundebau hyn yw
cytundeb Schengen, a gafodd ei lofnodi yn 1995. Arweiniodd hyn at greu
Ardal Schengen Ewrop sy'n galluogi pobl i deithio heb basbort rhwng y
gwledydd sydd wedi llofnodi'r cytundeb. Yn 2016, roedd 26 o wledydd
Schengen: mae 22 yn aelodau o'r Undeb Ewropeaidd (UE) a phedair sydd
ddim yn aelodau o'r UE (Norwy, Gwlad yr Iâ, y Swistir a Liechtenstein).
Felly, mae chwech o wledydd yr UE sydd heb lofnodi'r cytundeb hwn, y
mae'n well ganddyn nhw reoli eu ffiniau eu hunain (Bwlgaria, Croatia,
Cyprus, Iwerddon, România a'r DU). Mae hyn ynddo'i hun wedi creu
problemau. Er enghraifft, mae cyfyngu ar hawl pobl i symud yn rhydd i
mewn i'r DU wedi arwain at gynnydd yn nifer y mudwyr anghyfreithlon
sy'n ceisio dod i mewn i'r wlad. Un llwybr a oedd yn cael ei ddefnyddio gan
fudwyr anghyfreithlon oedd cyrraedd Calais a cheisio croesi'r Sianel (y Môr
Udd) yn anghyfreithlon drwy guddio mewn lorïau neu faniau, neu drwy
ddefnyddio Twnnel y Sianel. Arweiniodd hyn at ardal slymiau yn Calais
o'r enw 'y jyngl', lle'r oedd mudwyr yn byw wrth aros am gyfle i groesi i'r
DU. Cafodd y jyngl ei ddymchwel yn 2016 mewn ymgais i leihau nifer y
mudwyr anghyfreithlon sy'n dod i'r DU.

Fodd bynnag, wrth i nifer cynyddol o
fudwyr o Affrica ac Asia gyrraedd Ewrop
yn anghyfreithlon (er enghraifft drwy
groesi'r Môr Canoldir mewn cychod aer),
gan osgoi rheolaeth ffiniau, mae hyn
wedi arwain at y newidiadau canlynol:

- Yn 2016, cafodd rheolaeth ffiniau ei
  chyflwyno dros dro mewn saith o
  wledydd Schengen (Awstria, Denmarc,
  Ffrainc, yr Almaen, Norwy, Gwlad
  Pwyl a Sweden).
- Mae'r UE wedi rhoi ymgyrch lyngesol
  ar waith, sef Ymgyrch Sophia, i
  fonitro'r Môr Canoldir er mwyn atal
  smyglo a masnachu pobl.
- Mae aelod-wladwriaethau'r UE
  wedi cytuno i ddarparu tasgluoedd o
  arbenigwyr cenedlaethol a thimoedd
  cefnogi i weithio mewn ardaloedd lle
  mae llawer o ffoaduriaid yn ymgasglu,
  fel Groeg a'r Eidal, er mwyn cyflymu'r
  broses o sgrinio ffoaduriaid.

> **Cytundeb Schengen**
> Cytundeb UE sydd wedi
> cael gwared ar reolaeth
> ffiniau rhwng rhai
> aelod-wladwriaethau i
> raddau helaeth

Gweithgaredd adolygu

Lluniadwch ddiagram swigen
i ddangos yr ymatebion i'r
argyfwng ffoaduriaid yn
Ewrop. Lliwiwch y swigod
sy'n dangos ymatebion
cenedlaethol mewn un lliw, a
lliwiwch y swigod sy'n dangos
ymatebion rhyngwladol
mewn lliw arall.

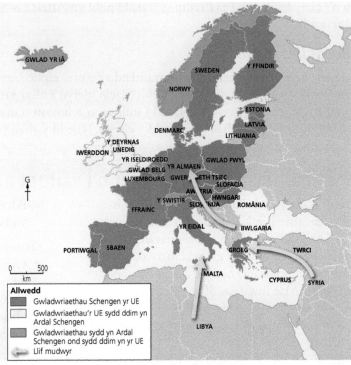

Ffigur 2 Llwybrau mudwyr ar draws Ewrop.

Profi eich hun

1. Enwch ddwy ffordd wahanol y mae gwledydd wedi ceisio mynd i'r
   afael â'r argyfwng ffoaduriaid yn Ewrop.
2. Disgrifiwch fanteision ac anfanteision pob un o'r dulliau uchod.

Cwestiwn enghreifftiol

'Mae cael gwared ar lafur plant yn ffactor allweddol yn natblygiad
pellach gwledydd De Asia ac Affrica is-Sahara.' I ba raddau rydych
chi'n credu bod hyn yn wir?   [8]

Cyngor

Os bydd cwestiwn arholiad
yn gofyn i chi beth yw
canlyniadau llafur plant neu
ddiffyg addysg gynradd,
cofiwch gysylltu'r effaith
â'r broblem. Rhaid i chi
nodi beth yw'r canlyniad,
yn ogystal ag esbonio sut
mae hynny o ganlyniad i'r
broblem.

Beth yw'r materion gofal iechyd yn Affrica is-Sahara?

ADOLYGU

Y rhesymau dros gyfraddau marwolaethau babanod uchel

Affrica is-Sahara sydd â'r gyfradd marwolaethau babanod uchaf yn y byd. Yn 2015, roedd 86 o farwolaethau fesul 1,000 o enedigaethau byw, ac mae'r gyfradd hon hyd yn oed yn uwch ar gyfer babanod newydd-anedig. Er mai'r rhanbarth hwn yw'r ardal dlotaf yn y byd, sydd ddim yn gallu fforddio lefel dda o ofal meddygol, mae ffactorau eraill yn cynnwys:

- heintiau newydd-anedig: mae cyfradd heintio uchel sy'n gysylltiedig â'r broses o eni babi yn achosi cyfradd marwolaethau uchel ymhlith babanod newydd-anedig
- dolur rhydd sy'n gyfrifol am tua 10 y cant o farwolaethau yn ystod plentyndod cynnar yn y rhanbarth
- diffyg cynorthwywyr medrus yn ystod genedigaethau, sy'n golygu bod llawer o blant yn marw cyn pen 24 awr ar ôl cael eu geni
- diffyg brechiadau a rhwydi mosgitos rhag clefydau a allai gael eu hatal.

Dau o'r clefydau mwyaf cyffredin sy'n lladd pobl yn Affrica is-Sahara yw **malaria** a HIV.

Sialensiau malaria

Mae malaria yn cael ei achosi gan barasitiaid sy'n cael eu lledaenu wrth i fosgitos sydd wedi'u heintio frathu pobl. Mae'n glefyd a allai gael ei atal, ond yn 2015, amcangyfrifwyd bod 214 miliwn o achosion o malaria a tua 438,000 o farwolaethau oherwydd y clefyd. Roedd y rhan fwyaf o'r achosion hyn yng ngwledydd Affrica.

> **Malaria** Clefyd trofannol difrifol sy'n gallu lladd os nad yw'n cael ei drin; mae'r symptomau yn cynnwys twymyn, cur pen, chwydu a phoen yn y cyhyrau

Enghraifft: gwlad sy'n mynd i'r afael ag effaith malaria – Malaŵi

Mae Malaŵi yn wlad dirgaeedig yn Affrica is-Sahara, ac mae ganddi boblogaeth o 16.8 miliwn. Mae Llyn Malaŵi yn gorchuddio traean o arwynebedd y tir. Mae'r gyfradd marwolaethau babanod yn uchel a 50 oed yw'r disgwyliad oes cyfartalog. Mae mwy nag 80 y cant o'r boblogaeth yn byw mewn ardaloedd gwledig.

- Mae malaria yn glefyd tymhorol sy'n cyrraedd uchafbwynt yn ystod y tymor gwlyb (Ionawr i Ebrill).
- Mae'r cyfraddau heintio uchaf i'w cael o amgylch Llyn Malaŵi oherwydd y dŵr llonydd a chynnes.
- Mae'r cyfraddau heintio yn uwch mewn ardaloedd gwledig.
- Mae malaria yn arbennig o beryglus i blant, menywod beichiog a phobl sy'n dioddef o HIV.
- Mae mosgitos yn datblygu'r gallu i wrthsefyll pryfleiddiaid.

- Rhaid i'r rhan fwyaf o bobl yn Malaŵi gerdded yn bell i weld meddyg.

Strategaethau'r llywodraeth i fynd i'r afael â malaria:

- Cynllun Strategol Malaria, sy'n gosod targedau ac yn monitro'r gwaith ymyrraeth.
- Cynyddu'r defnydd o rwydi gwely wedi'u trin â phryfleiddiaid sy'n costio tua £3 yr un. Yn 2015, roedd gan 80 y cant o gartrefi o leiaf un rhwyd, ond dydy hyn ddim yn golygu y gallai pob aelod o'r teulu gysgu o dan y rhwyd.
- Gwella mynediad at driniaeth gyflym ac effeithiol er mwyn gallu rheoli symptomau cynnar.
- Chwistrellu gweddillol dan do (*IRS: indoor residual spraying*): mae hyn yn golygu chwistrellu pryfleiddiaid yn y mannau lle mae'r mosgitos yn fwyaf tebygol o ddod mewn cyswllt â phobl.

Profi eich hun

PROFI

1 Disgrifiwch y strategaethau sydd wedi cael eu defnyddio mewn ymgais i reoli malaria.
2 Esboniwch pam mae malaria yn anodd ei reoli.

> **Cyngor**
>
> Os bydd cwestiwn yn gofyn i chi esbonio'r sialensiau sydd ynghlwm wrth malaria, rhaid i chi allu cysylltu'r sialens â'r wlad neu'r lleoliad lle mae'r sialens honno, a nodi sut mae'r amodau yn y wlad neu'r lleoliad hwnnw yn creu'r sialens.

Sialensiau HIV

Erbyn diwedd 2014, roedd tua 36.9 miliwn o bobl yn y byd yn byw gyda **HIV/AIDS**, ac roedd 2.6 miliwn o'r rhain yn blant. Affrica is-Sahara yw'r rhanbarth o'r byd lle mae'r epidemig HIV/AIDS waethaf. Yn 2013, roedd amcangyfrifon yn awgrymu bod 24.7 miliwn o bobl yn byw gyda HIV, sef 71 y cant o'r cyfanswm byd-eang.

Enghraifft: gwlad sy'n wynebu effaith HIV/AIDS – Malaŵi

Mae amcangyfrifon yn awgrymu bod 1 miliwn o bobl wedi'u heintio â HIV yn Malaŵi.

- 50 oed yw'r disgwyliad oes cyfartalog, yn bennaf oherwydd marwolaethau o ganlyniad i AIDS.
- Mae cyfraddau heintio HIV yn uwch mewn ardaloedd trefol nag ardaloedd gwledig.
- Mae llawer o deuluoedd yn byw mewn tlodi oherwydd bod oedolion yn rhy wael i weithio.
- Mae datblygiad y wlad yn gyfyngedig am fod llai o drethi'n cael eu talu oherwydd bod llai o bobl yn gweithio.
- Mae plant oedolion sydd â HIV yn aml yn gadael yr ysgol i ofalu am eu rhieni.

Strategaethau'r llywodraeth i fynd i'r afael â HIV/AIDS:

- Mae cynnydd wedi bod mewn gwasanaethau cwnsela a phrofi am HIV dros y blynyddoedd diwethaf, ac yn ystod 2012–13 cafodd 2.1 miliwn o brofion HIV eu cynnal.
- Mae buddsoddiad mawr wedi cael ei wneud i atal mamau rhag trosglwyddo'r haint i'w plant; mae menywod yn cael meddyginiaethau yn ystod eu beichiogrwydd, sy'n helpu i atal yr haint rhag cael ei drosglwyddo i'r baban.
- Mwy o gondoms ar gael am ddim.
- Cynnydd yn nifer y bobl sy'n cael eu trin â thriniaeth gwrth-retrofirysol (*ART: anti-retroviral treatment*), sy'n helpu i atal HIV rhag arwain at AIDS, ac felly'n atal marwolaethau cynnar.

Yr ymateb rhyngwladol i malaria a HIV/AIDS

Mae'r rhan fwyaf o wledydd wedi ymroi yn llwyr i leihau cyfraddau heintio a chyfraddau marwolaethau oherwydd malaria. Roedd dros 500 o bartneriaid yn cydweithio ar fenter *Roll Back Malaria* i gynnig ymateb byd-eang cydlynol i'r clefyd, ac un o Gyrchnodau Datblygiad y Mileniwm y Cenhedloedd Unedig oedd lleihau'r achosion o'r clefyd erbyn 2015.

Yn y lle cyntaf, roedd yr ymateb byd-eang i HIV yn canolbwyntio ar ei atal drwy annog newid ymddygiad a thrwy ymchwilio i frechiad. Fodd bynnag, daeth yn amlwg yn fuan iawn na fyddai hyn yn ddigon i roi stop ar yr epidemig. Heddiw, mae Strategaeth Llwybr Cyflym AIDS y Cenhedloedd Unedig (*UN AIDS Fast Track Strategy*) yn ceisio dod â'r epidemig i ben erbyn 2030 drwy gyflwyno gwelliannau o ran sicrhau bod dulliau atal cenhedlu ac addysg ar gael, yn ogystal â meddyginiaeth sy'n atal y firws rhag arwain at AIDS.

> **HIV** Mae firws diffyg imiwnedd dynol (*HIV: human immunodeficiency virus*) yn firws sy'n ymosod ar system imiwnedd y corff gan leihau ei allu i ymladd heintiau. Os na fydd yn cael ei drin, gall HIV arwain at AIDS
>
> **AIDS** Syndrom diffyg imiwnedd caffaeledig (*AIDS: acquired immunodeficiency syndrome*) yw cam olaf haint HIV, a gall arwain at farwolaeth os na fydd yn cael ei drin

Profi eich hun

PROFI

1 Pa effaith y mae lefel uchel o haint HIV yn ei chael ar wlad?
2 Rhestrwch y dulliau gweithredu gwahanol o leihau haint HIV.
3 Ai dulliau gweithredu llywodraethau ynteu ddulliau gweithredu rhyngwladol yw'r mwyaf effeithiol wrth fynd i'r afael â HIV/AIDS?

Gweithgaredd adolygu

Lluniadwch dabl i gymharu effeithiau malaria a haint HIV a'r strategaethau i fynd i'r afael â nhw.

Cwestiynau enghreifftiol

1 Beth yw ystyr y term cyfradd marwolaethau babanod? [2]
2 Pam mae hwn yn fesur pwysig o ddatblygiad? [4]
3 Esboniwch pam mae naill ai malaria neu HIV yn anodd ei reoli yn Affrica is-Sahara. [6]
4 Disgrifiwch yr ymatebion rhyngwladol i naill ai malaria neu HIV. [4]

Datblygiad o'r top i lawr ac o'r gwaelod i fyny

Dull gweithredu o'r top i lawr	Dull gweithredu o'r gwaelod i fyny
Mae penderfyniadau fel arfer yn cael eu gwneud gan lywodraethau ac fel arfer yn costio llawer o arian. Dydy cymunedau y mae'r penderfyniadau yn debygol o effeithio arnyn nhw ddim wir yn cael dweud eu dweud am yr hyn sy'n digwydd	Mae penderfyniadau yn cael eu gwneud gan y cymunedau lleol y bydd y penderfyniadau yn effeithio arnyn nhw. Maen nhw'n ceisio helpu cymunedau drwy eu helpu nhw i helpu eu hunain
Manteision y mathau hyn o gynlluniau yw eu bod nhw weithiau yn rhan o gynllun strategol sy'n ceisio datblygu isadeiledd y wlad. Fodd bynnag, maen nhw'n aml yn arwain y wlad i ddyled, a dydy'r gymuned leol ddim yn elwa ar y swyddi sy'n cael eu creu yn aml iawn	Manteision y mathau hyn o gynlluniau yw eu bod nhw'n brojectau ar raddfa fach ac felly'n costio llai. Maen nhw'n fwy cynaliadwy, ac fel arfer yn bodloni anghenion y gymuned leol yn well

Dull gweithredu o'r top i lawr Projectau ar raddfa fawr y mae llywodraethau cenedlaethol yn penderfynu arnyn nhw

Dull gweithredu o'r gwaelod i fyny Projectau y mae cymunedau lleol yn eu cynllunio a'u harwain i helpu'r ardal leol

Enghraifft: Argae Katse, Lesotho

Mae Argae Katse yn rhan o Broject Dŵr Ucheldiroedd Lesotho. Cafodd y project hwn ei ddatblygu drwy bartneriaeth rhwng llywodraethau De Affrica a Lesotho, i wella'r cyflenwad dŵr ar gyfer De Affrica ac i roi incwm i Lesotho. Mae'r cyflenwad gwell hwn o ddŵr wedi arwain at lawer o fanteision iechyd, ond mae'n anodd gweld y manteision cymdeithasol ac amgylcheddol i'r ffermwyr sydd wedi colli eu tir.

Ffigur 3 Argae Katse yn Lesotho.

Enghraifft: *WaterAid*

Mae'r elusen Brydeinig yn helpu i osod pympiau llaw mewn pentrefi yn Ethiopia, iddyn nhw gael dŵr glân. Yn Ethiopia, mae 42 miliwn o bobl heb fynediad at ddŵr yfed diogel a glân, ac mae dros 9000 o blant yn marw bob blwyddyn oherwydd dolur rhydd sy'n cael ei achosi gan ddŵr budr. Mae *WaterAid* yn gweithio gyda phob cymuned, gan ddarparu pympiau llaw a dangos i'r gymuned sut i'w cynnal a'u cadw, fel nad oes rhaid i bobl weithio am oriau pob dydd i gasglu dŵr. Mae hyn yn golygu bod gan y pentrefwyr fwy o amser i ffermio.

Ffigur 4 Menywod yn casglu dŵr o ffynnon yn Ethiopia.

Mesur cynnydd datblygiad

Mae sawl ffordd o fesur cynnydd datblygiad gwledydd yn Affrica is-Sahara. Er enghraifft, roedd Cyrchnodau Datblygiad y Mileniwm yn mesur cynnydd rhwng 2000 a 2015. Mae'r Cyrchnodau Datblygiad Cynaliadwy wedi cymryd eu lle nhw erbyn hyn. Gweler y tabl isod am ragor o fanylion.

Dull o fesur	Cynnydd
Cyrchnodau Datblygiad y Mileniwm: ● MDG 1: cael gwared ar newyn a thlodi eithafol ● MDG 2: sicrhau addysg gynradd i bawb ● MDG 4: lleihau marwolaethau plant ● MDG 5: lleihau marwolaethau mamau	● Roedd 8 gwlad o 26 heb wneud unrhyw gynnydd o gwbl yn y degawd diwethaf ● Roedd 5 gwlad o 43 wedi gwneud <50 y cant o gynnydd i gyrraedd y targed ● Roedd 27 gwlad o 43 wedi gwneud cynnydd o 50 y cant neu ragor i gyrraedd y cyrchnod hwn ● Roedd 18 gwlad o 43 wedi gwneud <50 y cant o gynnydd i gyrraedd y targed
Cyrchnodau Datblygiad Cynaliadwy: 17 cyrchnod sy'n ceisio dod â thlodi i ben, gwarchod y blaned a sicrhau heddwch a ffyniant i bawb	Cafodd y rhain eu sefydlu yn 2016 a bydd cynnydd yn cael ei fesur gan Raglen Ddatblygu y Cenhedloedd Unedig (*UNDP: United Nations Development Programme*)
Mynegrif datblygiad dynol (MDD): Dangosydd datblygiad cymhleth sy'n ystyried y canlynol: ● disgwyliad oes adeg geni ● blynyddoedd disgwyliedig o addysg ysgol i blant oed ysgol ● blynyddoedd o addysg ysgol ar gyfartaledd i oedolion y boblogaeth ● incwm gwladol crynswth (IGC) y pen	● Yn 2014 roedd gan Botswana MDD canolig o 0.698 ● Yn 2014 roedd gan Angola MDD isel o 0.532 ● Yn 2014 roedd gan Niger MDD isel iawn o 0.348

Profi eich hun

1 Beth mae'r term 'dull gweithredu o'r top i lawr' yn ei olygu i chi?
2 Ym mha ffordd y mae hyn yn wahanol i 'ddull gweithredu o'r gwaelod i fyny'?
3 Pa ffactorau sy'n ei gwneud yn anodd mesur cynnydd?

Gweithgaredd adolygu

Ymchwiliwch i un dull gweithredu o'r gwaelod i fyny ac un dull gweithredu o'r top i lawr mewn perthynas â gwella iechyd yn Affrica is-Sahara. Yna, lluniadwch dabl yn debyg i'r un isod i nodi prif nodweddion y dulliau, ac i ba raddau y maen nhw'n gynaliadwy yn gymdeithasol, yn amgylcheddol ac yn economaidd.

Prif nodweddion y cynllun	Cynaliadwy yn gymdeithasol	Cynaliadwy yn amgylcheddol	Cynaliadwy yn economaidd

Cwestiwn enghreifftiol

'Yn yr unfed ganrif ar hugain, dulliau gweithredu o'r gwaelod i fyny yn hytrach nag o'r top i lawr yw'r ffordd ymlaen er mwyn cyflymu datblygiad yn Affrica is-Sahara.' I ba raddau rydych chi'n cytuno â'r gosodiad hwn? [8]

Prynwriaeth a'i heffaith ar yr amgylchedd

Beth yw effeithiau y dewis cynyddol i ddefnyddwyr ar yr amgylchedd byd-eang?

ADOLYGU

Beth yw prynwriaeth?

Yn yr unfed ganrif ar hugain, mae **prynwriaeth** yn fwy amlwg nag erioed yng nghymdeithasau'r Gorllewin. Mae pob un ohonon ni'n prynu nwyddau, ac mae llawer o'r nwyddau hyn yn hanfodol er mwyn i ni oroesi (bwyd a dillad ac ati). Fodd bynnag, rydyn ni hefyd yn prynu llawer o nwyddau sydd ddim yn hanfodol, ac mae hyn yn gyrru ein cymdeithas draul (*consumer society*). Er enghraifft, roedd 7.2 biliwn o ffonau symudol yn cael eu defnyddio yn fyd-eang yn 2014, a 7.19 biliwn oedd poblogaeth y byd. Felly, rydyn ni bellach yn defnyddio mwy o ffonau symudol na sydd o bobl yn y byd. O ystyried nad oedd yn beth cyffredin i bobl fod yn berchen ar ffôn symudol yn yr 1980au, mae'r twf ym mhoblogrwydd y cynnyrch hwn yn gwbl ryfeddol. Fodd bynnag, dydy'r rhan fwyaf o bobl ddim yn fodlon â bod yn berchen ar ffôn symudol – maen nhw eisiau'r model diweddaraf sy'n cynnwys y swyddogaethau a'r gwasanaethau diweddaraf. Mae prynwriaeth, felly, yn cael ei yrru'n barhaus gan gynnyrch newydd a gwell, sydd ddim yn hanfodol.

Ôl troed ecolegol

Prynwriaeth sy'n gyrru'r diwydiant bwyd hefyd. Yn yr 1950au a'r 1960au, dim ond yn ystod tymor penodol yr oeddech chi'n gallu prynu ffrwythau fel mefus ac afalau yn y DU. Ar yr adeg honno, roedd y DU yn cynhyrchu cyfran llawer uwch o'i bwyd ei hun na heddiw, ac roedd y defnyddwyr yn fwy ymwybodol o dymhorau tyfu y bwyd roedden nhw'n ei fwyta. Fodd bynnag, yn sgil globaleiddio cynyddol, mae ffrwythau tymhorol ar gael yn ein harchfarchnadoedd drwy'r flwyddyn. Mae'r bwydydd hyn yn dod o bedwar ban y byd, er enghraifft:

- cig oen o Seland Newydd
- afalau o Chile
- cig eidion o Dde America
- ffa gwyrdd o Kenya.

Gall pob un o'r bwydydd hyn gael eu tyfu neu eu magu yn y DU, ond efallai na fyddan nhw ar gael drwy'r flwyddyn. Felly, mae miloedd o **filltiroedd bwyd** (awyr a môr) yn cael eu teithio bob blwyddyn i gludo'r bwydydd hyn o'r gwledydd lle maen nhw'n tarddu i'r fan lle byddan nhw'n cael eu bwyta. Mae'r cludiant hwn yn cael effaith fawr ar yr amgylchedd oherwydd llygredd, ac wrth newid y defnydd o'r tir sy'n cael ei ddefnyddio i dyfu'r bwyd. Mae'r ddau beth hyn yn cael effaith ar **ôl troed ecolegol** ein cymeriant bwyd.

Wrth ystyried ôl troed ecolegol y nwyddau rydyn ni'n eu defnyddio, rhaid ystyried y ffactorau canlynol:

- yr egni sy'n cael ei ddefnyddio i'w creu
- y tir sy'n cael ei ddefnyddio i gynhyrchu'r nwyddau
- faint o garbon sy'n cael ei gynhyrchu gan y broses gyfan, hynny yw o gynhyrchu'r nwyddau i ddefnyddio'r nwyddau
- yr effaith ar yr ecosystem lle mae'r nwyddau wedi cael eu cynhyrchu
- y gwastraff sy'n cael ei greu wrth gynhyrchu a defnyddio'r nwyddau.

Prynwriaeth Y syniad bod prynu nifer cynyddol o nwyddau neu wasanaethau yn beth da

Milltiroedd bwyd Y pellter y mae bwyd yn ei deithio o'r fan lle mae'n cael ei dyfu neu ei fagu i'r fan lle mae'n cael ei fwyta

Ôl troed ecolegol Mesur o'r effaith y mae ffordd o fyw unigolyn yn ei chael ar yr amgylchedd naturiol. Mae'n cael ei fesur fel arwynebedd y tir sydd ei angen i gynnal y ffordd o fyw hon

Cyngor

Mae'n bosibl y bydd cwestiwn arholiad yn gofyn i chi 'esbonio'r cysylltiadau rhwng...'. Cofiwch y gall cysylltiadau weithio y ddwy ffordd, felly dylech chi edrych ar sut mae prynwriaeth yn effeithio ar gyd-ddibyniaeth fyd-eang, yn ogystal â sut mae cyd-ddibyniaeth fyd-eang yn effeithio ar brynwriaeth.

Profi eich hun

1 Beth mae'r term 'prynwriaeth' yn ei olygu i chi?
2 Esboniwch pam mae prynwriaeth yn cael effaith ar ôl troed ecolegol poblogaeth.

PROFI

Cyd-ddibyniaeth fyd-eang, prynwriaeth ac ecosystemau

Yr enw ar y broses pan fydd gwledydd yn prynu ac yn gwerthu nwyddau ei gilydd yw **cyd-ddibyniaeth fyd-eang**. Mae gwledydd yn dibynnu ar ei gilydd i gyflenwi nwyddau neu wasanaethau i'w poblogaethau. Oherwydd twf prynwriaeth, mae'n cael mwy o effaith ar ecosystemau lleol a byd-eang. Mae'r effaith y mae'n ei chael ar yr amgylchedd yn dibynnu ar ba mor fregus yw'r **ecosystem**, i ba raddau y mae'r cynnyrch yn tyfu/datblygu ac i ba raddau y mae'r wlad o ble y daw'r cynnyrch yn dibynnu arno am incwm.

> **Cyd-ddibyniaeth fyd-eang** Gwledydd yn dibynnu ar ei gilydd i brynu neu werthu nwyddau
>
> **Ecosystem** Cymuned o blanhigion ac anifeiliaid a'r ffordd y maen nhw'n rhyngweithio â'u hamgylchedd
>
> **Ffermio ungnwd** Ffermio un math o gnwd ar raddfa fawr

Enghraifft: yr effeithiau ar goedwigoedd glaw trofannol Borneo

Ynys yn Ne Ddwyrain Asia yw Borneo, sydd wedi'i rhannu rhwng Malaysia, Brunei ac Indonesia. Mae ganddi fïom coedwig law drofannol, ac ardaloedd eang ohono'n cael eu clirio i greu planhigfeydd olew palmwydd. Mae'r galw cynyddol am olew palmwydd yn cael effaith ar goedwigoedd glaw trofannol Borneo.

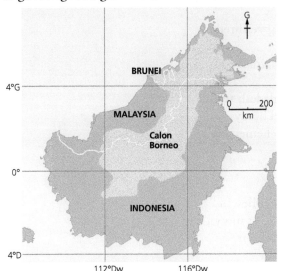

Ffigur 1 Borneo ac ardal Calon Borneo.

Prynwriaeth

- Mae olew palmwydd yn cael ei dderbyn yn gyffredinol fel dewis iach. Mewn byd Gorllewinol sy'n fwyfwy ymwybodol o faterion iechyd, mae'r galw wedi cynyddu.
- Gellir ei ddefnyddio fel biodanwydd hefyd, sy'n ateb mwy gwyrdd i'r argyfwng egni.
- Bob blwyddyn, mae 66 miliwn tunnell fetrig o olew palmwydd yn cael eu defnyddio.

- Mae olew palmwydd yn cael ei ddefnyddio i wneud llawer o gynhyrchion, gan gynnwys bisgedi, margarîn, colur a sebon.

Ecosystem

- Mae lle i gredu bod coedwig law eang Borneo yn gartref i 6 y cant o rywogaethau'r byd.
- Mae planhigfeydd olew palmwydd yn enghraifft o **ffermio ungnwd**, felly maen nhw'n lleihau'r bioamrywiaeth o'u cymharu â'r goedwig law oedd yno o'u blaenau.
- Er mwyn cynnal y planhigfeydd a'r isadeiledd sy'n angenrheidiol ar eu cyfer, mae ardaloedd eang o goedwig law yn cael eu dinistrio.
- Mae pobl ac anifeiliaid brodorol yn colli eu cartrefi.
- Mae hyn yn aml yn arwain at lygredd aer a dŵr, ynghyd ag erydiad pridd.

Cyd-ddibyniaeth fyd-eang

- Mae olew palmwydd yn rhoi mwy o gynnyrch ac yn costio llai i'w gynhyrchu na llawer o'r dewisiadau eraill, felly mae'n gynnyrch proffidiol iawn i'r NICs sy'n rheoli Borneo.
- Indonesia a Malaysia yw'r gwledydd sy'n cynhyrchu'r mwyaf o olew palmwydd yn y byd, ac mae'n rhan bwysig iawn o'u hallforion.
- Mae hyn yn creu elw anferth i'r corfforaethau amlwladol sy'n buddsoddi yn y planhigfeydd. Dros y blynyddoedd diwethaf, maen nhw wedi cael eu hannog i ddefnyddio'r tir yn gynaliadwy i gynhyrchu olew palmwydd.
- India, yr Undeb Ewropeaidd a China sy'n mewnforio'r mwyaf o olew palmwydd.

Profi eich hun

1. Beth mae'r term 'ôl troed ecolegol' yn ei olygu i chi?
2. Pa ffactorau fydd yn cynyddu ôl troed ecolegol unigolyn?
3. Disgrifiwch ffactorau a arweiniodd at ddinistr coedwig law drofannol rydych chi wedi ei hastudio.
4. Gwnewch gysylltiadau rhwng y ffactorau rydych chi wedi'u disgrifio ar gyfer cwestiwn 3.

Enghraifft: yr effeithiau ar goedwigoedd mangrof Bangladesh

Mae Bangladesh yn wlad yn Ne Asia, i'r gogledd o Fae Bengal. Dyma'r wythfed wlad fwyaf poblog yn y byd. Oherwydd ei morlin helaeth, mae ardaloedd mawr o goedwigoedd mangrof yma, sy'n gynefin delfrydol ar gyfer berdys (corgimychiaid). Mae'r galw cynyddol am ferdys yn cael effaith ar y coedwigoedd mangrof yn Bangladesh.

Prynwriaeth

- Yn 2010, cafodd dros 3 miliwn tunnell fetrig o ferdys gwyllt eu dal gan bysgotwyr yn y coedwigoedd mangrof.
- Pysgod (gan gynnwys berdys) yw'r ail gynnyrch sy'n cael ei allforio fwyaf yn Bangladesh, ac roedd yn werth $569.9 miliwn yn 2016.
- Mae busnesau mawr yn torri coedwigoedd mangrof i lawr er mwyn gallu datblygu'r ardal ar gyfer **dyframaethu**.

> **Dyframaethu** Ffermio pysgod a physgod cregyn yn fasnachol

Ecosystem

- Gall coed mangrof wrthsefyll dŵr heli a dŵr croyw, felly maen nhw'n gynefin gwerthfawr ar gyfer amrywiaeth eang o anifeiliaid a physgod.
- Mae gwreiddiau'r coed yn dal y mwd at ei gilydd, ac yn gweithredu fel amddiffyniad naturiol rhag llifogydd arfordirol.
- Mae'r dyfroedd cysgodol sy'n cael eu creu gan y coed yn ardaloedd bridio delfrydol i bysgod a berdys.
- Mae 25 miliwn hectar o goedwigoedd mangrof yn Bangladesh wedi cael eu dinistrio, yn bennaf i wneud lle ar gyfer ffermydd berdys.
- Mae ffermydd berdys yn cynhyrchu gwastraff organig a chemegion sy'n gallu llygru ffynonellau dŵr naturiol.

Cyd-ddibyniaeth fyd-eang

- Oherwydd y galw uchel gan wledydd fel UDA, Japan a Gorllewin Ewrop, dechreuodd yr arfer o ffermio berdys yn yr 1970au er mwyn cynyddu'r cyflenwad o ferdys. Mae ffermydd berdys bellach yn cyfrif am 55 y cant o'r holl ferdys sy'n cael eu cynhyrchu.
- Mae'r rhan fwyaf o'r ffermydd berdys wedi'u lleoli yn China, Gwlad Thai, Indonesia, Brasil, Ecuador a Bangladesh.

Ffigur 2 Coedwig fangrof yn Bangladesh.

Profi eich hun

1 Disgrifiwch y ffactorau sydd wedi arwain at ddinistrio ecosystem rydych chi wedi'i hastudio, ar wahân i goedwigoedd glaw trofannol.
2 Esboniwch rôl prynwriaeth yn y dinistr hwn.

PROFI

Effeithiau prynwriaeth ar yr amgylchedd

Mae faint o nwyddau rydyn ni'n eu prynu yn cael effaith ar yr amgylcheddau byd-eang a lleol lle mae'r nwyddau hyn yn cael eu defnyddio.

Amaeth-fusnesau:
- Mae cwmnïau mawr yn berchen ar sawl fferm sy'n tyfu un cnwd
- Mae gwrteithiau cemegol yn cael eu defnyddio a gwrychoedd yn cael eu tynnu ymaith er mwyn cael y cynnyrch cnydau mwyaf a'r elw mwyaf
- Mae cynefinoedd yn cael eu dinistrio neu eu llygru
- Does dim llawer o fuddsoddiad yn mynd yn ôl i'r ffermydd

Cludiant:
- Mae rhwydwaith cymhleth o gludiant awyr, môr a thir yn symud nwyddau ar draws y byd
- Mae bwydydd ar gael ym mhob tymor
- Mae'r effeithiau negyddol yn cynnwys milltiroedd bwyd a llygredd dŵr

Effeithiau prynwriaeth ar yr amgylchedd

Gwaredu gwastraff:
- Yn 2010, daeth 27 miliwn tunnell fetrig o wastraff o gartrefi yn y DU
- Er gwaethaf targedau'r llywodraeth, roedd cyfanswm y gwastraff bron yr un peth yn 2014, er bod mwy yn cael ei ailgylchu bellach
- Daw e-wastraff o ddyfeisiau trydanol, ac mae fel arfer yn cynnwys metel, a ddylai gael ei ailgylchu ond sy'n aml yn cael ei anfon i wledydd newydd eu diwydianeiddio neu wledydd incwm isel

Gweithgaredd adolygu

1 Lluniadwch ddiagram swigen i ddangos y ffactorau sydd angen eu hystyried, yn eich barn chi, wrth gyfrifo ôl troed ecolegol ardal.
2 Rhowch y ffactorau sydd wedi achosi dinistr coedwig law drofannol rydych chi wedi ei hastudio mewn diagram Venn tebyg i'r un isod. Os oes cysylltiad rhwng un ffactor a ffactor arall, gwnewch yn siŵr eich bod chi'n eu rhoi mewn rhan o'r diagram sy'n gorgyffwrdd.
3 Gwnewch hyn eto ar gyfer yr ail fïom rydych chi wedi ei astudio.

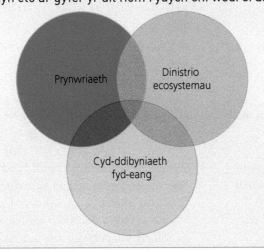

Cwestiynau enghreifftiol

1 Beth mae'r term 'prynwriaeth' yn ei olygu i chi? [1]
2 Esboniwch pam mae un bïom rydych chi wedi ei astudio yn cael ei ddinistrio oherwydd prynwriaeth. [4]
3 'Mae dinistrio ecosystemau yn angenrheidiol os yw cyd-ddibyniaeth fyd-eang i barhau.' I ba raddau rydych chi'n cytuno â'r gosodiad hwn? [8]

Sut mae newid hinsawdd yn gallu effeithio ar bobl a'r amgylchedd?

Mae'r broses o dyfu, cynhyrchu a chludo bwyd a nwyddau ledled y byd yn cynyddu allyriadau nwyon tŷ gwydr gan achosi newid hinsawdd.
 Gall y newid hwn gael effaith yn y tymor hir a'r tymor byr ar:

- ffordd o fyw pobl: efallai y bydd rhaid addasu gweithgareddau dynol i ymdopi â newid hinsawdd (er enghraifft llifogydd) yn ogystal â chyfyngu ar faint yn rhagor o nwyon tŷ gwydr sy'n cael eu rhyddhau
- yr economi: y costau o ddelio ag effeithiau newid hinsawdd ac addasu ffordd o fyw pobl
- yr amgylchedd: gallai ecosystemau gael eu peryglu neu eu dinistrio hyd yn oed.

Enghraifft: yr effaith y mae newid hinsawdd yn ei chael ar y DU

Pobl

- Ar hyn o bryd, mae amcangyfrifon yn awgrymu bod tua 330,000 o dai mewn perygl o lifogydd. Gallai hyn godi i rhwng 630,000 ac 1.2 miliwn erbyn y 2080au.
- Efallai y bydd rhaid i breswylwyr pentrefi cyfan adael eu cartrefi oherwydd llifogydd a/neu erydiad arfordirol.
- Bydd mwy o bwysau ar y gwasanaeth iechyd i ddelio ag effeithiau tonnau gwres.
- Bydd hafau mwy sych yn golygu y bydd 27–59 miliwn o bobl, o bosibl, yn byw mewn rhanbarthau y bydd prinder dŵr yn effeithio arnyn nhw erbyn y 2050au.
- Bydd clefydau newydd yn cael eu lledaenu gan fod rhywogaethau newydd yn gallu goroesi yn hinsawdd cynhesach y DU, er enghraifft mosgitos yn lledaenu malaria.

Economi

- Gallai hafau mwy sych arwain at fwy o incwm oherwydd twristiaeth.
- Mae wedi cael ei ragweld y bydd y gost economaidd o ganlyniad i ddifrod gan lifogydd (atgyweirio adeiladau a ffyrdd, dyddiau o waith sy'n cael eu colli, prynu eitemau newydd yn lle rhai gwerthfawr a gollwyd ac ati) yn codi i tua £27 biliwn erbyn 2080.
- Bydd prisiau yswiriant yn codi hefyd wrth i bobl wneud mwy o hawliadau. Efallai na fydd yn bosibl yswirio rhai ardaloedd.
- Gallai prisiau bwyd fwyfwy ansefydlog arwain at gynnydd mewn costau bwyd yn y DU.
- Gallai cnydau newydd fel orenau gael eu tyfu yn y DU, gan leihau mewnforion.

Amgylchedd

- Tywydd mwy mwyn a gwlyb yn y gaeaf.
- Mwy o stormydd, a allai hefyd fod yn fwy difrifol.

- Mae gaeafau gwlyb iawn bum gwaith yn fwy tebygol dros y 100 mlynedd nesaf, a gallai hyn arwain at fwy o berygl o lifogydd, yn enwedig yn Ne Ddwyrain Lloegr.
- Mae hafau mwy cynnes a sych yn debygol, a allai arwain at fwy o berygl o sychder a thonnau gwres.
- Gallai rhywogaethau o anifeiliaid a phlanhigion fudo i'r gogledd, oherwydd fydd eu cynefin presennol ddim yn addas ar eu cyfer nhw mwyach. Efallai y bydd rhai rhywogaethau yn diflannu. Gallai rhywogaethau newydd nad oedden nhw'n gallu byw yma o'r blaen ledaenu i'r DU.

Dyfodol daearyddol amgen

- Byddai rhaid adleoli llawer o gymunedau arfordirol oherwydd y bygythiad o lifogydd neu erydiad.
- Efallai y bydd rhaid i bobl dalu trethi uwch i dalu am y straen cynyddol ar y GIG oherwydd clefydau newydd a thonnau gwres amlach.
- Gallai newid yn y math o gnydau sy'n cael eu tyfu yn y DU olygu bod rhai ffermwyr yn ffynnu, ac achosi i rai eraill fynd i'r wal.
- Mae angen i gymunedau a chwmnïau yswiriant baratoi ar gyfer mwy o stormydd, a allai hefyd arwain at fwy o ddifrod o ganlyniad i lifogydd a gwynt. Bydd datblygiadau newydd yn rhoi mwy o bwyslais ar greu cylchfaoedd defnydd tir.

Profi eich hun

1 Edrychwch ar yr effeithiau uchod y mae newid hinsawdd yn eu cael ar y DU. Rhowch y rhain mewn grwpiau o effeithiau tymor hir ac effeithiau tymor byr.
2 A yw newid hinsawdd yn cael unrhyw effaith gadarnhaol?
3 Esboniwch sut fath o ddyfodol daearyddol fydd gan y DU oherwydd effeithiau newid hinsawdd.

Enghraifft: yr effeithiau y mae newid hinsawdd yn eu cael ar Tuvalu

Mae Tuvalu yn gasgliad o naw ynys yn ne'r Cefnfor Tawel, oddi ar arfordir gogledd-ddwyrain Awstralia. Mae pwynt uchaf yr ynysoedd 4.5 m uwchlaw lefel y môr, ond mae'r rhan fwyaf o Tuvalu islaw lefel y môr.

Pobl

- Lleihad yn y cyflenwad bwyd gan fod y pridd yn cael ei halwyno.
- Bydd y cyflenwad dŵr yn mynd yn fwyfwy prin oherwydd halogiad gan ddŵr heli a diffyg glawiad cyson.
- Bydd y cynnydd yn nifer y stormydd trofannol yn dinistrio adnoddau prin yr ynyswyr.
- Bydd cynnydd yn y clefydau sy'n cael eu cludo gan ddŵr, a fydd yn peryglu bywydau.
- Mae rhai ynyswyr eisoes wedi penderfynu gadael a symud i Seland Newydd, gan ddod yn ffoaduriaid amgylcheddol.

Economi

- Mae'r economi yn seiliedig ar allforio copra (canol cnau coco sych sy'n cael ei ddefnyddio i echdynnu olew cnau coco) a gwerthu trwyddedau pysgota. Mae'r rhain o dan fygythiad oherwydd llifogydd a moroedd mwy cynnes.
- Mae'r wlad wedi gwerthu ei pharth rhyngrwyd '.tv', sydd wedi sicrhau incwm o $50 miliwn dros 12 mlynedd. Mae'r arian hwn yn cael ei ddefnyddio i helpu i dalu am amddiffynfeydd rhag llifogydd.

Amgylchedd

- Wrth i'r cefnfor o amgylch Tuvalu gynhesu, mae llai o fioamrywiaeth ar y riffiau cwrel bregus, ac mae hyn yn cyfyngu ar y ffynhonnell bwyd.
- Bydd mwy o ferddwr (*stagnant water*) oherwydd llifogydd aml.

Mae pridd Tuvalu yn agored i gael ei halwyno fwyfwy wrth i lefel y môr godi, ac mae hyn yn fygythiad i gynefinoedd rhai planhigion fel coed cnau coco a pulaka.

Dyfodol daearyddol amgen

- Bydd angen i'r ynyswyr addasu i fywyd islaw lefel y môr, gan ddibynnu'n gyfan gwbl ar amddiffynfeydd môr cadarn i atal llifogydd.
- Efallai y bydd cyfran fawr o'r boblogaeth yn dymuno mudo i ddechrau bywyd newydd mewn amgylchedd sy'n wynebu llai o fygythiad.
- Bydd y boblogaeth yn colli ei hunaniaeth wrth ymgartrefu mewn gwledydd eraill.

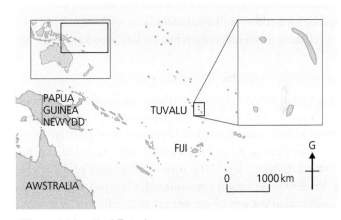

Ffigur 3 Lleoliad Tuvalu.

PROFI

1 Nodwch yr effeithiau tymor hir a thymor byr y mae newid hinsawdd wedi eu cael ar Tuvalu.
2 Sut fath o ddyfodol sy'n wynebu Tuvalu, yn eich barn chi?

Cyngor

Rhaid i chi ddysgu pa effeithiau y mae newid hinsawdd yn eu cael ar ddau amgylchedd cyferbyniol. Rhaid i'r DU fod yn un o'r rhain, a bydd eich athro yn dewis y llall. Gwnewch yn siŵr eich bod chi'n gwybod beth yw'r gwahaniaeth rhwng yr effeithiau y mae newid hinsawdd yn eu cael ar y ddau amgylchedd, a pham mae'r effeithiau yn wahanol.

Sut mae'n bosibl defnyddio technoleg a newid ffordd o fyw pobl er mwyn lleihau effaith newid hinsawdd?

Mae bellach yn cael ei dderbyn yn gyffredinol bod pobl yn cyfrannu at newid hinsawdd, felly os byddwn ni'n newid ein hymddygiad, efallai y gallwn ni leihau'r effeithiau. Gall llywodraethau fynd i'r afael ag achosion newid hinsawdd ar raddfa fyd-eang, cenedlaethol a lleol, yn ogystal ag ar lefel unigol.

Cytundebau rhyngwladol

Mae sawl ymgais wedi bod i lunio cytundebau rhyngwladol er mwyn cyfyngu ar allyriadau gwledydd. Dyma'r prif rai:

- Protocol Kyoto, a gafodd ei lofnodi yn 1997, ac a oedd yn ymrwymo gwledydd i dargedau i leihau allyriadau nwyon tŷ gwydr rhwng 2008 a 2012.
- Cytundeb Paris, a gafodd ei lofnodi yn 2015, ac a oedd yn cydnabod bod rhaid i wledydd gadw lefelau cynhesu byd-eang yn llai na 2 °C uwchben lefelau cyn-ddiwydiannol. Roedd hefyd yn cydnabod bod angen i wledydd newydd eu diwydianeiddio leihau allyriadau ar raddfeydd gwahanol i wledydd incwm uchel.

Mae cytundebau rhyngwladol yn anodd eu llunio oherwydd y gwerthoedd a'r agweddau gwahanol sydd gan y gwledydd gwahanol. Er enghraifft, mae'n bosibl y byddai gwlad yn Affrica is-Sahara, sy'n dioddef cyfnodau hirach a chynyddol o sychder, yn barod iawn i lofnodi cytundebau sy'n ymwneud â newid hinsawdd. Fodd bynnag, efallai y bydd gwledydd sy'n diwydianeiddio'n gyflym, a sydd ag economi mawr yn seiliedig ar weithgynhyrchu, yn llai parod i wneud hynny.

Llywodraethau cenedlaethol

Mae'r rhan fwyaf o lywodraethau cenedlaethol wedi rhoi polisïau ar waith sydd â'r nod o helpu eu gwledydd i gyrraedd targedau y cytunwyd arnyn nhw yn rhyngwladol. Dyma rai enghreifftiau ar gyfer y DU:

- Deddf Newid yn yr Hinsawdd 2008: mae'r Ddeddf hon yn nodi bod rhaid lleihau o leiaf 80 y cant ar allyriadau'r DU erbyn 2050.
- Yn 2009, cytunodd Llywodraeth Cymru i leihau 40 y cant ar allyriadau nwyon tŷ gwydr erbyn 2020.

Er mwyn cyrraedd y targedau hyn, mae'r llywodraeth wedi buddsoddi mewn technolegau newydd, er enghraifft:

- ffynonellau egni carbon isel: buddsoddi mewn ffynonellau egni amgen fel solar, gwynt, pŵer trydan dŵr a'r llanw
- dal carbon: dull o ddal y carbon deuocsid sy'n cael ei allyrru wrth losgi tanwyddau ffosil
- gwella effeithlonrwydd adeiladau newydd: bydd llai o angen eu gwresogi neu eu hoeri
- safonau tanwydd ceir: datblygu ceir trydan ynghyd â thechnoleg arbed egni sy'n diffodd injan car pan fydd yn llonydd. Mae'r ddau beth hyn yn golygu bod llai o danwydd yn cael ei ddefnyddio.

Llywodraeth leol

Mae gan lywodraethau lleol eu strategaethau eu hunain i gyrraedd targedau. Dyma'r enghraifft ar gyfer Abertawe:

Enghraifft: cynllun gweithredu egni cynaliadwy ar gyfer Abertawe

- Creu cynlluniau egni ar gyfer ysgolion newydd yn Abertawe.
- Lleihau ôl troed carbon safleoedd datblygu allweddol yn Abertawe.
- Datblygu canllawiau cynllunio ar gyfer effeithlonrwydd egni ac egni adnewyddadwy. Mae'r cynnig i adeiladu morlyn llanw (*tidal lagoon*) gwerth £1.3 biliwn ym Mae Abertawe wedi cael ei gefnogi gan adolygiad y llywodraeth, ac mae'n bosibl y bydd yn gallu cynhyrchu digon o drydan ar gyfer 155,000 o gartrefi.
- Cynllun i gynhyrchu trydan o ffynonellau gwynt, biomas a'r llanw.
- Datblygu polisi egni corfforaethol y cyngor a chanllawiau dylunio technegol.

Camau gweithredu gan unigolion

Ymhlith y camau y gall unigolion eu cymryd i leihau allyriadau tŷ gwydr, mae:

- ynysu'r holl ffenestri, drysau a lloffydd mewn adeiladau, fel bod llai o wres yn cael ei golli
- gosod paneli solar i gynhesu dŵr neu i gynhyrchu trydan a defnyddio teclynnau sy'n effeithlon o ran egni
- cerdded, beicio neu ddefnyddio cludiant cyhoeddus
- prynu bwydydd lleol i leihau milltiroedd bwyd.

Profi eich hun

PROFI

1 Enwch strategaeth ryngwladol sydd wedi cael ei mabwysiadu i fynd i'r afael â newid hinsawdd.
2 Beth yw llwyddiannau neu fethiannau'r strategaeth hon?
3 Pam mae strategaethau lleol, o bosibl, yn fwy effeithiol na strategaethau rhyngwladol?

Gweithgaredd adolygu

Copïwch y tabl isod. Ceisiwch gynnwys dwy enghraifft o bob math o strategaeth ac yna rhowch fanteision ac anfanteision pob strategaeth. (Ceisiwch feddwl pa mor effeithiol yw'r strategaeth.)

Strategaeth	Manteision	Anfanteision
Cytundeb rhyngwladol		
Cytundeb cenedlaethol		
Llywodraeth leol		
Camau gweithredu gan unigolion		

Cwestiynau enghreifftiol

1 Rhowch ddwy ffordd y mae amaeth-fusnesau yn cael effaith negyddol ar yr amgylchedd. [2]
2 Esboniwch sut mae gwaredu gwastraff yn cael effaith ar yr amgylchedd. [4]
3 Disgrifiwch yr effeithiau tymor hir y mae newid hinsawdd yn eu cael ar y DU. [4]
4 Sut gallai ffordd o fyw pobl newid yn y dyfodol mewn byd cynhesach? [4]

Cyngor

Rhaid i chi ddeall 'rôl unigolion a'r llywodraeth wrth fabwysiadu technolegau newydd a ffyrdd newydd o fyw er mwyn lleihau allyriadau nwyon tŷ gwydr'. Os bydd cwestiwn yn gofyn i chi am 'rôl' grŵp penodol o bobl, cofiwch fod rhaid i chi drafod beth maen nhw'n ei wneud i leihau newid hinsawdd, yn ogystal â thrafod a yw hyn yn fwy neu'n llai effeithiol na beth mae grŵp arall o bobl yn ei wneud.

Rheoli ecosystemau

Sut mae'n bosibl rheoli ac adfer amgylcheddau a chynefinoedd naturiol sydd wedi'u difrodi?

ADOLYGU

Strategaethau amgylcheddol i reoli cynefinoedd a bioamrywiaeth

Mae **cynefinoedd** a **bioamrywiaeth** o dan fygythiad oherwydd gweithgareddau dynol yn yr ecosystem, a allai arwain at newid parhaol yn y planhigion a'r anifeiliaid sy'n byw ar y tir hwnnw. Mewn ymgais i fynd i'r afael â hyn a cheisio gwarchod ecosystemau, mae **strategaethau amgylcheddol** yn cael eu defnyddio i reoli amrywiaeth o gynefinoedd.

Enghraifft: cynefin sy'n cael ei reoli – coedwig law drofannol yn Borneo

Ecosystem naturiol

- Mae wedi'i orchuddio'n naturiol gan goedwig law drofannol, ecosystem fioamrywiol sy'n cynnwys 6 y cant o fywyd gwyllt y byd.
- Mae'r rhywogaethau sydd mewn perygl yn cynnwys rhinoseros Sumatera, eliffant pigmi Borneo, y piserlys mawr a'r orangutan.

Pam mae'r ecosystem yn cael ei dinistrio?

- Mae'r goedwig law drofannol yn cael ei dinistrio i wneud lle i blanhigfeydd olew palmwydd, a oedd dros 6 miliwn ha yn 2007.
- Mae 56 y cant o goedwig law naturiol Borneo wedi cael ei dinistrio.

Strategaethau amgylcheddol

- **Cyfnewid dyled-am-natur**: cytunodd UDA ac Indonesia ar gynllun cyfnewid dyled-am-natur, lle bydd $28.5 miliwn a fyddai wedi ad-dalu dyledion Indonesia i UDA yn cael ei wario ar strategaethau amgylcheddol i wella technegau defnyddio'r tir yn rhan Indonesia o Borneo.
- Project Calon Borneo: sefydlwyd yn 2007 i sefydlu ardal warchodedig (tebyg i **barc cenedlaethol**) o goedwig law heb ei difrodi yng nghanol Borneo. Y nod oedd cynnal a chadw bioamrywiaeth y goedwig.
- Datblygu ecodwristiaeth yn ardal Calon Borneo: dyma un o'r prif strategaethau ar gyfer datblygiad cymdeithasol ac economaidd yr ynys.
- Codi ymwybyddiaeth y cyhoedd: mae *Greenpeace* a *WWF* yn ymgyrchu i godi ymwybyddiaeth y cyhoedd o'r ffaith bod coedwigoedd glaw yn cael eu dinistrio i wneud olew palmwydd ar gyfer cynnyrch fel past dannedd. Maen nhw'n annog y cyhoedd i brynu cynnyrch sydd â chynhwysion o ffynonellau cynaliadwy.

Cynefin Lle mae planhigion neu anifeiliaid yn byw

Bioamrywiaeth Yr amrywiaeth o bethau byw mewn cynefin

Strategaethau amgylcheddol Dulliau o reoli ardal er mwyn gofalu am yr amgylchedd

Cyfnewidiadau dyled-am-natur Cytundebau lle bydd cenhedloedd tlotach yn gwario arian ar brojectau cadwraeth, er mwyn i wledydd mwy cyfoethog ddileu rhan o ddyled y gwledydd mwy tlawd

Parc cenedlaethol Ardal cefn gwlad arbennig sy'n cael ei gwarchod gan y wladwriaeth, i bobl ei mwynhau ac i warchod y bywyd gwyllt sy'n byw ynddi

Profi eich hun

1 Nodwch dair ffordd o reoli ecosystemau. Rhowch enghraifft i ddangos lle mae pob un o'r rhain yn cael eu defnyddio.
2 Ar gyfer pob un o'r tri dull, nodwch un o fanteision ac un o anfanteision y cynllun.

PROFI

Strategaethau i adfer cynefinoedd a ddifrodwyd gan bobl

Mae llawer o ecosystemau yn hanfodol er mwyn i gymunedau oroesi. Er enghraifft, mae coedwigoedd glaw trofannol yn darparu pren i greu papur a dodrefn ac ar gyfer adeiladu, mae riffiau trofannol yn ffynhonnell hollbwysig o fwyd i gymunedau lleol, ac mae ecosystemau gwlyptiroedd yn storio ac yn hidlo dŵr croyw ac yn helpu i amddiffyn rhag llifogydd ac erydiad. Ond, mae'n anorfod y bydd difrod i'r ecosystemau hyn wrth i bobl ryngweithio â nhw, sy'n effeithio ar y ffordd y mae'r ecosystem yn gweithio. Mae adfer ecosystemau a ddifrodwyd, felly, o fudd i bobl.

Enghraifft: cynefin sy'n cael ei reoli – glaswelltiroedd trofannol (safana) yn Kenya

Ecosystem naturiol

- Mae glaswelltiroedd safana i'w cael rhwng bïom coedwig law drofannol a bïom diffeithdir.
- Mae'r rhywogaethau sydd mewn perygl yn cynnwys y rhinoseros du, eliffant Affrica a sebra Grevy.

Pam mae'r ecosystem yn cael ei dinistrio?

- Mae Kenya yn wlad dlawd, ac mae'r tlodi hyn yn gorfodi'r bobl leol i orddefnyddio ei hadnoddau naturiol.
- Masnachu bywyd gwyllt yn anghyfreithlon, sef mynd ag anifeiliaid o'u cynefinoedd gwyllt i'w gwerthu'n anghyfreithlon i gasglwyr.
- Potsio (*poaching*) bywyd gwyllt: fel gorilas am gig ac eliffantod am ifori. Mae hyn yn peryglu dyfodol y rhywogaethau hyn.
- Mae gweithgareddau dynol yn rhannu'r cynefin naturiol yn ddarnau bach. Mae hyn yn golygu bod rhywogaethau wedi'u cyfyngu i ardaloedd sy'n rhy fach i'w cynnal. Gall hefyd amharu ar eu llwybrau mudo.

Strategaethau amgylcheddol

- Mae gwarchodfa genedlaethol Masai Mara (sy'n debyg i barc cenedlaethol) mewn safana gwarchodedig 1510 km² o faint yn Ne Orllewin Kenya. Mae bywyd gwyllt yn cael ei warchod yma, yn ogystal â'r tir lle mae llwythau brodorol yn byw.
- Annog twristiaeth gynaliadwy i roi incwm i bobl leol, fel nad oes rhaid iddyn nhw droi at botsio na masnachu anifeiliaid.
- Mae cynllun cyfnewid dyled-am-ddatblygiad y cytunodd llywodraethau Kenya a'r Eidal arno yn 2006, yn nodi y bydd llywodraeth Kenya yn gwario €44 miliwn ar gynlluniau datblygu (gan gynnwys cadwraeth) dros gyfnod o 10 mlynedd, yn hytrach na thalu'r arian yn ôl i'r Eidal.
- **Coridor bywyd gwyllt** sy'n cysylltu Parc Cenedlaethol Amboseli a Bryniau Chyulu yw coridor Amboseli–Chyulu. Mae'n caniatáu i anifeiliaid fel llewod, sebras, eliffantod a jiraffod symud yn rhydd. Roedd y coridor hwn o dan fygythiad nes i *Disneynature* a Sefydliad Bywyd Gwyllt Affrica helpu i warchod 20,000 ha o'r coridor.

Enghraifft: adfer gwlyptiroedd yn China

Mae 53 miliwn ha o wlyptiroedd yn China, sy'n adnodd dŵr gwerthfawr i'r boblogaeth enfawr, ac sydd hefyd yn helpu i amddiffyn cymunedau rhag llifogydd. Yn 2014, roedd 60 y cant o wlyptiroedd China mewn cyflwr gwael neu eithaf gwael, ac roedd hyn yn cael effaith ar y cymunedau lleol. Felly, mae **adfer gwlyptiroedd** wedi bod yn flaenoriaeth, yn enwedig yn Nhalaith Heilongjiang, sy'n cynnwys un rhan o chwech o wlyptiroedd y byd. Dyma'r prif nodweddion:

- Mae'r Cynllun Gweithredu i Warchod Gwlyptiroedd China yn cydlynu 39 o brojectau allweddol ledled y wlad.
- Mae rheoliad gwarchod gwlyptiroedd wedi cael ei roi ar waith yn Nhalaith Heilongjiang.
- Mae 10,090 ha o goed wedi cael eu plannu.
- Mae 3,441 ha o dir ffermio wedi cael ei droi yn ôl yn wlyptir.
- Mae swyddi newydd yn y sector twristiaeth wedi'u creu yn lle'r rhai a gollwyd yn y diwydiant ffermio, sy'n helpu cynaliadwyedd y cynllun.

Rheoli twristiaeth

Bob blwyddyn, mae nifer y twristiaid byd-eang yn cynyddu oherwydd cyfoeth cynyddol gwledydd incwm uchel a thwf cyffredinol yn y boblogaeth fyd-eang. Mae manteision ac anfanteision gan y diwydiant twristiaeth:

- Manteision: mwy o incwm i'r wlad y mae twristiaid yn ymweld â hi a gwelliannau yn yr isadeiledd.
- Anfanteision: gordynnu dŵr a galw cynyddol am fwyd yn lleol, a chynnydd mewn llygredd aer yn fyd-eang. Mae'r ffyrdd y mae llywodraethau yn ceisio lleihau effeithiau twristiaeth yn amrywio gan ddibynnu ar yr ecosystem y mae twristiaeth yn effeithio arni, lefel y datblygiad a gwerth y diwydiant twristiaeth i'r wlad. Mae dwy enghraifft ar dudalen 144.

> **Coridor bywyd gwyllt** Llain o gynefin sy'n caniatáu i anifeiliaid gwyllt symud o un ecosystem i un arall
>
> **Adfer gwlyptiroedd** Y broses o drawsnewid gwlyptiroedd y mae gweithgareddau dynol wedi cael effaith arnyn nhw yn ardaloedd sy'n gallu cynnal cynefinoedd brodorol

Cynaliadwyedd twristiaeth yn y dyfodol

Mewn byd lle rydyn ni'n disgwyl gweld cynnydd mewn twristiaeth ac yn y lleoliadau newydd sy'n denu twristiaid, mae'n bwysig ystyried sut i wneud twristiaeth yn fwy cynaliadwy. Bydd cynnydd mewn niferoedd o fudd economaidd i ardal, ond o safbwynt amgylcheddol, rhaid rheoli'r niferoedd hyn yn gynaliadwy.

- **Teithio cyfrifol**: a yw pob taith yn angenrheidiol? A yw pobl leol yn elwa ar ein hymweliad? Ydyn ni'n trin pob cyrchfan fel cartref rhywun arall? Ydyn ni'n gadael y gyrchfan yn yr un cyflwr â chyn i ni gyrraedd?
- Ecodwristiaeth: a yw'r lle rydyn ni'n ymweld ag ef yn gwarchod yr amgylchedd? A yw'n cynnal lles y gymuned leol? A yw'n addysgu pobl am bwysigrwydd yr ecosystem y mae pobl yn ymweld â hi?
- Twristiaeth foesegol: a yw ein hymweliad o fudd i'r bobl sy'n byw yn y gyrchfan? A yw'n rhoi incwm gwell i deuluoedd yn yr ardal? A yw'r cynnyrch a'r gwasanaethau fydd yn cael eu defnyddio yn dod o'r ardal leol?

> **Teithio cyfrifol** Teithio lle mae teuluoedd lleol yn elwa yn economaidd drwy swyddi a gwasanaethau
>
> **Ecodwristiaeth** Twristiaeth sydd ddim yn cael llawer o effaith ar yr amgylchedd
>
> **Twristiaid moesegol** Twristiaid sy'n ystyried anghenion y bobl leol ac sy'n cael yr effaith leiaf bosibl ar yr amgylchedd

Enghraifft: riff cwrel y Bariff Mawr yn Awstralia

Mae'r Bariff Mawr yn gyrchfan boblogaidd i dwristiaid ac mae'n denu dros 2 filiwn o ymwelwyr bob blwyddyn. Oherwydd yr ecosystem fregus, mae'r strategaethau rheoli canlynol wedi cael eu rhoi ar waith:

- Cafodd Parc Morol y Bariff Mawr ei sefydlu yn 1975, a'i nod yw rheoli sut mae'r riff yn cael ei ddefnyddio a'i warchod, yn ogystal â rheoli'r cymunedau y mae eu bywoliaeth yn dibynnu ar y riff.
- Mae cylchfaoedd wedi cael eu creu o fewn y parc sy'n cyfyngu ar weithgareddau. Mae hyn yn sicrhau nad yw pobl yn cael mynd yn agos at rai rhannau o'r riff, sy'n rhoi cyfle i'r ecosystem naturiol adfer ac i fioamrywiaeth gynyddu.
- Mae'r rhan fwyaf o'r cychod ymwelwyr sy'n mynd i'r Bariff Mawr yn gweithredu o dan y rhaglen eco-dystysgrif sy'n hyrwyddo **ecodwristiaeth** mewn ecosystem mor fregus.

Enghraifft: diffeithdir Sharm El-Sheikh yn yr Aifft

Mae Sharm El-Sheikh yn y rhan o Benrhyn Sinai sy'n eiddo i'r Aifft. Diffeithdir o dywod a chraig yw'r ecosystem naturiol. Mae'r ardal wedi'i datblygu yn gyrchfan boblogaidd i dwristiaid, ar gyfer sgwba-ddeifwyr i ddechrau, ond bellach fel cyrchfan gwyliau i bawb. Mae hyn wedi arwain at gynnydd sylweddol yn y dŵr sy'n cael ei ddefnyddio, a hynny mewn ardal sydd â chyflenwad cyfyngedig o ddŵr croyw. Mae'r camau canlynol wedi'u cymryd i reoli'r gyrchfan:

- Mae dŵr yfed yn cael ei gludo drwy bibell i'r ddinas.
- Mae gweithfeydd dihalwyno bellach yn defnyddio dŵr môr i gynyddu'r cyflenwad dŵr. Mae hyn yn lleihau'r achosion o ordynnu cyflenwad prin yr ecosystem o ddŵr croyw.
- Mae Sharm El-Sheikh yn ceisio dod yn brif gyrchfan y byd ar gyfer ecodwristiaid, ac mae $238 miliwn wedi cael ei fuddsoddi er mwyn gwneud y gyrchfan yn lle carbon niwtral erbyn 2020. Os bydd hyn yn llwyddiannus, bydd y gyrchfan yn fwy deniadol byth i **dwristiaid moesegol**.

Mae ymosodiadau terfysgol yn 2015 wedi arwain at leihad sylweddol yn nifer y twristiaid sy'n ymweld â'r gyrchfan, ac mae hyn wedi lleddfu'r problemau yn ymwneud â chyflenwad dŵr. Ond, mae wedi cael effaith negyddol ar ddatblygiad cymdeithasol economaidd y rhanbarth.

Profi eich hun

PROFI

1. Beth yw'r gwahaniaeth rhwng ecodwristiaeth a thwristiaeth foesegol?
2. Gan ddefnyddio enghraifft rydych chi wedi'i hastudio, disgrifiwch y camau sydd wedi'u cymryd i wneud y diwydiant twristiaeth yn fwy moesegol.

Cwestiwn enghreifftiol

'Cyfnewid dyled-am-natur yw'r strategaeth amgylcheddol fwyaf effeithiol i reoli cynefinoedd a bioamrywiaeth.' I ba raddau rydych chi'n cytuno â hyn? [8]